¿Cosmología sin Dios?

COLECCIÓN
CIENCIA Y RELIGIÓN

30

DAVID ALCALDE

¿COSMOLOGÍA SIN DIOS?

*La problemática teología inherente
a la cosmología moderna*

Prólogo de Michael Hanby

 SALTERRAE

Título original:
Cosmology without God?
The Problematic Theology Inherent in Modern Cosmology.

© David Alcalde Morales, 2019

Publicado originalmente por Cascade Books.
La edición española se publica con licencia de Wipf and Stock Publishers.
www.wipfandstock.com

Traducción y actualización:
David Alcalde Morales

© Universidad Pontificia Comillas, 2024
28049 Madrid
www.comillas.edu

© Editorial Sal Terrae, 2024
Grupo de Comunicación Loyola
Polígono de Raos, Parcela 14-I
39600 Maliaño (Cantabria) – España
Tfno.: +34 944 470 358
info@gcloyola.com
gcloyola.com

Diseño de cubierta:
Félix Cuadrado Basas (*Sinclair*)

Impreso en España. *Printed in Spain*
ISBN U. P. Comillas: 978-84-8468-649-1

ISBN: 978-84-293-3192-9
Depósito legal: BI-8-2024

Fotocomposición:
Marín Creación, S. C. – Burgos / www.marincreacion.com

Impresión y encuadernación:
Ulzama Digital – Huarte (Navarra) / www.ulzama.com

Índice

Prólogo

La ruptura que emergió abiertamente en el siglo XIX entre la ciencia moderna y la filosofía natural que la engendró ha dejado a la ciencia contemporánea lamentablemente carente de autoconocimiento y, aún más lamentablemente, complaciente con este hecho. Ignorante de su propia historia filosófica, ciega a los presupuestos metafísicos y teológicos inherentes a sus nociones operativas de naturaleza y verdad, e inconsciente de las precondiciones metafísicas de su propio acto cognitivo, tanto teórica como prácticamente, la ciencia avanza (hacia delante, piensa) confiada en que su éxito práctico silencia finalmente todas las cuestiones teóricas. El resultado inevitable es un reduccionismo generalizado y endémico inadecuado tanto para la riqueza de la cognición científica como para el mundo en el que no podemos evitar vivir, un mundo que incluye a los científicos entre sus muchas posibilidades, con el científico reductivo batiéndose en perpetua retirada hacia un punto arquimédico fuera de la naturaleza y eximiéndose de su propio reduccionismo en el momento de su teorización. A medida que la razón se reduce a la razón científica y técnica, a medida que la razón científica define exhaustivamente lo que significa para nosotros *pensar*, parece que hay cada vez menos cosas *sobre* las que pensar. Cada vez más dimensiones del ser humano y la experiencia (de hecho, las dimensiones más fundamentales) quedan fuera de la mirada científica, mientras que el fundamento y la posibilidad de todo ello quedan fuera de nuestra reducida comprensión de la razón y, por tanto, dejan de ser cuestiones significativas. El antirreduccionismo actualmente en boga en forma de teorías de sistemas complejos no hace más que ocultar estos hechos.

Con la posible excepción de la biología darwiniana, hija bastarda de la tradición funcionalista de la teología natural británica con su propia y peculiar historia teológica y función sociorreligiosa, este estado de cosas no es más evidente que en el llamado diálogo entre ciencia y religión. Por un lado, están los cosmólogos ateos y los científicos públicos, que declaran confiadamente la muerte de la filosofía y la teología mientras se apropian del estatus del intelectual público, reforzando así el pragmatismo irreflexivo de nuestra razón pública. Su implicación en la misma empresa teológica que rechazan, aunque en la forma negativa de un ateísmo intelectualmente perezoso con un Dios de caricatura, es evidente para todos menos para ellos mismos. Por otro lado, están los fervientes teólogos y filósofos de la religión, algunos de ellos antiguos científicos, que desean justificar los caminos de Dios ante la ciencia y preservar un espacio viable para la razón teológica en la plaza pública. El «diálogo» está siempre en sus labios, pero al final solo se oye una voz. Empiezan aceptando acríticamente los presupuestos ontológicos y epistémicos de la ciencia moderna, dejando intacta su comprensión mecanicista de la naturaleza, y acaban abrazando acríticamente la noción reducida de Dios rechazada por los ateos, sin llegar nunca a un encuentro verdaderamente crítico con las ciencias, y sin llegar nunca a un encuentro intelectualmente riguroso con las doctrinas de Dios y de la creación o con la afirmación que el cristianismo hace de toda la realidad en su amplitud y profundidad.

En este supuesto diálogo falta la constatación de que la ciencia conlleva inevitablemente juicios metafísicos y teológicos propios que pueden ser objeto de crítica filosófica y teológica, o de que la necesaria dependencia de la ciencia respecto de la metafísica y la teología pone en tela de juicio su autoridad como único árbitro del conocimiento de la naturaleza. Esta gran autoridad, legitimada además por la idea generalizada de que la religión es un fenómeno irracional relacionado, en el mejor de los casos, con el ámbito de los «valores» privados, absuelve al científico, en su papel de intelectual público, del rigor intelectual o de la comprensión teológica más elementales, y le deja libre para hacer impunemente los pronunciamientos teológicos más absurdos e irresponsables. Este es fundamentalmente un ejercicio poco serio. Y es un profundo error que un cristiano se involucre en él en sus propios términos. El resultado tenderá inevitablemente hacia una comprensión poco cristiana de Dios, la creación y la naturaleza, y reforzará la idea generalizada de que el cristianismo no tiene nada realmente importante que decir sobre la naturaleza de las cosas. Lo que se necesita, en cambio, es un profundo encuentro filosófico y teológico con los principios filosóficos fundamentales de la ciencia moderna y la concepción de Dios, el ser, la naturaleza, el conocimiento y la verdad que subyacen enterrados en él.

El presente volumen del padre David Alcalde es una importante contribución a este esfuerzo. El padre Alcalde aporta a esta obra la inusual perspectiva de alguien formado tanto en teología como en astrofísica (tiene doctorados en ambas) y, por tanto, los ámbitos de la física y la cosmología son su terreno elegido. Pero esta es una perspectiva aún más inusual por el hecho de que él, a diferencia de otros que han elegido un camino similar, no permite que su formación científica determine los fundamentos o dicte los límites de su teología. Al contrario, porque reconoce que la metafísica y la teología preceden a las ciencias en el *ordo rationis*, comienza, primero, con el Dios revelado en la Escritura como el gran YO SOY (Ex 3,14) y reflexionado a lo largo de siglos de cristiandad como el acto de ser autosubsistente (*ipsum esse subsistens*) y, segundo, con la comprensión de la *creatio ex nihilo* que sigue a la doctrina de Dios. De este modo, es capaz de rescatar las nociones de Dios y la creación de la comprensión «óntica» de una ciencia que da por sentado el ser y devolverles su significado teológico y metafísico adecuados.

Sobre esta base, es capaz de evaluar críticamente las nociones de Dios y de la creación que operan a ambos lados del «diálogo». Las cosmologías ateas, representadas por un pensador como Stephen Hawking, se revelan entonces no tanto como una alternativa *a* la teología, sino como una teología alternativa que no se conoce a sí misma, una teología que es profundamente deficiente tanto por motivos doctrinales como filosóficos. Lamentablemente, los defensores científicos de Dios no salen mucho mejor parados, y, de hecho, se demuestra que participan del mismo positivismo, del mismo extrinsecismo teológico y de la misma ontología mecanicista que sus oponentes. De paso, desacredita una serie de nociones apreciadas, pero profundamente defectuosas. La idea de una ciencia metodológicamente pura y ontológicamente neutral, libre de contaminaciones metafísicas y teológicas, resulta ser una ficción. También lo es la distinción entre ciencia y cientificismo, concebida para aislar el método científico de sus propios fundamentos metafísicos y proteger así a las ciencias del tipo de crítica filosófica profunda que Alcalde defiende. Lo que se revela, en cambio, es que, a pesar de todas las peculiaridades de sus métodos y de todo su éxito práctico y predictivo, la ciencia moderna no está exenta de las necesidades impuestas al pensamiento por el ser y su condición de criatura. No puede liberarse de su relación constitutiva con la metafísica y la teología, y por ello representa una de las formas inevitables de afrontar la cuestión de Dios.

Hay mucho en juego en esta cuestión. Si Dios es realmente Dios, y el mundo es creación después de todo, entonces nuestro fracaso o rechazo a comprender esta verdad significa no solo un fracaso en la comprensión del ser y la naturaleza de Dios, que ya lo es todo, sino que implica un fracaso (o rechazo) fundamental a la hora de captar la verdad sobre la naturaleza y sobre nosotros mismos. Entonces, el fracaso de la ciencia en «comprender correctamente a Dios» significará siempre un fracaso en «comprender correctamente al mundo», su renuncia a integrarse en un orden más amplio de la razón, una renuncia a dejar de ser los «amos y señores de la naturaleza» de las ambiciones de Descartes. Esta es una de las razones profundas por las que debe decirse que la ciencia entraña al menos tanto un peligro como una promesa para el futuro de la humanidad. Este libro proporciona motivos para la esperanza, en otras circunstancias menguante, de que la promesa aún pueda triunfar.

Michael Hanby
Profesor asociado de religión y filosofía de la ciencia
Pontificio Instituto Juan Pablo II, Washington, DC

Agradecimientos

Este libro es una edición revisada de mi tesis doctoral, que fue defendida en 2017 en el Pontificio Instituto Juan Pablo II para Estudios sobre el Matrimonio y la Familia en la Universidad Católica de América. En primer lugar, quiero expresar mi más sincera gratitud hacia mi director de tesis, Michael Hanby. El trabajo que presento en este libro no habría llegado a buen puerto sin su inestimable ayuda. Aprecio profundamente sus perspicaces aportaciones al tema de mi investigación. También agradezco a Conor Cunningham su disposición a publicar mi libro en la serie Veritas, que edita junto con Eric Austin Lee. Me siento realmente honrado por haber sido incluido en la prestigiosa serie de libros Veritas. Por último, estoy en deuda con Denise Eggers por sus magníficos servicios de corrección y edición.

Comentarios sobre la traducción española

La traducción al español de este volumen ha sido realizada por el autor del libro, incluyendo las diversas citas de otros autores. Estas citas se han tomado del texto original en inglés o de su traducción en esa lengua. No obstante, en la bibliografía señalo la traducción al español de la referencia bibliográfica citada, si se ha encontrado su traducción al español. En estos casos, la referencia bibliográfica aparece entre corchetes. Además, se incluyen varias notas añadidas que, o bien actualizan la edición en inglés, o bien aclaran algunos aspectos del texto. Estas notas están claramente indicadas entre corchetes como «nota de la edición española». Cuando estas notas hacen referencia a alguna obra bibliográfica, esta aparece en la bibliografía indicada entre corchetes. Al final de la obra he añadido una conclusión. Por último, en la edición española se mantiene la paginación de la original, pero como no es posible separar las páginas exactamente en el mismo lugar, puede ocurrir que una entrada del índice onomástico y analítico no aparezca en la página indicada, o no solo en ella, sino en la página inmediatamente anterior o posterior. Las notas a pie de página tienen la misma numeración tanto en la edición inglesa como en la española.

Introducción

El comienzo de la modernidad fue testigo de la aparición de una nueva idea de ciencia que trajo un desarrollo tecnológico sin precedentes. La ciencia moderna fue alabada por sus logros tecnológicos y su éxito en la comprensión y manipulación del funcionamiento de la naturaleza. La exaltación de la ciencia moderna llegó al punto de afirmar que la ciencia es el único acceso al conocimiento y de rechazar la metafísica y la teología, fenómeno que desde entonces se conoce como *cientificismo*. Esta fue la consecuencia natural de la idea moderna de ciencia, porque la ciencia moderna entiende el mundo como inherentemente mecanicista y los experimentos científicos como la forma paradigmática de obtener la verdad. Sin embargo, aunque la ciencia moderna afirma ser capaz de conquistar todas las áreas posibles del conocimiento, no puede: ignora el conocimiento metafísico y teológico y, por lo tanto, es incapaz de integrar la ciencia en un orden superior de sabiduría filosófica. Por lo tanto, el advenimiento de la ciencia moderna trajo casi inevitablemente la futura separación de la ciencia moderna de la filosofía y la teología.

Conscientes de algunos de los problemas del cientificismo, Michael Polanyi, Karl Popper, Thomas Kuhn y otros filósofos de la ciencia del siglo XX criticaron el positivismo científico y allanaron el camino para el reconocimiento de las limitaciones del método científico y la apreciación de formas de conocimientos distintos de la ciencia, especialmente la metafísica y la teología. Si bien la ciencia moderna no abandonó el cientificismo (y no puede evitarlo por ser parte de su esencia), la crítica al positivismo provocó un cambio cultural, que posibilitó el inicio del diálogo entre ciencia y teología de manera comprometida, especialmente por filósofos y teólogos. El punto de partida de este diálogo contemporáneo fue el libro *Issues in Science and Religion*, escrito por Ian Barbour y publicado en 1966[1]. Desde entonces,

---

[1]   Taede A. SMEDES, «Beyond Barbour or Back to Basics? The Future of Science-and-Religion and the Quest for Unity»: *Zygon* 43/2 (2008), 235.

«el campo ha crecido enormemente y poco a poco está alcanzando un estado de madurez con la institucionalización del campo a través de cátedras académicas (por ejemplo, en Oxford y en el Seminario Teológico de Princeton) y las revistas *Zygon. Journal of Religion and Science* y *Theology and Science*. Ha aparecido una cantidad increíble de literatura desde finales de la década de 1960 sobre todo tipo de temas, pero especialmente sobre la cosmovisión científica y la posibilidad de la acción divina (por ejemplo, a través de la teoría cuántica, la teoría del caos y, recientemente, la emergencia), la teoría evolutiva y la doctrina de la creación, y las implicaciones filosóficas y teológicas de las nuevas neurociencias»[2].

Esta disposición amistosa hacia la teología no es compartida por la academia científica en su conjunto. De hecho, hay científicos ateos que intentan utilizar su investigación científica para demostrar sus posiciones ateas. Vale la pena señalar que los biólogos evolucionistas generalmente han tomado la iniciativa en este tema. Una de las figuras más relevantes que defiende el ateísmo en la actualidad es el biólogo evolucionista Richard Dawkins[3]. Pero el antagonismo hacia la teología no se limita al campo de la biología evolutiva. En el campo de la cosmología, los científicos ateos utilizan su investigación para negar la creación desde el punto de vista científico. Algunos de ellos interpretan la singularidad espacio-temporal inicial del modelo del Big Bang como el comienzo del universo y el momento de la creación divina, y piensan que, una vez que la singularidad inicial no existe, la creación es superflua.

Como ejemplo, Stephen Hawking, junto con James Hartle, propuso un modelo cosmológico que eliminó la singularidad inicial de la teoría del Big Bang. Con el apoyo de este modelo, Hawking llegó a esta conclusión: «Mientras el universo tuvo un comienzo, podríamos suponer que tuvo un creador. Pero si el universo es real y completamente autónomo, sin límite ni borde, no tendría ni comienzo ni fin: simplemente sería. ¿Qué lugar quedaría, entonces, para un creador?»[4].

Al comentar la historia de Pierre Simon Laplace con respecto a Dios como una hipótesis innecesaria para la descripción física del universo, Hawking dijo lo siguiente: «No creo que Laplace estuviera afirmando que Dios no existía. Solo que él no interviene para violar las leyes de la ciencia. Esa debe ser la posición de todo científico. Una ley científica no es una ley científica si solo se cumple cuando algún ser sobrenatural decide permitir que las cosas funcionen

---

2   *Ibid.*, 235-236.
3   Véase Richard DAWKINS, *The God Delusion*, Houghton Mifflin, Boston 2006.
4   Stephen W. HAWKING, *A Brief History of Time. From the Big Bang to Black Holes*, Bantam, New York 1998², 146.

y no intervenir»[5]. Es pertinente citar aquí las palabras de Dawkins sobre el libro de Hawking *El gran diseño*: «Darwin lo echó [a Dios] de la biología, pero la física seguía siendo más incierta. Hawking ahora está administrando el tiro de gracia»[6].

Según William Carroll, «las nuevas teorías sobre lo que ocurrió "antes del Big Bang", así como las que hablan de una serie interminable de *bigbangs*, suelen ser

[5]   Stephen W. HAWKING, «Does God Play Dice?», conferencia de 1999, accedido el 27 de marzo de 2018: https://www.hawking.org.uk/in-words/lectures/does-god-play-dice. «El argumento de Laplace (*no tenía necesidad de esa hipótesis*) se sigue utilizando hoy en día. Hawking y Mlodinow, en su libro *El gran diseño* [2010], crearon un gran revuelo al afirmar que Dios no existía. Pero su argumento no era más que el de Laplace retrocedido desde el principio del sistema solar hasta el principio del universo: no tenían necesidad de esa hipótesis» (Byron K. JENNINGS, *In Defense of Scientism. An Insider's View of Science*, Vancouver 2015, 59). «Uno de los intereses de Laplace era la astronomía matemática que encontró en los *Principia* de Newton. En los *Principia*, Newton no había podido dar cuenta de todos los movimientos de los planetas: esta inestabilidad se dejaba literalmente en manos de Dios, ya que era necesaria una intervención ocasional para mantener los planetas en sus órbitas. Laplace consiguió superar las dificultades del sistema newtoniano y, en una obra monumental de cinco volúmenes titulada *Mecánica celeste*, presentó una descripción matemática y física del sistema solar con cada movimiento completamente explicado. De hecho, se cuenta que cuando Napoleón recibió un ejemplar de la *Mecánica celeste*, el emperador [*sic*] preguntó por qué nunca se mencionaba a Dios. La respuesta de Laplace fue bastante descarada: "No tenía necesidad de esa hipótesis"» (Todd TIMMONS, *Makers of Western Science. The Works and Words of 24 Visionaries from Copernicus to Watson and Crick*, McFarland, Jefferson, North Carolina 2012, 156). «Esta frase tan repetida [*no tengo necesidad de esa hipótesis*] puede no haber sido pronunciada textualmente, pero el diario de Herschel registra un hecho que informa de lo esencial del intercambio» (Roger HAHN, *Pierre Simon Laplace, 1749-1827. A Determined Scientist*, Harvard University Press, Cambridge, Massachusetts 2005, 172). Esta es la entrada del 8 de agosto de 1802 (domingo) en el diario del astrónomo británico William Herschel: «El primer cónsul [Napoleón] hizo entonces algunas preguntas relativas a la Astronomía y a la construcción de los cielos, a las que di respuestas que parecieron darle gran satisfacción. También se dirigió al Sr. Laplace sobre el mismo tema y mantuvo con él una considerable discusión en la que discrepó de ese eminente matemático. La diferencia fue ocasionada por una exclamación del primer cónsul, que preguntó en tono de exclamación o admiración (cuando hablábamos de la extensión de los cielos siderales): "¡Y quién es el autor de todo esto!". Mons. De la Place quiso demostrar que una cadena de causas naturales explicaría la construcción y conservación del maravilloso sistema. A esto se opuso el primer cónsul. Se puede decir mucho sobre el tema; uniendo los argumentos de ambos seremos conducidos a la "Naturaleza y al Dios de la naturaleza"» (William HERSCHEL, *The Herschel Chronicle. The Life-Story of William Herschel and His Sister Caroline Herschel*, ed. Constance A. Lubbock, Cambridge University Press, Cambridge 2013, 310).
[6]   Richard DAWKINS, «The God Debate. Join Richard Dawkins, Ruth Gledhill and Hannah Devlin»: *The Times*, última modificación el 2 de septiembre de 2010: http://www.thetimes.co.uk/tto/science/article2711400.ece; Stephen W. HAWKING y Leonard MLODINOW, *The Grand Design*, New York, Bantam 2010.

atractivas [para los científicos ateos] porque también niegan un comienzo funda-mental del universo»[7]. Como podemos ver, estos científicos muestran interés por la creación, aunque de forma negativa. Sin embargo, este interés tiene un objetivo claro: utilizar la ciencia para negar cualquier intervención divina en el universo. Estos científicos no logran comprender que la creación no es una intervención divina en el universo, que se concibe como un mecanismo mundano, sino la entrega del universo a sí mismo *ex nihilo*.

Además, hay teólogos y filósofos que se han esforzado por rechazar el cien-tificismo y han intentado insistentemente reconciliar la teología con la ciencia integrando los descubrimientos científicos en la teología. Su esfuerzo es proble-mático debido al cientificismo que subyace en la ciencia moderna que aceptan. A pesar de su intención honesta, el resultado de su esfuerzo por reconciliar la teología con la ciencia es una reducción de las categorías teológicas para acomodar los hechos científicos *neutrales*. Al final, el papel de la teología en el diálogo entre ciencia y teología consiste en responder a las aportaciones de la ciencia de forma limitada, ya que es incapaz, en principio, de poner en duda los principios científicos fundamentales o de hacer afirmaciones sobre la verdad del mundo natural. Debajo de estas ideas se encuentra el positivismo porque, en última instancia, solo es reconocido como auténtico el conocimiento *científico*. Cuando los participantes en el diálogo utilizan «la ciencia para contrarrestar las afirmaciones cientificistas» y para dar a la teología un lugar en la acade-mia, están asumiendo y reforzando el cientificismo. «En consecuencia, lo que están haciendo no constituye un ataque al cientificismo, sino simplemente una propuesta de revisión de algunos supuestos cientificistas para incluir la posibi-lidad»[8] de la teología como interlocutora de la ciencia. Este enfoque adoptado por teólogos y filósofos es problemático porque asume ideas metafísicas cien-tificistas, como la supuesta neutralidad del método científico, que conllevan supuestos teológicos cuestionables.

Ambos tipos de enfoques, el cientificista y el científico-teológico, son defectuo-sos debido al cientificismo explícito (o implícito) presente en ellos. Es importante señalar aquí que el cientificismo está cargado de juicios metafísicos y teológicos. Uno de ellos es la indiferencia del estudio científico de la naturaleza con respecto a Dios[9]. A su vez, esta indiferencia presupone una comprensión mecanicista de la

---

[7]   William E. Carroll, *Creation and Science. Has Science Eliminated God?*, Catholic Truth Society, London 2011, 2.

[8]   Taede A. Smedes, *Chaos, Complexity, and God. Divine Action and Scientism*, Peeters, Leuven 2004, 186-187.

[9]   «Para la ciencia moderna, el mundo ya no es algo creado: es simplemente la Naturale-za» (José Morales, *Creation Theology*, [trans. Michael Adams, Dudley Cleary], Four Courts, Portland, Oregon 2001, 4).

naturaleza y una teología extrínseca[10]. Estas dos premisas conducen a conceptos erróneos sobre la naturaleza y Dios, y sobre el modo en que se relacionan. Estas nociones inadecuadas pasan desapercibidas en el diálogo entre ciencia y teología, porque normalmente no se cuestionan, sino que simplemente se asumen con la afirmación de la indiferencia de la naturaleza hacia Dios. Esta indiferencia puede formularse también como *extrinsecismo teológico*: Dios es extrínseco a la naturaleza.

El extrinsecismo teológico presente en el pensamiento de científicos, teólogos y filósofos es muy problemático y estos eruditos normalmente no son conscientes de ello. Este libro pretende descubrir y criticar el incoherente extrinsecismo teológico inherente a una rama concreta de la ciencia moderna, que es la cosmología moderna[11]. El propósito del *primer capítulo* es demostrar que el extrinsecismo teológico es inherente a la ciencia moderna en general. En este capítulo, examinaré los conceptos nuevos y radicales de la naturaleza y de Dios que surgieron con el advenimiento de la ciencia moderna. La nueva comprensión de la ciencia se basó en el rechazo del escolasticismo y en la interpretación matemática del mundo. Como ya se ha dicho, la ciencia moderna afirma que su método, el método científico, es epistemológicamente superior a los demás y neutral con respecto a la metafísica y la teología. Refutaré esa afirmación sobre la neutralidad de la ciencia mostrando que toda comprensión científica de la naturaleza presupone ideas metafísicas y teológicas. Esto es así porque la ciencia,

---

[10]   «Cuando la cosmovisión científica se independizó de la relación con Dios a causa de la descripción puramente mecánica del origen del sistema planetario en la obra pionera de Kant y Laplace [...] solo quedó abierta una aproximación a la realidad de Dios, a saber, la contemplación de la autoconciencia humana y su fundamento» (Wolfhart PANNENBERG, *Toward a Theology of Nature. Essays on Science and Faith*, [ed. Ted Peters], Westminster John Knox, Louisville, Kentucky 1993, 50-51). Es por esto que «los argumentos del ateísmo moderno, desde Feuerbach, pasando por Marx y Nietzsche, hasta Freud, Sartre y Camus, se dirigen igualmente a la temática de la autocomprensión del ser humano y no a los problemas del conocimiento de la naturaleza» (*ibid.*, 50). Como consecuencia, «la interpretación religiosa subyacente de la realidad ya no se toma como universalmente válida, sino como una cuestión de preferencia privada, e incluso como superstición», Wolfhart PANNENBERG, «Theological Questions to Scientists»: *Zygon* 16/1 (March 1981), 65.

[11]   Se entiende por cosmología moderna la ciencia física que se ocupa del universo en su conjunto y cuyo origen se remonta a principios del siglo XX. «La cosmología científica moderna es un campo de estudio reciente, que no comenzó realmente hasta principios del siglo XX» (Andrew R. LIDDLE y Jon LOVEDAY, *The Oxford Companion to Cosmology*, Oxford University Press, Oxford 2008, 81). Rigurosamente, el adjetivo que debería acompañar al sustantivo «cosmología» debería ser «contemporánea» en lugar de «moderna». Sin embargo, los cosmólogos actuales no utilizan el adjetivo «contemporánea». El término estándar es «cosmología moderna» y, como tal, aparece en libros y artículos científicos. Estos son algunos libros de texto de renombre sobre la cosmología actual: John F. HAWLEY y Katherine A. HOLCOMB, *Foundations of Modern Cosmology*, Oxford University Press, New York 1998; Andrew R. LIDDLE, *Introduction to Modern Cosmology*, Wiley, Chichester 1999 y Scott DODELSON, *Modern Cosmology*, Academic, Amsterdam 2003.

la metafísica y la teología están intrínsecamente relacionadas. Por lo tanto, la afirmación de la neutralidad de la ciencia no dispensa a la ciencia de tener presupuestos metafísicos y teológicos. Estos presupuestos no dejan de estar presentes en la ciencia supuestamente neutral, pero se vuelven invisibles para los científicos que utilizan su restrictivo método científico. Sin embargo, el principal problema de esos presupuestos metafísicos y teológicos no es que permanezcan inadvertidos en su mayor parte, sino que son deficientes e insostenibles. Estos presupuestos, basados en la afirmación de que la teología y la metafísica son extrínsecas a la ciencia, se engloban bajo el nombre de *extrinsecismo*. Este extrinsecismo está presente de diversas maneras en quienes trabajan en la ciencia, desde aquellos que rechazan la metafísica y la teología hasta aquellos que abordan esos temas de manera amistosa. Criticaré estas diferentes expresiones de extrinsecismo y sus defectuosos presupuestos metafísicos y teológicos comunes. Estos presupuestos defectuosos pueden resumirse en una comprensión mecánica de la naturaleza y una idea extrínseca de Dios. Estos dos tipos de presupuestos son inseparables porque se implican mutuamente.

Para descubrir y criticar el extrinsecismo presente en la ciencia moderna y, más concretamente, en la cosmología moderna, es necesario proporcionar una imagen coherente y no reducida de Dios y la naturaleza, para ofrecer una mejor comprensión teológica de la relación entre el mundo y Dios. Esto puede lograrse mediante una doctrina convincente de la creación, ya que la doctrina de la creación es tanto una doctrina de Dios como una concepción del mundo. Una doctrina verosímil de la creación es una valiosa herramienta para señalar y superar el problemático extrinsecismo teológico y la problemática ontología mecanicista presentes en la ciencia moderna y, muy especialmente, en la cosmología moderna[12]. El objetivo del *segundo capítulo* es exponer la doctrina de la creación *ex nihilo* en su doble sentido, teológico y metafísico, con el fin de tener un fundamento para criticar la teología extrínseca presente en la ciencia moderna y, más concretamente, en la cosmología moderna. Para tratar la doctrina de la creación en su doble aspecto, como doctrina tanto de Dios como de la constitución metafísica del mundo, me apoyaré en las obras de Tomás de Aquino, porque son una exposición filosóficamente precisa de la tradición cristiana. Sin embargo, mi intención no es presentar un tratado de la comprensión tomista de la creación,

---

[12]   Una doctrina convincente de la creación nos ayuda también a ver que «la realidad de Dios es un factor en la definición de lo que la naturaleza es, y [que] ignorar este hecho nos deja con algo menos que una explicación totalmente adecuada de las cosas» (PANNENBERG, *Toward a Theology*, 48). Más aún, esta doctrina de la creación permite que la ciencia sea menos teológica y más natural. Como dice Michael Hanby, «la buena teología libera a las ciencias para que sean ciencia y, además, les presta un servicio sin el cual tenderán a falsificarse a sí mismas y a sus objetos» (Michael HANBY, «Saving the Appearances. Creation's Gift to the Sciences»: *Anthropotes* 26/2 [2010], 71).

sino articular cómo la tradición cristiana entiende la creación. Aunque Tomás es muy útil para comprender la doctrina de la creación, no es la única fuente. Por esta razón, me serviré de otros autores aparte del Aquinate para comprender lo que es la creación.

En mi propósito de criticar la teología extrínseca de las cosmologías modernas, la doctrina de la creación tiene una importancia crucial desde dos perspectivas. Desde el lado de Dios, la doctrina de la creación preserva la alteridad trascendente de Dios con respecto al mundo. En otras palabras, la doctrina de la creación transmite claramente que el ser de Dios y el ser del mundo son completamente diferentes, aunque esta diferencia radical es en sí misma la piedra angular de la similitud analógica del mundo con Dios. Desde el lado del mundo, la doctrina de la creación aclara que el acto de la creación no es un proceso mecánico que da cuenta de cómo llegó a existir el mundo. Más bien, la creación consiste en el don del ser a lo que no era nada, es decir, la entrega del mundo a sí mismo. Dicho de otro modo, crear es hacer algo de la nada; es el paso del no-ser al ser. Estas reflexiones sobre la doctrina de la creación serán útiles en mi crítica a la equivocada comprensión de Dios y a la creación asumida por los teólogos y cosmólogos extrínsecos.

La rica y profunda comprensión tanto de Dios como del mundo que proporciona la doctrina de la creación es el contrapunto necesario para criticar la teología extrínseca inherente a la cosmología moderna, que es el objetivo del *tercer capítulo*. La cosmología moderna es un campo científico adecuado para estudiar los presupuestos teológicos y metafísicos inherentes a la ciencia moderna, porque esta rama científica se ocupa de cuestiones que antes se suponía que eran puramente teológicas. Según el extrinsecismo teológico presente en la cosmología moderna, Dios se concibe como un agente externo que compite con los procesos naturales, y la creación se concibe como un mecanismo mundano. Inmersos en este extrinsecismo, los cosmólogos ateos intentan negar la existencia de Dios, argumentando que lo que antes se atribuía a la acción divina (debido a la ignorancia científica) puede explicarse ahora únicamente en términos científicos. La comprensión extrínseca de Dios también está presente en aquellos científicos y teólogos que intentan dar pruebas científicas de la existencia de Dios (utilizando la cosmología). Estos científicos y teólogos comparten los supuestos teológicos extrínsecos de los cosmólogos ateos porque asumen acríticamente los presupuestos metafísicos y teológicos de la ciencia moderna. Como resultado, la concepción de Dios sostenida por estos científicos teístas y teólogos se ve severamente reducida para cumplir con las exigencias de los descubrimientos científicos, que se toman como normativos. Ellos intentan explicar la acción de Dios en el mundo en términos científicos reductivos, mostrando así su incomprensión de la creación y de la acción divina. En mi tarea de criticar el extrinsecismo teológico de la cosmología moderna, trataré dos cuestiones cosmológicas principales: el comienzo del universo y el universo finamente ajustado.

Quisiera señalar que el propósito de criticar la teología extrínseca inherente a la cosmología moderna no es simplemente rescatar la teología denunciando la imagen deficiente de Dios implícita en la cosmología moderna, aunque rescatar la teología es parte del objetivo. El propósito también es indicar que no existe una cosmología verdaderamente atea, porque un concepto de Dios siempre subyace en el fundamento de todas estas teorías cosmológicas. El hecho de que algunos de los pensadores en cuestión no crean en una imagen defectuosa de Dios o construyan sus cosmologías de manera que lo hagan obsoleto no viene al caso. La cuestión es que, dada la imposibilidad de prescindir de Dios en el pensamiento, los cosmólogos ateos deberían pensar y escribir sobre Dios de forma más responsable. Esta es la condición previa para cualquier diálogo genuino entre ciencia y teología.

Un diálogo fructífero debe reconocer que la ciencia tiene dimensiones metafísicas y teológicas inevitables. Este reconocimiento es crucial para una adecuada comprensión filosófica de la naturaleza y de los límites de la ciencia moderna. La aceptación de los inevitables presupuestos metafísicos y teológicos de la ciencia moderna es la única manera de superar el extrinsecismo y de hacer así que la ciencia sea más razonable, es decir, más responsable intelectualmente y más seria. Como veremos en el tercer capítulo, las teorías científicas propuestas por algunos cosmólogos contemporáneos, cuyo objetivo es reducir o eliminar a Dios, no solo son metafísica y teológicamente primitivas, sino también científicamente irrazonables, hasta el punto de ser más ciencia ficción que ciencia real.

El problema del extrinsecismo teológico
en la ciencia moderna

1. Introducción

El objetivo de este libro es descubrir y criticar el extrinsecismo teológico inherente a la cosmología moderna. Con *extrinsecismo teológico* me refiero a la
deficiente comprensión teológica que concibe a Dios como un agente externo
que compite con los procesos naturales y a la creación como un mecanismo mundano. Esta pobre teología está presente no solo en la cosmología moderna, sino
también en otras ramas de la ciencia moderna, como la biología[1]. De hecho, la
cosmología moderna sufre de extrinsecismo teológico porque es una rama de
la ciencia moderna. En otras palabras, el problema del extrinsecismo teológico es
un problema de la ciencia moderna. El objetivo de este capítulo inicial es demostrar que el extrinsecismo teológico es inherente a la ciencia moderna. Pretendo
alcanzar este objetivo en una serie de pasos. Comenzaré tratando el concepto
de *ciencia moderna*. Mostraré que el advenimiento de la ciencia moderna trajo consigo una forma revolucionaria de entender la naturaleza y a Dios, basada
en dos pilares: (a) el rechazo del escolasticismo y (b) la comprensión matemática del mundo. La ciencia moderna afirma que «la ciencia, la metafísica y la
teología están esencialmente "fuera" la una de la otra, donde su relación y sus

---

[1]   Véanse Conor Cunningham, *Darwin's Pious Idea. Why the Ultra-Darwinists and
    Creationists Both Get It Wrong*, Eerdmans, Grand Rapids, Michigan 2010; Michael
    Hanby, *No God, No Science? Theology, Cosmology, Biology*, Wiley-Blackwell,
    Oxford 2013.

respectivas reivindicaciones pueden ser juzgadas desde el punto de vista neutral que ofrecen los métodos empíricos y experimentales de la ciencia»[2]. Esta afirmación, conocida como *extrinsecismo*[3], es errónea por tres razones: (1) Falsifica los conceptos tanto de Dios como de la naturaleza. Por un lado, se pierde la trascendencia de Dios porque Dios es reducido a un agente externo que actúa al mismo nivel que cualquier agente natural. Por otro lado, la naturaleza pierde su propia interioridad y unidad; es reducida a un mecanismo compuesto de partes no relacionadas. La reducción de la imagen de Dios y la reducción del concepto de la naturaleza son inseparables porque se implican mutuamente. (2) Se contradice a sí misma porque supone que la ciencia es indiferente a la metafísica y a la teología, pero esta implica ideas metafísicas y teológicas. (3) Hace que el diálogo entre ciencia y teología sea completamente inútil.

En la tercera sección de este capítulo examinaré los defectuosos supuestos teológicos y metafísicos presentes en la ciencia moderna. A pesar de tener premisas teológicas y metafísicas deficientes, los científicos modernos tienden a enorgullecerse de tener un método científico que es neutral con respecto a la metafísica y la teología. Esta afirmación se basa en el propio criterio de superioridad epistemológica de la ciencia moderna y en el objetivo autoimpuesto por la ciencia moderna de una comprensión controladora de la naturaleza. En la cuarta sección argumentaré que no existe una ciencia neutral porque toda comprensión de la ciencia tiene presupuestos teológicos y metafísicos. Esto es así porque, como veremos, ciencia, metafísica y teología están intrínsecamente relacionadas. La afirmación de una ciencia neutral no prescinde de la metafísica y la teología. El mismo hecho de afirmar una ciencia libre de metafísica y teología conlleva, al menos implícitamente, supuestos metafísicos y teológicos deficientes. En la quinta sección criticaré el concepto de neutralidad metodológica defendido por la ciencia moderna. Esta supuesta neutralidad se contradice a sí misma y conlleva supuestos extrínsecos problemáticos, tanto teológicos como metafísicos. En la sección final del capítulo, revelaré y criticaré diferentes formas en que los científicos defienden el insostenible extrinsecismo. Las diferentes propuestas tienen en común los mismos supuestos metafísicos y teológicos defectuosos: una comprensión mecánica de la naturaleza y una noción reducida de Dios.

2. La ciencia moderna

En esta sección quiero tratar el concepto de *ciencia moderna*. El adjetivo *moderna* que sigue al sustantivo *ciencia* pretende dar a entender que su origen histórico

---

[2]   *Ibid.*, 3.
[3]   *Ibid.* El extrinsecismo teológico se centra en que la teología está «fuera» de la ciencia.

debe situarse en la modernidad[4]. En efecto, los siglos XVI y XVII fueron testigos de la aparición de una nueva y revolucionaria idea de ciencia[5]. Esta nueva concepción de la ciencia, que en su momento se denominó *filosofía natural*[6],

---

[4]   El científico Carl Sagan popularizó la idea, común entre muchos, de que la ciencia fue inventada hace 2500 años por los presocráticos de la antigua Grecia (a los que llamó jónicos), como Tales y Demócrito, silenciada después por platónicos y cristianos y redescubierta de nuevo en la era moderna (véanse Carl SAGAN, *Cosmos*, Random House, New York 2002, 167-194; ÍD., *The Backbone of the Night*, VHS video, Cosmos TV Series, KCET, Los Angeles 1980). Sin embargo, como señala el físico Steven Weinberg, «ninguno de los presocráticos [...] tenía nada parecido a nuestra idea moderna de lo que tendría que lograr una explicación científica exitosa: la comprensión *cuantitativa* de los fenómenos. ¿En qué medida avanzamos hacia la comprensión de por qué la naturaleza es como es si Tales o Demócrito nos dicen que una piedra está hecha de agua o de átomos, cuando todavía no sabemos cómo calcular su densidad o su dureza o su conductividad eléctrica? Y, por supuesto, sin la capacidad de predicción cuantitativa, nunca podríamos saber si Tales o Demócrito tienen razón» (Stephen WEINBERG, *Dreams of a Final Theory. The Scientist's Search for the Ultimate Laws of Nature*, Vintage, New York 1994, 7). Desde el punto de vista de la ciencia moderna, que es intrínsecamente *cuantitativa*, «la "física" de Aristóteles [tan rechazada por los científicos modernos] no era mejor que las especulaciones anteriores y menos sofisticadas de Tales y Demócrito» (*ibid.*, 8). Por lo tanto, la idea idiosincrática de Sagan sobre el origen de la ciencia moderna es bastante discutible. «Solo hay que observar que muchos estudios minuciosos de la revolución científica del siglo XVII la ven como bastante original y en absoluto como un despertar del "encantamiento jónico"» (Karl GIBERSON y Mariano ARTIGAS, *Oracles of Science. Celebrity Scientists versus God and Religion*, Oxford University Press, Oxford 2007, 142).

[5]   El término ciencia, tal como lo entendemos hoy (conocimiento de la naturaleza obtenido por la observación, la experimentación y la matematización) adquirió su significado en el siglo XIX. «A principios del siglo XVIII, cuando la revolución científica había recorrido gran parte de su camino, "ciencia" todavía significaba filosofía natural [...]. Para entonces, la filosofía natural se había despojado de su metafísica aristotélica, había rechazado las cualidades ocultas en la explicación, había adoptado nuevos estándares de prueba y experimentación, había creado tipos de instrumentos totalmente nuevos y, en general, había incorporado nuevos conceptos y resultados. Esto ocurría especialmente en las ciencias exactas de la astronomía, la mecánica y la óptica. Sin embargo, la palabra "ciencia" apenas comenzaba a asumir su significado y alcance modernos; esta comprensión surgió de manera más definitiva entre finales de la Ilustración y principios del siglo XX [...]. Fue en el siglo XIX cuando [...] se crearon nuevos términos como "biología" y "física", "biólogo" y "físico", para describir las nuevas disciplinas y sus practicantes [...]. Ciertamente, en el último tercio del siglo XIX se podía hablar legítimamente, es decir, en un sentido moderno, de "ciencia", "científicos" y de las disciplinas científicas» (David CAHAN, *From Natural Philosophy to the Sciences. Writing the History of Nineteenth-Century Science*, University of Chicago Press, Chicago 2003, 4).

[6]   Nótese que el gran científico Isaac Newton dio a su obra científica más reconocida el título de *Philosophiae Naturalis Principia Mathematica* (1687), traducido como *Principios matemáticos de la filosofía natural*. Esta obra maestra trata de la física mecánica y

supuso «un cambio conceptual radical, que alteró los fundamentos de la filosofía natural tal y como se había practicado durante casi los dos mil años anteriores»[7]. El cambio radical llevado a cabo por la ciencia moderna se basó en el rechazo de la filosofía natural aristotélica[8]. Este rechazo es evidente en una de las obras programáticas y fundacionales de la ciencia moderna, el *Novum Organum Scientiarum*, escrito por Francis Bacon y publicado en 1620. En esta obra, Bacon propuso «un sistema de razonamiento para reemplazar al de Aristóteles, adecuado para la búsqueda del conocimiento en la era de la ciencia»[9]. La nueva y revolucionaria idea de ciencia desechó las nociones de ser y sustancia[10], tan importantes en

---

Newton consideraba esta materia como *filosofía natural*. «No debemos dejarnos engañar por el hecho de que como el término "científico" no se introdujo hasta el siglo XIX, por lo tanto, ninguna actividad que queramos llamar ciencia podría haber ocurrido antes de ese siglo, simplemente porque los "científicos" pueden haber sido llamados de otra manera: filósofos naturales» (Edward GRANT, *A History of Natural Philosophy. From the Ancient World to the Nineteenth Century*, Cambridge University Press, Cambridge 2007, 314).

[7]   David C. LINDBERG, *The Beginnings of Western Science. The European Scientific Tradition in Philosophical, Religious, and Institutional Context, Prehistory to A.D. 1450*, University of Chicago Press, Chicago 2008², 365. «El cambio más profundo en la filosofía natural se produjo en el siglo XVII. Supuso la unión de las ciencias exactas y la filosofía natural, un fenómeno al que se ha prestado relativamente poca atención en la vasta literatura sobre el significado y las causas de la revolución científica. Sin embargo, es dudoso que la revolución científica hubiera podido producirse en el siglo XVII sin esa fusión. Uno de los principales resultados de esta unión fue que la filosofía natural, que antes se consideraba en gran medida independiente y aislada de las matemáticas y las ciencias exactas, se matematizó considerablemente. *En esta forma matematizada, la filosofía natural se convirtió en sinónimo del término ciencia, que empezó a utilizarse en el siglo XIX*» (GRANT, *History of Natural Philosophy*, xii; el énfasis es mío).

[8]   Es necesario matizar esta afirmación. «Desde el punto de vista del siglo XVII, la ciencia aristotélico-escolástica fue una empresa estéril desde su inicio, un callejón sin salida. Su principal preocupación había sido la definición más que la relación precisa entre fenómenos [...]. Sin embargo, desde que los historiadores recientes redescubrieron las energías creativas del pensamiento medieval, esta valoración del siglo XVII ha sido puesta en duda» (Amos FUNKENSTEIN, *Theology and the Scientific Imagination from the Middle Ages to the Seventeenth Century*, Princeton University Press, Princeton, New Jersey 1986, 13). En otras palabras, la relación entre la ciencia moderna y el escolasticismo es históricamente más compleja que un simple rechazo (*ibid.*, 14). De hecho, los primeros modernos tomaron muchas cosas de los escolásticos y las modificaron al rechazarlas. Por ejemplo, «la física moderna temprana heredó muchas de las técnicas medievales de razonamiento hipotético que implicaban, en cuestiones mecánicas, el inicio de una nueva técnica matemática. Pero les dio una interpretación concreta y nueva» (*ibid.*, 17).

[9]   Lisa JARDINE, «Introduction», en Francis BACON, *The New Organon*, (eds. Lisa Jardine, Michael Silverthorne), Cambridge University Press, Cambridge 2000, xii.

[10] «No hay nada acertado en las nociones de la lógica y la física: ni la sustancia, ni la cualidad, ni la acción y la pasión, ni el ser mismo son buenas nociones; mucho menos lo pesado, lo ligero, lo denso, lo raro, lo húmedo, lo seco, la generación, la corrupción, la

la física aristotélica. La ciencia moderna también rechazó la cuádruple causalidad aristotélica y el concepto de forma dejó de ser crucial para la comprensión de lo que es un ser[11]. Todo lo anterior deja claro que la ciencia moderna supone una novedad radical en la comprensión de la ciencia[12]. Debido a la relación intrínseca entre ciencia, metafísica y teología, esta novedad en la comprensión de la ciencia tiene su correspondiente novedad metafísica. El filósofo francés Alexandre Koyré argumentó acertadamente que «la fuente subyacente de la novedad [científica] revolucionaria en los siglos XVI y XVII [...] era metafísica y cosmológica»[13].

---

atracción, la repulsión, el elemento, la materia, la forma, etc.; todo es fantasioso y está mal definido» (Francis BACON, *The New Organon, op. cit.*, 35 (I, 15)). Tampoco hay interés en la naturaleza de un objeto: «Es una señal de la más alta incompetencia hacer una investigación a fondo de algo por sí mismo» (*ibid.*, 73 [I, 88]).

[11]   «La [causa] final está muy lejos de ser útil; de hecho, distorsiona las ciencias, excepto en el caso de las acciones humanas. El descubrimiento de la Forma se considera inútil. Y las causas eficiente y material [...] son cosas someras y superficiales, sin apenas valor para el conocimiento verdadero y activo. Tampoco hemos olvidado que antes criticamos y corregimos el error de la mente humana al asignar a las Formas el papel principal del ser. Porque, aunque en la naturaleza no existe nada salvo cuerpos individuales que exhiben puros actos individuales de acuerdo con la ley, en la doctrina filosófica, esa ley en sí misma y la investigación, el descubrimiento y la explicación de la misma, se toman como el fundamento tanto del conocer como del hacer. Es la ley y sus cláusulas lo que entendemos por el término Forma, especialmente cuando esta palabra se ha establecido y es de uso común» (*ibid.*, 102-103 [II, 2]). Aunque la ciencia moderna ha intentado eliminar la cuádruple causalidad aristotélica, esto es algo imposible de hacer. Como señala D. C. Schindler, las causas de Aristóteles no pueden rechazarse, sino solo transformarse: «La esencia de la revolución científica, vista específicamente en relación con la cuestión de la causalidad, no es que conserve solo algunas de las causas de Aristóteles [eficiente y material] y rechace otras [final y formal], sino que las conserva *todas* en algún sentido, aunque transforme radicalmente el significado de cada una [...]. Esta transformación no es arbitraria, sino que refleja un cambio en la comprensión del ser» (D. C. SCHINDLER, «Historical Intelligibility. On Creation and Causality»: *Anthropotes* 26/1 [2010], 23).

[12]   Esto es muy claro en el caso de la física: «A finales de la Ilustración, la física experimental había llegado a significar el uso de un método experimental y cuantitativo para descubrir las leyes que rigen el mundo inorgánico. Sin embargo, el significado original del término *física* había sido bastante diferente; y como resultado, la palabra siguió utilizándose de forma ambigua a lo largo del siglo XVIII. La disciplina de la física había sido creada originalmente por Aristóteles y no tenía nada que ver con el experimento o la medida cuantitativa, ni se limitaba al mundo inorgánico. La *Física* de Aristóteles trataba la forma, la sustancia, la causa, el accidente, el lugar, el tiempo, la necesidad y el movimiento mediante argumentos *a priori* que luego podían utilizarse para explicar los fenómenos del mundo, tanto orgánicos como inorgánicos» (Thomas L. HANKINS, *Science and the Enlightenment*, Cambridge University Press, Cambridge 1985, 46).

[13]   LINDBERG, *Beginnings of Western Science*, 364. Véanse Alexandre KOYRÉ, «The Origins of Modern Science. A New Interpretation»: *Diogenes* 16/4 (1956), 1-22; ÍD., «Galileo and Plato»: *Journal of the History of Ideas* 4/4 (1943), 400-428.

Según David Lindberg, «el universo orgánico de la metafísica y la cosmología medievales fue derrotado por la maquinaria sin vida de los atomistas»[14].

«A cambio del mundo orgánico, organizado y teleológico de la filosofía natural aristotélica, la nueva metafísica ofrecía un mundo mecánico de materia sin vida, movimiento local incesante y colisiones aleatorias. Se despojó de las cualidades sensibles tan centrales en la filosofía natural aristotélica, ofreciéndoles una ciudadanía de segunda clase como cualidades secundarias o incluso reduciéndolas al estado de ilusiones sensoriales. En lugar de las capacidades explicativas de la forma y la materia, ofreció el tamaño, la forma y el movimiento de los corpúsculos invisibles, elevando el movimiento local a una posición de preeminencia dentro de la categoría del cambio y reduciendo toda causalidad a causalidad eficiente y material. En cuanto a la teleología aristotélica, que descubría el propósito *dentro* de la naturaleza, los defensores de esta nueva filosofía mecánica sustituyeron los propósitos de un Dios creador, impuestos a la naturaleza desde fuera. La metafísica de la filosofía mecánica repercutió en las disciplinas científicas del siglo XVII, transformando las formas de pensar sobre todo tipo de materias»[15].

El cambio metafísico de la ciencia moderna es evidente en Galileo Galilei, «el padre de la física moderna; de hecho, de la ciencia moderna en su conjunto»[16]. El filósofo y matemático francés Olivier Rey defiende que Galileo introdujo un cambio profundo del marco metafísico[17]. Podríamos decir que este cambio se resume en el siguiente célebre pasaje:

«La filosofía está escrita en este gran libro (me refiero al universo) que está continuamente abierto a nuestra mirada, pero no se puede entender a menos que se aprenda primero a comprender el lenguaje y a interpretar los caracteres en los que está escrito. Está escrito en el lenguaje de las matemáticas y sus caracteres son triángulos, círculos y otras figuras geométricas, sin los cuales es humanamente imposible entender una sola palabra de él; sin ellos, uno vaga por un oscuro laberinto»[18].

---

[14]   LINDBERG, *Beginnings of Western Science*, 365.

[15]   *Ibid.*

[16]   Albert EINSTEIN, *Ideas and Opinions*, (ed. Carl Seelig; trans. Sonja Bargmann), Bonanza, New York 1954, 271.

[17]   Olivier REY, *Itinéraire de l'égarement. Du rôle de la science dans l'absurdité contemporaine*, Seuil, Paris 2003, 57. «Para Galileo, la física aristotélica seguía siendo un rival. Para sus sucesores, era simplemente absurda. Sin embargo, en sí misma, no era absurda en absoluto. La física moderna no la ha invalidado, la ha sustituido en virtud de un cambio de marco metafísico» (*ibid.*, 59).

[18]   Galileo GALILEI, «The Assayer», en ÍD., *et al. The Controversy on the Comets of 1618*, (trans. Stillman Drake y Charles D. O'Malley), University of Pennsylvania Press, Philadelphia 1960, 183-184.

En este pasaje, Galileo «estableció un nuevo programa para la ciencia al declarar que la verdadera filosofía está inscrita en el libro de la naturaleza, un libro escrito en el lenguaje de las matemáticas, sin el cual es inútil tratar de descifrarlo»[19]. Es importante señalar que «la naturaleza matemática del mundo no es un hecho de la experiencia (especialmente en la época de Galileo, cuando la física matemática no existía), sino que es más bien un postulado»[20].

«Cuando se postula el carácter matemático del mundo, pasamos de la ciencia limitada a la experiencia, en el sentido aristotélico de la palabra que consiste en observar las cosas tal y como se nos presentan, a la ciencia que recurre a la experimentación, que consiste en poner en marcha el equipo instrumental para comprobar las hipótesis teóricas formuladas sobre la realidad»[21].

La llegada de la ciencia moderna redefinió lo que se consideraba como real. De hecho, la nueva ciencia consideraba solo «los aspectos estrictamente cuantificables de la naturaleza [... como] lo verdadera y objetivamente real»[22]. Para la metafísica cristiana clásica, lo real era considerado como «el macromundo que nos presentan los sentidos y que está ordenado en una jerarquía del ser». Sin embargo, la nueva ciencia «rechazó esta cosmovisión *por completo*, y consideró que lo verdaderamente real era solo el ámbito subsensual y subpersonal de la pura cantidad matemática»[23]. Por lo tanto, la ciencia moderna creó una brecha entre

---

[19]   Olivier REY, «Science in the Twenty-First Century»: *Queen's Quarterly* 117/1 (Spring 2010), 43.

[20]   *Ibid.*, 44.

[21]   *Ibid.* «No es la "experiencia", sino el "experimento" lo que desempeñó (pero solo más tarde) un gran papel positivo. La experimentación es la interrogación metódica de la naturaleza, una interrogación que presupone e implica un lenguaje para formular las preguntas, y un diccionario que nos permite leer e interpretar las respuestas. Para Galileo, como bien sabemos, era en curvas y círculos y triángulos, en lenguaje matemático o, más exactamente, en lenguaje geométrico (no en el lenguaje del sentido común o en el de los puros símbolos), en el que debemos hablar con la Naturaleza y recibir sus respuestas. Pero, evidentemente, la elección del lenguaje, la decisión de emplearlo, no podía estar determinada por la experiencia que su uso iba a hacer posible. Tenía que provenir de otras fuentes» (KOYRÉ, «Galileo and Plato», 403).

[22]   Larry S. CHAPP, *The God of Covenant and Creation. Scientific Naturalism and Its Challenge to the Christian Faith*, T&T Clark, London 2011, 98.

[23]   *Ibid.*, 100. Chapp hace un comentario muy incisivo al respecto: «Aquellos que, en el diálogo entre ciencia moderna y religión, quieren restar importancia al conflicto entre ciencia y fe cristiana, deben tomar más en serio esta ruptura metafísica fundamental en su análisis histórico de este período crítico» (*ibid.*, 100, n57). En su libro *Barbarism*, publicado originalmente en 1987, el filósofo francés Michel Henry señaló que la ciencia galileana (o la ciencia moderna) no era neutral con respecto a la cultura. En este sentido, afirmó que «la ciencia galileana no solo produce una revolución en el plano teórico, sino que configurará nuestro mundo marcando una nueva época histórica: la modernidad» (Michel HENRY, *Barbarism*, [trans. Scott Davidson], Continuum,

«el mundo que es absoluto, objetivo, inmutable y matemático, y aquel [mundo] que es relativo, subjetivo, fluctuante y sensible. El primero es el reino del conocimiento, divino y humano; el segundo es el reino de la opinión y la ilusión»[24]. Las cualidades atribuidas al lenguaje de las matemáticas fueron acuñadas como «cualidades primarias» por el filósofo inglés John Locke, al resto las llamó «secundarias»[25].

La distinción entre mundo absoluto y mundo relativo implicó una revolución cosmológica. Como señaló Koyré, los fundadores de la ciencia moderna destruyeron la comprensión del cosmos y la sustituyeron por otra[26]. En otras palabras, la ciencia moderna supuso la destrucción del concepto metafísico de *cosmos*, tal y como se entendía anteriormente[27]. «El *término* [cosmos] permanece, por

---

London 2012, xiii). En otras palabras, el filósofo francés señaló que la ciencia galileana es el «*a priori* de la modernidad» (*ibid.*, xiv). Henry también señaló que Galileo, al rechazar el mundo sensorial, proclamó que el mundo real era el «compuesto por cuerpos materiales no sensoriales que son extensos, y tienen formas y figuras» (*ibid.*, xiii). Después de la revolución galileana, la manera de conocer el mundo «no es la sensibilidad que varía de un individuo a otro y que, por tanto, solo ofrece apariencias, sino el conocimiento racional de estas figuras y formas: la geometría. El conocimiento geométrico de la naturaleza material, un conocimiento que puede formularse matemáticamente (como lo demostró Descartes justo después), es el nuevo conocimiento que ocupa el lugar de todos los demás y los rechaza como insignificantes» (*ibid.*). El rechazo del mundo sensorial «es la decisión de entender, a la luz del conocimiento geométrico-matemático, el universo como aquello reducido de ahora en adelante a un conjunto objetivo de fenómenos materiales» (*ibid.*).

[24] Edwin A. BURTT, *The Metaphysical Foundations of Modern Science*, Doubleday, New York 2003, 83.

[25] John LOCKE, *An Essay Concerning Human Understanding*, Prometheus, Amherst, New York 1995, 85-86 (II, viii, 9-10). «Las cualidades primarias constituyen lo verdaderamente real y están constituidas por los aspectos cuantificables de la materia, mientras que las cualidades secundarias son las construcciones puramente subjetivas de la mente humana y son, por tanto, menos reales objetivamente» (CHAPP, *The God of Covenant*, 98). Estas son las palabras de Galileo al respecto: «No creo que para excitar en nosotros sabores, olores y sonidos se requiera en los cuerpos externos nada más que tamaños, formas, números y movimientos lentos o rápidos; y creo que, si se quitaran los oídos, la lengua y la nariz, quedarían formas y números y movimientos, pero no olores ni sabores ni sonidos. Creo que estos no son más que nombres, aparte del animal vivo, al igual que las cosquillas y la irritación no son más que nombres cuando no hay axilas ni piel alrededor de la nariz» (GALILEI, «The Assayer», 311 [c. 48]).

[26] KOYRÉ, «Galileo and Plato», 405. «La disolución del cosmos significa la destrucción de la idea de una estructura del mundo finita y jerárquicamente ordenada, de la idea de un mundo cualitativa y ontológicamente diferenciado, y su sustitución por la de un universo abierto, indefinido e incluso infinito, unido y regido por las mismas leyes universales; un universo en el que, en contradicción con la concepción tradicional con su distinción y oposición de los dos mundos del Cielo y de la Tierra, todas las cosas están en el mismo nivel del Ser» (*ibid.*, 404).

[27] *Ibid.*, 403.

supuesto, y Newton sigue hablando del cosmos y de su orden (como habla del *ímpetu*), pero en un sentido totalmente nuevo»[28]. Para Koyré, «la disolución del cosmos [...] parece ser la revolución más profunda alcanzada o sufrida por la mente humana desde la invención del cosmos por los griegos»[29]. La sustitución de la idea de cosmos vino con otra sustitución: el criterio natural del sentido común fue sustituido por un criterio contrario a la intuición que es cualquier cosa menos natural[30].

A pesar de ser cada vez más contraria a la intuición, la ciencia moderna ha sido alabada y validada por sus logros tecnológicos y su éxito en la comprensión y manipulación de la naturaleza. Esto no es sorprendente: después de todo, los logros tecnológicos de la ciencia moderna son su propia finalidad. La ciencia moderna cambió el enfoque del conocimiento de las esencias a la comprensión del funcionamiento de las cosas, con el fin de manipularlas y obtener beneficios[31]. Según Joseph Ratzinger, «la verdad de la que se ocupa el hombre no es la verdad del ser, ni siquiera en última instancia la de sus obras realizadas, sino la verdad de cambiar el mundo, de moldear el mundo»[32]. Utilizando el lema del filósofo Hans Jonas, «el conocimiento moderno de la naturaleza, muy distinto del clásico, es un "saber cómo" y no un "saber qué"»[33]. Esto se debe al hecho de que «para la teoría moderna en general, el uso práctico no es un accidente, sino que forma parte de ella, [... pues] la "ciencia" es tecnológica por naturaleza»[34].

---

[28]   *Ibid.*, 404n12.

[29]   *Ibid.*, 404.

[30]   *Ibid.*, 405. «La ironía, por supuesto, es que la ciencia se presenta a menudo en el mito de la Ilustración moderna como la campeona del sentido común, mientras que la religión se dedica a la ilusión de los castillos en el aire. Sin embargo, en realidad, era la ciencia moderna la que parecía ser la campeona de lo verdaderamente extraño y lo contrario a la intuición, mientras que la religión intentaba preservar la realidad y el contenido de verdad de nuestra experiencia cotidiana del mundo» (CHAPP, *The God of Covenant*, 99-100).

[31]   En su *Novum Organum Scientiarum*, Bacon afirmaba que «el verdadero y legítimo objetivo de las ciencias es dotar a la vida humana de nuevos descubrimientos y recursos» (BACON, *The New Organon*, 66 [I, 81]). Para el inglés, el éxito de la ciencia viene dado por sus resultados: «Ninguno de los signos es más cierto o más digno de ser notado que el de los productos. Pues el descubrimiento de productos y resultados es como una garantía o aval de la verdad de una filosofía» (*ibid.*, 60 [I, 73]). Por tanto, la ciencia deja de ser contemplativa y se vuelve radicalmente pragmática. No sorprende que Bacon equipare el conocimiento humano con el poder humano (*ibid.*, 33 [I, 3]), y la verdad con la utilidad (*ibid.*, 96 [I, 124]).

[32]   Joseph RATZINGER, *Introduction to Christianity*, (trans. J. R. Foster y Michael J. Miller), Ignatius, San Francisco 2004, 63. [Nota de la edición española: Joseph Ratzinger/ Benedicto XVI falleció el 31 de diciembre de 2022, después de la publicación de este libro en inglés (29 de noviembre de 2018)].

[33]   Hans JONAS, «The Practical Uses of Theory», en *The Phenomenon of Life. Toward a Philosophical Biology*, Northwestern University Press, Evanston, Illinois 2001, 204.

[34]   *Ibid.*, 198.

En esta breve discusión sobre la noción de ciencia moderna han aparecido dos ideas principales: experimentación y matemáticas[35]. Estos son los dos pilares del método científico. Este método está «confirmado por el éxito de la tecnología»[36]. El papa Benedicto XVI aclara que, en la mentalidad científica, «solo puede considerarse científico el tipo de certeza que resulta de la interacción de elementos matemáticos y empíricos. Todo lo que pretenda ser ciencia debe medirse con este criterio. De ahí que las ciencias humanas, como la historia, la psicología, la sociología y la filosofía, intenten ajustarse a este canon de cientificidad»[37]. Los teólogos también intentan adaptar su campo de estudio al canon científico. «La ciencia se considera *a priori* racional, y la teología tiene que estar a la altura de los estándares de la racionalidad científica si quiere ser tomada en serio»[38]. Como resultado, «la teología se coloca en un lecho de Procusto de normas científicas, lo que [...] da lugar a una mala teología»[39]. Por lo tanto, la teología no se toma en serio y las cuestiones teológicas, como la creación, se tratan como meros problemas científicos[40].

---

[35]   «El origen del método científico moderno tuvo lugar en Europa en el siglo XVII: involucrando (1) una cadena de eventos de investigación desde Copérnico hasta Newton, que dio como resultado (2) el modelo gravitatorio del sistema solar y (3) la teoría de la física newtoniana para expresar el modelo» (Frederick BETZ, *Managing Science. Methodology and Organization of Research*, Springer, New York 2011, 21). «La ciencia comenzó en esa conjunción intelectual de las investigaciones de seis individuos particulares: Copérnico, Brahe, Kepler, Galileo, Descartes y Newton. ¿Por qué este conjunto particular de personas y su trabajo? Por primera vez en la historia, todas las ideas que componen el método científico se unieron y funcionaron plenamente como una teoría con base empírica: 1. Un modelo científico que podía ser verificado por la observación (Copérnico); 2. Observaciones instrumentales precisas para verificar el modelo (Brahe); 3. Análisis teórico de los datos experimentales (Kepler); 4. Leyes científicas generalizadas a partir del experimento (Galileo); 5. Matemáticas para expresar cuantitativamente las ideas teóricas (Descartes y Newton); 6. Derivación teórica de un modelo verificable experimentalmente (Newton)» (*ibid.*, 22).

[36]   BENEDICT XVI, «The Regensburg Address», en Tracey ROWLAND, *Ratzinger's Faith. The Theology of Pope Benedict XVI*, Oxford University Press, Oxford 2008, 171. Rowland reproduce el discurso de Ratisbona con el permiso de la Libreria Editrice Vaticana y la traducción por cortesía de ZENIT. Véase también RATZINGER, *Introduction to Christianity*, 64.

[37]   BENEDICT XVI, «The Regensburg Address», 172.

[38]   Taede A. SMEDES, «Religion and Science. Finding the Right Questions»: *Zygon* 42/3 (2007), 595.

[39]   SMEDES, *Chaos, Complexity, and God*, 229. [Nota de la edición española: En la mitología griega, Procusto ofrecía al viajero su posada para que este pasara allí la noche. Procusto le ofrecía acostarse en una cama de hierro. Si el viajero era más largo que la longitud de la cama, Procusto le cortaba las piernas hasta que encajase perfectamente en la cama. Si, por el contrario, el viajero era más corto que la longitud de la cama, Procusto lo estiraba hasta que encajase perfectamente en la cama].

[40]   SMEDES, «Beyond Barbour», 246. De forma muy incisiva, el filósofo francés Jean-Pierre Dupuy se queja contra el tratamiento de las cuestiones teológicas como cuestiones científicas: «Cuando los científicos pretenden tratar la religión del mismo modo que tratan el

Aquellos eruditos, incluidos los teólogos, que intentan cumplir con el canon de cientificidad están asumiendo la superioridad epistemológica del método científico. Obsérvese que la ciencia moderna inventa y proyecta su propio criterio instrumental de lo que constituye la «superioridad epistemológica», basándolo en una concepción pragmática de la verdad y, en consecuencia, en una comprensión funcional de la naturaleza. La superioridad epistemológica de la ciencia moderna se expresa en su papel de filosofía primera. Antes de la revolución científica, la metafísica ocupaba la posición de filosofía primera[41]. A partir de entonces, la ciencia natural dejó de ser la criada de la metafísica para convertirse en la madre de todas las ciencias[42]. En la actualidad, la metafísica está relegada a ser la criada de la ciencia moderna, si es que no es descartada por completo. Por ejemplo, Hawking proclamó audazmente la muerte de la filosofía y la ampliación de la ciencia moderna para ocupar el ámbito filosófico:

«¿Cómo podemos entender el mundo en el que nos encontramos? ¿Cómo se comporta el universo? ¿Cuál es la naturaleza de la realidad? ¿De dónde vino todo esto? ¿Necesitaba el universo un creador? [...] Tradicionalmente estas son las preguntas de la filosofía, pero la filosofía ha muerto. La filosofía no ha seguido

---

calor o la electricidad, hay muchas razones para sospechar que están construyendo monumentos a su propia estupidez» (Jean-Pierre Dupuy, *The Mark of the Sacred*, [trans. M. B. DeBevoise], Stanford University Press, Stanford, California 2013, 91). Se supone que «la ciencia moderna es como es por algún tipo de necesidad, mientras que la teología cristiana es una realidad totalmente plástica capaz de una permutación sin fin» (Chapp, *The God of Covenant*, 140n3).

[41] El Aquinate, siguiendo la tradición aristotélica (Aristóteles, *Metafísica*, VI, 1), distinguió tres tipos de ciencias teóricas: física o ciencia natural, matemáticas y metafísica. Esta última es «llamada también filosofía primera, por cuanto todas las demás ciencias, recibiendo sus principios de ella, vienen después de ella» (Aquino, *Super Boethium De Trinitate*, q. 5, a. 1, co. Traducción inglesa tomada de Thomas Aquinas, *The Division and Methods of the Sciences. Questions V and VI of His Commentary on the De Trinitate of Boethius*, [trans. Armand Augustine Maurer], Mediaeval Sources in Translation 3, Pontifical Institute of Mediaeval Studies, Toronto 1986⁴, 15). Sobre la anterior afirmación tomista, Armand Maurer comentó: «Por supuesto que las otras ciencias tienen sus propios principios, que pueden ser conocidos sin un conocimiento explícito de los principios de la metafísica; son autónomas en sus propias esferas. Sin embargo, los principios de la metafísica son los principios absolutamente universales y primarios. Todos los demás pueden reducirse a ellos. En este sentido se dice que todas las demás ciencias toman sus principios de la metafísica, y que esta ciencia explica los principios de todas las demás ciencias» (nota del traductor en *ibid.*, 15n21). Véanse John F. Wippel, *The Metaphysical Thought of Thomas Aquinas. From Finite Being to Uncreated Being*, Catholic University of America Press, Washington, DC 2000, 4-10; Jean-Luc Marion, «The Other First Philosophy and the Question of Givenness» (trans. Jeffrey L. Kosky): *Critical Inquiry* 25/4 (Summer 1999), 785-788.

[42] Hanby, *No God, No Science?*, 31. «La gran madre de las ciencias [la filosofía natural] con maravillosa indignidad ha sido presionada para realizar los servicios de una criada» (Bacon, *The New Organon*, 65 [I, 80]).

el ritmo de los avances modernos de la ciencia, en particular de la física. Los científicos se han convertido en los portadores de la antorcha del descubrimiento en nuestra búsqueda del conocimiento»[43].

La filosofía ha muerto porque no ha sido capaz de situarse dentro de los estrictos límites del método científico, la única vía acreditada para el conocimiento. Para Hawking, la ciencia, y más concretamente la física, se ha convertido en la filosofía primera. En respuesta a los que dicen que «las leyes de la naturaleza nos dicen cómo se comporta el universo, pero no responden a las preguntas del *por qué*»[44], respondió: «Afirmamos […] que es posible responder a estas preguntas [ambas] puramente en el ámbito de la ciencia»[45].

La ciencia moderna aspira a conquistar todas las áreas posibles del conocimiento y considera cualquier otro acceso a la verdad como inferior o inexistente. Aquellas áreas de conocimiento que no se someten al rigor matemático del método científico se consideran no científicas y, por tanto, sospechosas. «Las comprensiones filosófica y teológica de la naturaleza comenzaron a ser consideradas con sospecha como mistificaciones de una realidad fundamentalmente cuantitativa que solo la nueva ciencia podía comprender adecuadamente»[46]. El método científico, y la ciencia moderna basada en él, se enorgullecen de estar libres de lealtades metafísicas y teológicas. En otras palabras, el método científico se presupone neutral con respecto a la metafísica y la teología[47]. Ambas se consideran extrínsecas a la ciencia moderna.

---

[43]   HAWKING y MLODINOW, *The Grand Design*, 5. En la página siguiente a la cita anterior, hay una viñeta de Sidney Harris que presenta a un científico que muestra una fórmula matemática en una pizarra a otros dos científicos, diciéndoles: «…Y *esa* es mi filosofía» (*ibid.*, 6).

[44]   *Ibid.*, 171.

[45]   *Ibid.*, 172.

[46]   CHAPP, *The God of Covenant*, 98.

[47]   La neutralidad de la ciencia moderna la convierte en un lenguaje transnacional capaz de superar los prejuicios culturales (donde se incluyen la religión y la filosofía). Según Sagan, «el etnocentrismo, la xenofobia y el nacionalismo abundan estos días en muchas partes del mundo. La represión gubernamental de las opiniones impopulares sigue siendo generalizada. Se inculcan recuerdos falsos o engañosos. Para los defensores de estas actitudes, la ciencia es inquietante. Pretende acceder a verdades que son en gran medida independientes de prejuicios étnicos o culturales. Por su propia naturaleza, la ciencia trasciende las fronteras nacionales. Si los científicos que trabajan en el mismo campo de estudio se reúnen en una sala, aunque no compartan un idioma común, encontrarán la forma de comunicarse. La propia ciencia es una lengua transnacional. Los científicos tienen una actitud naturalmente cosmopolita y son más propensos a reconocer los esfuerzos para dividir la familia humana en muchas facciones pequeñas y beligerantes» (Carl SAGAN, *The Demon-Haunted World. Science as a Candle in the Dark*, Ballantine, New York 1997, 416).

En resumen, hemos visto que la ciencia moderna supuso una nueva forma revolucionaria de entender la naturaleza, basada en el rechazo de la escolástica y en la matematización del mundo. Entre los contenidos sustantivos de la nueva metafísica inherente a la ciencia moderna, me gustaría destacar dos ideas, que han sido mencionadas anteriormente en esta sección. En primer lugar, la materia se entiende como libre de forma y del acto de ser. Debido al rechazo del ser y de la forma, la materia es ahora comprendida de manera cuantitativa, como un dato positivo, sin la interioridad y la unidad que proporciona la forma. En segundo lugar, la verdad se equipara a la utilidad y, por tanto, se verifica por medio de los resultados. Es decir, la ciencia moderna conlleva una noción funcionalista de la verdad[48]. En la siguiente sección profundizaré en el contenido teológico y metafísico de la ciencia moderna, que puede resumirse como extrinsecismo teológico y ontología mecanicista.

3. El extrinsecismo teológico y la ontología mecanicista

En la sección anterior señalé que la ciencia moderna trajo consigo nuevos postulados teológicos y metafísicos. Estos postulados supusieron una forma nueva y radical de entender a Dios y a la naturaleza. De hecho, Hanby señala que la revolución científica fue sin duda «una revolución teológica y metafísica». Los presupuestos metafísicos y teológicos que estaban presentes en el nacimiento de la ciencia moderna siguen vigentes en la ciencia, «aunque la ciencia posterior haya superado las filosofías que les dieron origen». En el centro de estos presupuestos se encuentra «una reducción del ser del acto a la facticidad y un extrinsecismo teológico que reduce a Dios a un objeto finito, a la naturaleza a un artificio y a la creación a una manufactura»[49]. La comprensión del ser como facticidad implica un nuevo concepto «externalizado» de la materia, que es independiente de la forma y, por tanto, del ser-como-acto. En esta sección desarrollaré con cierto detalle estos presupuestos y algunas de sus implicaciones[50].

Como veremos en el próximo capítulo, la doctrina cristiana de *creatio ex nihilo* implica no solo una imagen de Dios, sino también una imagen de la naturaleza. En otras palabras, esta doctrina nos dice quién es Dios y qué es el mundo. A este respecto, Hanby dice que la doctrina de la «creación *ex nihilo* es simultáneamente la doctrina de Dios y la estructura ontológica del mundo»[51]. La ciencia moderna

---

[48]   Cuando los científicos afirman que la ciencia es verdadera porque funciona, no están dando pruebas de la veracidad de la ciencia; solo están explicitando uno de los presupuestos de la ciencia.

[49]   HANBY, *No God, No Science?*, 3.

[50]   En esta sección seguiré de cerca las conclusiones de Hanby. Véase HANBY, *No God, No Science?*, 107-149.

[51]   *Ibid.*, 334.

falsifica la doctrina de la creación en su doble aspecto. Empecemos por la creación entendida como la estructura ontológica del mundo. La ciencia moderna solo puede ofrecer una comprensión reductiva del mundo. Esto se debe a que el método científico es incapaz de ver «la dimensión profunda del ser»[52]. En efecto, el método científico se basa en «una *reducción ontológica* primaria de la naturaleza»[53], que es «la reducción del ser del acto a la facticidad bruta»[54].

Esta reducción del ser tiene consecuencias inevitables para la comprensión de la materia. En la ciencia moderna, «la materia se convierte en positiva y actual por derecho propio, antes y fuera de la forma, que ahora es consecuencia de ella. La positividad de la materia y su independencia de la forma, que ahora no tiene ningún punto de apoyo ontológico, es una característica persistente y fundamental de todas las permutaciones modernas del concepto de materia»[55]. Una vez que la materia se vacía de la forma, se vacía de todo lo que anteriormente caracterizaba a la forma, es decir, «la cualidad, la inmanencia, la inteligibilidad *intrínseca*»[56]. La nueva comprensión de la materia «equivale a una renuncia al mundo [...] "definido como la totalidad de lo que se da a la mente, sin ninguna exclusión *a priori* de las condiciones que requiere para ser comprendido" (Gilson 1965, 447). Esas condiciones son ahora condiciones de sinsentido ontológico. Lo que queda de este "residuo" es, pues, la pura exterioridad abstracta»[57]. La exterioridad significa «la capacidad de ocupar espacio»[58]. Al dar prioridad a la externalidad, toda

---

[52]   Hans Urs von Balthasar, *Theo-Logic I. Truth of the World*, (trans. Adrian J. Walker), Ignatius, San Francisco 2000, 16. Balthasar hace referencia en este párrafo a Josef Pieper, *The Silence of St. Thomas. Three Essays*, (trans. John Murray, Daniel O'Connor), St. Augustine's, South Bend, Indiana 1999.

[53]   Jonas, «Practical Uses of Theory», 200.

[54]   Hanby, *No God, No Science?*, 334.

[55]   *Ibid.*, 116. «La positividad de la materia y su independencia de la forma [...] es una razón esencial por la que la materia moderna, en todas sus formas, sigue siendo esencialmente mecanicista a pesar de las afirmaciones en contra de los teóricos de la emergencia y otros» (*ibid.*). «David Bohm, por ejemplo, mantiene que la interpretación habitual de la mecánica cuántica sigue siendo una forma de mecanicismo no determinista a pesar de su propia opinión de que la física cuántica socava el mecanicismo. Véase Bohm (1957), pp. 94-103» (Hanby, *No God, No Science?*, 139n54). La referencia a Bohm es la siguiente: David Bohm, *Causality and Chance in Modern Physics*, Routledge and Kegan Paul, London 1957, 94-103.

[56]   Hanby, *No God, No Science?*, 117. La materia es, «como René Guénon describe la cantidad pura, "el residuo de una existencia vaciada de todo lo que constituía su esencia" (1953: 13)» (Hanby, *No God, No Science?*, 117). La referencia a Guénon es la siguiente: René Guénon, *The Reign of Quantity and the Signs of the Times* (trans. Lord Northbourne), Luzac, London 1953, 13.

[57]   Hanby, *No God, No Science?*, 117. La referencia a Gilson es la siguiente: Etienne Gilson, *The Philosophy of St. Bonaventure*, (trans. Illtyd Trethowan, Francis J. Sheed), St. Anthony Guild, Paterson, New Jersey 1965, 447.

[58]   Hanby, *No God, No Science?*, 117.

la materia se vuelve homogénea[59]. Dado que la materia es esencialmente externa, también es esencialmente mensurable. «La mensurabilidad, más que el ser-en-sí-mismo de la quididad o *esse*, constituye ahora su misma esencia». Tenemos aquí las dos características fundamentales de la materia: externalidad y mensurabilidad. Estas dos características no solo están presentes en el nacimiento de la ciencia moderna, sino que también «persisten en todas las concepciones posteriores de la materia (o sus sustitutos funcionales), incluso cuando la materia pasa a ser concebida en términos de energía»[60].

La llegada del siglo XX supuso un cambio significativo en la comprensión científica de la materia. En primer lugar, la teoría de la relatividad de Einstein afirmó la intercambiabilidad de materia y energía. En segundo lugar, la mecánica cuántica postuló la dualidad onda-partícula, por la que la materia, por ejemplo, un electrón, puede comportarse tanto como una partícula como una onda[61]. Con estos descubrimientos, «la materia parecía haberse desmaterializado, su mecanismo desmantelado y sustituido por una incómoda abstracción [...]. Pero en el mismo momento en que la materia parecía más incontrolable e incierta, el control sobre ella aumentó en lugar de disminuir, y la tecnología avanzó en direcciones más prometedoras y poderosas»[62]. Por tanto, la mensurabilidad sigue formando parte de la esencia de la materia. En cuanto a la exterioridad de la materia, es cierto que ya no se puede asignar una ubicación exacta a una partícula microscópica, como un electrón. La partícula microscópica se describe ahora como una función de onda. Sin embargo, esa función de onda proporciona una región definida del espacio donde se puede encontrar la partícula. En el caso de un electrón en un átomo, estas regiones definidas del espacio se conocen como orbitales, que tienen una forma específica[63]. Por lo tanto, las partículas subatómicas, que se rigen por las leyes de la mecánica cuántica, sí ocupan espacio (aunque de forma diferente a las partículas macroscópicas). En este sentido podemos afirmar que la externalidad se conserva, junto con la mensurabilidad, como algo intrínseco a la comprensión científica de la materia.

La reducción ontológica de la naturaleza aportada por la ciencia moderna conlleva que la mera exterioridad de la materia se entienda como algo ontológicamente

---

[59]   *Ibid*. Véanse Galileo GALILEI, *Dialogue Concerning the Two Chief World Systems, Ptolemaic and Copernican*, (trans. Stillman Drake), Modern Library, New York 2001, 71-92 (día primero); René DESCARTES, «Principles of Philosophy», en *The Philosophical Writings of Descartes*, (trans. John Cottingham, *et al.*), vol. 1, Cambridge University Press, Cambridge 1985, 232 (parte II, 23).

[60]   Hanby, *No God, No Science?*, 117.

[61]   Charis ANASTOPOULOS, *Particle or Wave. The Evolution of the Concept of Matter in Modern Physics*, Princeton University Press, Princeton, New Jersey 2008, 6-7.

[62]   *Ibid*.

[63]   Con respecto a la primera «imagen» de una órbita, véase Aneta S. STODOLNA, *et al.*, «Hydrogen Atoms under Magnification. Direct Observation of the Nodal Structure of Stark States»: *Physical Review Letters* 110/21 (May 20, 2013), 213001(1-5).

básico. Cada cosa es considerada como *extrínseca* y *externa* al resto de las cosas, aunque esa primera cosa nunca exista sin otras cosas. En el marco científico, cada objeto es considerado como una agregación de diferentes partes no relacionadas (unidades básicas)[64]. «La reducción del ser del acto a la facticidad bruta de la materia externalizada elimina justamente esa unidad e interioridad que, para Aristóteles y la tradición, había distinguido a las "cosas existentes" por naturaleza de los artefactos»[65]. El colapso de la naturaleza en artefacto es «una retirada del mundo *real*, el mundo de las cosas-*en-acto*»[66]. La retirada del mundo real da la primacía a un «mundo contrafactual de singularidades abstraídas que nunca existe realmente». Este mundo contrafactual se considera como «la *base* teórica y ontológica del mundo real, que es ahora un fenómeno de segundo orden construido a partir del contrafactual»[67]. Como veremos en el tercer capítulo, la cosmología moderna ofrece muchos ejemplos de extraños mundos contrafactuales.

El colapso de la naturaleza en artefacto conlleva también el colapso del orden del ser en el orden de la historia[68]. «La nueva metafísica [aportada por la revolución científica] reduce el ser a la historia y al proceso y, por esta misma razón, "paraliza" el mundo al mismo tiempo»[69]. En este nuevo escenario, el movimiento deja de ser un *acto* y se convierte en un *estado*[70]. El movimiento se entiende como «meras sucesiones de acontecimientos discretos»[71]. El tiempo también pierde su actualidad y se concibe como «una serie lineal de "ahoras" extrínsecos y contiguos entre sí y que siguen densamente unos a otros en estrecha sucesión»[72]. Esta concepción reductora del tiempo impregna la ciencia moderna y hace que los

---

[64]   HANBY, *No God, No Science?*, 118.

[65]   *Ibid.* «Descartes es bastante explícito al respecto. "Pues no reconozco ninguna diferencia entre los artefactos y los cuerpos naturales, salvo que las operaciones de los artefactos se realizan, en su mayor parte, por medio de mecanismos lo suficientemente grandes como para ser fácilmente percibidos por los sentidos" (Descartes, *Principles*, IV, CSM, 288)» (HANBY, *No God, No Science?*, 118). Esta es la referencia del texto cartesiano: DESCARTES, «Principles of Philosophy», 288 (parte IV).

[66]   HANBY, *No God, No Science?*, 118.

[67]   *Ibid.*, 116.

[68]   *Ibid.*, 197. La reducción del orden del ser al orden de la historia no fue un resultado inmediato de la revolución científica del siglo XVII, aunque estaba implícita en ella. Esta reducción comenzó a gestarse en el siglo XVIII y se concretó en las diferentes versiones del historicismo del siglo XIX. En el campo de la biología, fue Darwin quien destacó plenamente esta reducción (*ibid.*). Hanby defiende que «la fusión de la naturaleza y el arte eliminó la forma autotrascendente», y eso «supuso la reducción del orden del ser al orden de la historia» (*ibid.*).

[69]   *Ibid.*, 140n69.

[70]   *Ibid.*, 119.

[71]   Henry B. VEATCH, *Two Logics. The Conflict Between Classical and Neo-Analytic Philosophy*, Northwestern University Press, Evanston, Illinois 1969, 262.

[72]   HANBY, *No God, No Science?*, 197.

cosmólogos sean incapaces de entender la creación como la transición del no-ser al ser. Los cosmólogos solo son capaces de concebir la creación como una cuestión de orígenes temporales, como discutiré en los siguientes capítulos.

La ciencia moderna, en su esfuerzo por ignorar o incluso rechazar la creación, perpetúa una comprensión deficiente de la creación, reduciéndola a un simple acontecimiento natural dentro del mundo, en competencia con otros acontecimientos naturales. Este es el resultado de concebir la causalidad divina como una especie de causalidad natural. La causalidad divina y la natural ya no se sitúan en niveles ontológicos diferentes, sino en el mismo nivel y, por tanto, se convierten en competidores. El sentido reducido de causalidad se deriva lógicamente de los supuestos metafísicos de la ciencia moderna. Como se ha indicado anteriormente, Bacon rechazó la cuádruple causalidad aristotélica[73]. Más tarde, Galileo definió causa como aquello «que siempre se sigue del efecto, y que cuando se elimina hace que el efecto desaparezca»[74]. Esta definición de causa representó un cambio radical con respecto a la metafísica aristotélica. Para Aristóteles, la causa era «la fuente de responsabilidad de cualquier cosa». Es importante señalar que la causa es siempre una fuente «y no el agente o instrumento más cercano que conduce a un resultado», y se refiere «más a la responsabilidad de que una cosa sea como es que a que haga lo que hace»[75]. En otras palabras, la causa «da cuenta de la manera que el ser de una cosa es»[76]. Sin embargo, «causa para Galileo no es lo que da cuenta de un efecto, sino lo que produce un efecto, y de hecho lo hace totalmente a través del contacto directo y material. Además, la única relación que se mantiene de manera esencial entre causa y efecto es la sucesión temporal»[77]. Galileo se dio cuenta de que «esta visión de la causalidad –que, sin duda,

---

[73]   «La [causa] final está muy lejos de ser útil; de hecho, distorsiona las ciencias, excepto en el caso de las acciones humanas. El descubrimiento de la Forma se considera inútil. Y las causas Eficiente y Material [...] son cosas someras y superficiales, sin apenas valor para el conocimiento verdadero y activo. Tampoco hemos olvidado que antes criticamos y corregimos el error de la mente humana al asignar a las Formas el papel principal del ser. Porque, aunque en la naturaleza no existe nada salvo cuerpos individuales que exhiben puros actos individuales de acuerdo con la ley, en la doctrina filosófica, esa ley en sí misma y la investigación, el descubrimiento y la explicación de la misma, se toman como el fundamento tanto del conocer como del hacer. Es la ley y sus cláusulas lo que entendemos por el término Forma, especialmente cuando esta palabra se ha establecido y es de uso común» (BACON, *The New Organon*, 102-103 [II, 2]).

[74]   GALILEI, «The Assayer», 219 (c. 14).

[75]   Joe SACHS, *Aristotle's Physics. A Guided Study*, Rutgers University Press, New Brunswick, New Jersey 1995, 245. Véase Aristóteles, *Metafísica*, V, 1, 1013a17.

[76]   D. C. SCHINDLER, «Truth and the Christian Imagination. The Reformation of Causality and the Iconoclasm of the Spirit»: *Communio* 33/4 (Winter 2006), 524.

[77]   *Ibid.*, 534.

abre la puerta a un nuevo carácter del mundo material, a saber, uno que, en su previsibilidad, permite un tipo de dominio nunca antes posible– tiene la contrapartida de renunciar a la comprensión de la esencia de las cosas»[78].

En el contexto de la ciencia moderna, «las causas eficientes son consideradas como las únicas formas reales de causalidad y cualquier apelación a las nociones metafísicas de causalidad final o formal se toma como un intento filosóficamente ilegítimo de reintroducir el sobrenaturalismo por la puerta de atrás»[79]. Una vez que el ser se reduce a la pura facticidad, la causalidad eficiente «ya no se entiende como la comunicación del acto en la constitución de un ser, y [... llega] a entenderse, más bien, como la iniciación de un desplazamiento por impulso»[80]. Al vaciarse el ser de toda interioridad, la causalidad eficiente se malinterpreta como mera fuerza física[81]. Nótese que «la fuerza es precisamente una imposición *extrínseca* de determinación»[82].

Para la metafísica clásica, la causalidad refleja la comunicación de la forma. La comunicación implica algo compartido entre la causa y el efecto. Sin embargo, nada se comparte en el concepto científico de causalidad. Según este concepto, «lo único que une la causa y el efecto [...] es la sucesión en el tiempo y el espacio. El movimiento físico (entendido mecánicamente), por su naturaleza, no es algo que pueda compartirse; es atomístico en su esencia»[83]. En consecuencia, «la conexión entre ellos [causa y efecto] es solo *extrínseca*; pertenece a la naturaleza de la fuerza operar desde el exterior»[84].

---

[78]   *Ibid.*, 535. Por ejemplo, «según Galileo, no sabemos nada sobre la naturaleza interna o la esencia de la fuerza, solo conocemos sus efectos cuantitativos en términos de movimiento» (BURTT, *The Metaphysical Foundations*, 102).

[79]   CHAPP, *The God of Covenant*, 1. La causalidad material «se da por sentada en relación con todos los sucesos naturales, aunque con un significado definitivamente no aristotélico, ya que en la visión moderna del mundo la materia es esencialmente el sujeto del cambio, no "aquel constitutivo interno de lo que algo está hecho"» (Mario BUNGE, *Causality and Modern Science*, Dover, New York 2012³, 32. La cita interior es de Aristóteles, *Física*, II, 3, 194b24, traducida por Guillermo R. de Echandía).

[80]   Kenneth L. SCHMITZ, *The Gift. Creation*, The Aquinas Lecture 46, Marquette University Press, Milwaukee, Wisconsin 1982, 122.

[81]   Michael J. DODDS, *Unlocking Divine Action. Contemporary Science and Thomas Aquinas*, Catholic University of America Press, Washington, DC 2012, 50. La causalidad eficiente pasó a significar «una fuerza o impulso activo que iniciaba el cambio por transferencia de energía a otro, dando lugar a un desplazamiento de partículas en una nueva configuración y con un ritmo de movimiento acelerado o desacelerado entre las partículas» (Kenneth L. SCHMITZ, *The Texture of Being. Essays in First Philosophy*, [ed. Paul O'Herron], Studies in Philosophy and the History of Philosophy 46, Catholic University of America Press, Washington, DC 2007, 34).

[82]   D. C. SCHINDLER, «Historical Intelligibility», 20 (el énfasis es mío).

[83]   D. C. SCHINDLER, «Truth and Christian Imagination», 535.

[84]   *Ibid.*, 534 (el énfasis es mío).

Hasta ahora hemos estado discutiendo los principales supuestos de la nueva ontología aportada por la ciencia moderna. El ser ya no se entiende como acto sino como facticidad bruta. Como consecuencia, hay un concepto positivo y cuantitativo de la materia, una idea funcionalista de la verdad y una prioridad de la cantidad y la fuerza. Estos supuestos, «que toman su forma clásica en el siglo XVII y que pueden calificarse acertadamente de *mecanicistas*, siguen dando forma a las interpretaciones de la física del siglo XX, a pesar de la afirmación generalizada de físicos y otros de que esto no es así»[85]. Para el físico David Bohm, el orden mecanicista «ha sido, durante muchos siglos, básico para todo el pensamiento de la física»[86]. Cuando me refiero a la comprensión mecanicista de la naturaleza, me refiero a los supuestos mencionados anteriormente. Bohm los resumió de la siguiente manera:

«(i) El mundo se reduce, en la medida de lo posible, a un conjunto de elementos básicos. Por lo general, estos han sido considerados como partículas, tales como átomos, electrones, protones, quarks, etc., pero a estos pueden añadirse varios tipos de campos que se expanden continuamente a través del espacio, por ejemplo, [los campos] electromagnético, gravitatorio, etc.

(ii) Estos elementos son básicamente *externos* entre sí, no solo por estar separados en el espacio, sino, lo que es más importante, en el sentido de que la naturaleza fundamental de cada uno es independiente de la del otro. Así, los elementos [...] pueden compararse con las piezas de una máquina, cuyas formas están determinadas externamente a la estructura de la máquina en la que trabajan.

(iii) [...] Los elementos interactúan mecánicamente y, por lo tanto, solo se relacionan al influirse externamente entre ellos, por ejemplo, mediante fuerzas de interacción que no afectan a sus naturalezas internas»[87].

Anteriormente he dicho que la ciencia moderna falsifica la doctrina de la creación en su doble aspecto, como doctrina de Dios y como concepción

---

[85]   David L. SCHINDLER, «Beyond Mechanism. Physics and Catholic Theology»: *Communio* 11/2 (Summer 1984), 186 (el énfasis es mío). [Nota de la edición española: David L. Schindler falleció el 16 de noviembre de 2022, después de la publicación de este libro en inglés (29 de noviembre de 2018)]. David L. Schindler expresa en esta cita las opiniones de David Bohm, especialmente las que aparecen en su libro *Wholeness and the Implicate Order*, publicado en 1980. Estas son las palabras que preceden a las citadas: «Bohm, reconocido desde hace tiempo como uno de los físicos teóricos más importantes del mundo, ha desafiado continuamente en sus escritos, recientemente en *Wholeness and the Implicate Order*, los supuestos que han prevalecido en la física moderna. Su opinión es que esos supuestos...» (*ibid.*).

[86]   David BOHM, *Wholeness and the Implicate Order*, Routledge, London 2002, 223.

[87]   David BOHM, «The Implicate Order. A New Approach to the Nature of Reality», en *Beyond Mechanism. The Universe in Recent Physics and Catholic Thought*, (ed. David L. Schindler), University Press of America, Lanham, Maryland 1986, 14-15.

metafísica de la naturaleza. Hemos visto que la ciencia moderna conlleva una reducción ontológica de la naturaleza. Ocupémonos ahora de la imagen defectuosa de Dios inherente a la ciencia moderna. Hanby señala que «las concepciones de Dios y de la naturaleza son correlativas por principio»[88]. Esto es así porque «la distinción entre Dios y la naturaleza es una distinción irreductiblemente teológica. Es imposible especificar la naturaleza en su distinción con Dios sin especificar simultáneamente al Dios del que se distingue la naturaleza»[89]. En otras palabras, el tratamiento de la naturaleza requiere una demarcación de lo que no es el mundo, es decir, Dios. Por lo tanto, el estudio de la naturaleza presupone una relación entre la naturaleza y Dios, aunque esa relación se conciba de forma negativa o indiferente. Cuando la idea de Dios es negada por el ateísmo, este sistema es parasitario de la noción de Dios que está negando[90]. Incluso cuando hay una indiferencia hacia Dios, esto implica una determinada noción de Dios. No se trata simplemente, como dijo Hans Urs von Balthasar, de que la idea del ser divino se derive de la naturaleza del ser[91]. Tiene que haber una concepción de Dios ya inherente y operativa dentro de la concepción del ser. En otras palabras, toda metafísica concreta de la naturaleza implica una imagen concreta de Dios[92].

Debido a que la imagen de la naturaleza se correlaciona con la imagen de Dios, una concepción de Dios será defectuosa si su concepción correlativa de la naturaleza es defectuosa. Ilustremos esta afirmación con un ejemplo histórico. Para Galileo, la naturaleza era «un sistema simple y ordenado, cuyos procedimientos son completamente regulares e inexorablemente necesarios»[93]. En este sentido, Galileo afirmaba que la naturaleza «es inexorable e inmutable; nunca transgrede las leyes que se le imponen, ni se preocupa un ápice de que sus abstrusas razones y métodos de funcionamiento sean comprensibles para los hombres»[94]. Esta necesidad matemática de la naturaleza estaba intrínsecamente

---

[88]   Hanby, *No God, No Science?*, 334.

[89]   *Ibid.*, 121.

[90]   «El rechazo del tema de Dios por parte del ateísmo es solo aparente, [...] en realidad representa una forma de preocupación del hombre por la cuestión de Dios, una forma que puede expresar una pasión particular sobre esta cuestión y no pocas veces lo hace» (Ratzinger, *Introduction to Christianity*, 104).

[91]   «La filosofía descubre los presupuestos de aquella función de la razón que considera la naturaleza del ser universal. De esta última surge la idea del Ser absoluto o divino, por lo que la filosofía linda necesariamente con la religión» (Hans Urs von Balthasar, *Science, Religion and Christianity*, [trans. Hilda Graef], Newman, Westminster, Maryland 1958, 4).

[92]   Hanby, *No God, No Science?*, 121.

[93]   Burtt, *The Metaphysical Foundations*, 74.

[94]   Galileo Galilei, «Letter to the Grand Duchess Christina», en *Discoveries and Opinions of Galileo*, (trans. Stillman Drake), Doubleday, Garden City, New York 1957, 182.

relacionada con una comprensión de Dios como «un geómetra en sus labores creativas [porque] él fabrica el mundo como un sistema completamente matemático»[95]. Para Galileo, el mundo real era *un mundo de movimientos matemáticamente mensurables en el espacio y en el tiempo*[96]. El mundo se presentaba «como mecánico y no como teleológico»[97]. En consecuencia, Dios quedaba «relegado a la posición de primera causa del movimiento, continuando entonces los acontecimientos del universo *in aeternum* como incidentes en las revoluciones regulares de una gran máquina matemática»[98]. La relación intrínseca entre Dios y el mundo es clara: un mundo geométrico solo permite la comprensión de Dios como geómetra.

La deficiente metafísica de la ciencia moderna conlleva inevitablemente una deficiente teología. Una vez que el concepto de ser se reduce de la actualidad a la facticidad, Dios se reduce «de *ipsum esse subsistens* [ser que subsiste por sí mismo] a un objeto finito yuxtapuesto al mundo y en competencia con él»[99]. Hay una verdadera reducción teológica, porque Dios se convierte en un ser dentro de un orden más amplio del ser que se da por sentado, pero que nunca se piensa ni se explica (es decir, positivismo). Una vez que Dios y el mundo son considerados como objetos, debido a una aplicación unívoca del concepto de ser, la analogía ya no expresa la distancia infinita entre Dios y el mundo; en cambio, «viene a expresar una simple semejanza o paralelismo diferenciado por una diferencia de magnitud»[100].

A continuación, ofreceré un par de ejemplos históricos del paralelismo citado anteriormente. Para Galileo, «la distinción entre su [el de Dios] conocimiento de las cosas y el nuestro es que el suyo es completo, el nuestro parcial; el suyo inmediato, el nuestro discursivo»[101]. Estas son las palabras de Galileo: «En cuanto a la verdad del conocimiento que se da por medio de las pruebas matemáticas, esta es la misma que reconoce la sabiduría divina; pero [...] el modo en que Dios conoce las infinitas proposiciones, de las que nosotros conocemos algunas pocas, es sumamente más excelente que el nuestro. Nuestro método procede con un razonamiento por pasos de una conclusión a otra, mientras que el suyo es de simple intuición»[102]. Como señaló Burtt, «Dios conoce infinitamente más proposiciones que nosotros, pero, sin embargo, en el caso de aquellas que comprendemos tan a fondo como para

---

95   Burtt, *The Metaphysical Foundations*, 82.
96   *Ibid.*, 93.
97   *Ibid.*, 113.
98   *Ibid.*
99   Hanby, *No God, No Science?*, 334.
100   *Ibid.*, 123.
101   Burtt, *The Metaphysical Foundations*, 82.
102   Galilei, *Dialogue Concerning World Systems,* 119 (día primero).

percibir la necesidad de las mismas, es decir, las demostraciones de las matemáticas puras, nuestro entendimiento iguala al divino en certeza objetiva»[103]. En palabras de Galileo, «con respecto a esas pocas [proposiciones matemáticas] que el intelecto humano entiende, creo que su conocimiento iguala al divino en certeza objetiva, porque aquí logra entender la necesidad, más allá de la cual no puede haber mayor seguridad»[104]. Descartes nos proporcionó otro ejemplo de paralelismo. Según el filósofo francés, la voluntad divina es como la humana, pero más excelente: «Pues, aunque la voluntad de Dios es incomparablemente mayor que la mía, tanto en virtud del conocimiento y del poder que la acompañan y la hacen más firme y eficaz, como en virtud de su objeto, en cuanto que abarca un mayor número de cosas, sin embargo, no parece mayor que la mía cuando se la considera como voluntad en sentido esencial y estricto»[105].

El paralelismo al que se refiere el párrafo anterior es consecuencia de la comprensión unívoca del ser. Esta comprensión borra la distinción entre causas primarias y secundarias, y así Dios es considerado como la primera causa eficiente (la mayor) entre muchas causas eficientes (las menores)[106]. Por tanto, Dios es, al final, un ser particular (aunque muy importante) dentro del orden global del ser, que se describe en términos físicos como potencia y fuerza[107]. Dentro del marco científico moderno, el concepto divino sufre una objetivación. Una vez rechazada la metafísica, «y sin un sentido teológicamente adecuado de la analogía, es inevitable que Dios sea reimaginado fundamentalmente como un problema para la física y la ciencia natural, lo que, dada su ontología de la cantidad extensiva, significa que Dios será reducido *ipso facto* a un objeto»[108]. De ahí que no sorprenda la afirmación de Newton de que «tratar de Dios a partir de los fenómenos es ciertamente parte de la filosofía natural»[109].

Con la sustitución del ser-como-acto por la pura positividad, «Dios se incluye unívocamente como un objeto que cae bajo la facticidad del ser». Así lo

[103]   BURTT, *The Metaphysical Foundations*, 82.
[104]   GALILEI, *Dialogue Concerning World Systems*, 118 (día primero).
[105]   René DESCARTES, «Meditations on First Philosophy», en *The Philosophical Writings of Descartes*, (trans. John Cottingham, *et al.*), vol. 2, Cambridge University Press, Cambridge 1985, 40 (parte IV).
[106]   Ciertamente, no quiero negar que Dios sea la causa eficiente del mundo. El problema es la forma en que se concibe a Dios como causa eficiente después de la revolución científica.
[107]   HANBY, *No God, No Science?*, 123-124.
[108]   *Ibid.*, 124.
[109]   Isaac NEWTON, *The Principia. Mathematical Principles of Natural Philosophy*, (trans. I. Bernard Cohen y Anne M. Whitman), University of California Press, Berkeley, California 1999, 943 (Escolio general).

demuestra Newton, cuando «concibe la existencia de Dios como una *cantidad en relación* con el espacio y el tiempo absolutos. En efecto, Newton concibe la existencia de Dios como una cantidad precisamente porque ya ha puesto a Dios en una "relación real" con el mundo. El espacio y el tiempo son la "medida" de la existencia de Dios»[110]. Newton entendía el espacio y el tiempo como realidades matemáticas susceptibles de ser medidas. Estos dos son absolutos y verdaderos en comparación con el espacio y el tiempo relativos. El tiempo y el espacio absolutos son postulados, no percibidos por los sentidos, que se presuponen como «entidades infinitas, homogéneas y continuas, enteramente independientes de cualquier objeto sensible o movimiento con el que intentemos medirlas; el tiempo fluye equitativamente de eternidad a eternidad; el espacio existe todo a la vez en infinita inmovilidad»[111].

Es muy interesante observar aquí que «el espacio y el tiempo no eran meras entidades implicadas por el método matemático-experimental y los fenómenos que maneja; tenían un significado en última instancia religioso, que era para él [Newton] plenamente igual de importante; significaban la omnipresencia y la existencia continuada desde siempre y para siempre de Dios Todopoderoso»[112]. Hanby señala que «la dependencia de Dios sobre la creación se *manifiesta* en el papel que desempeña el espacio absoluto al permitir que Dios ejerza su dominio. El espacio absoluto es el receptáculo de la voluntad divina, el medio a través del cual Dios puede establecer su dominio»[113]. Para Newton, «el espacio y el tiempo son predicados explicativos de la omnipresencia y la eternidad de Dios»[114]. Por eso Newton dijo que Dios «perdura siempre y está presente en todas partes, y al existir siempre y en todas partes constituye la duración y el espacio»[115]. Amos Funkenstein observó que «la presencia de Dios en el espacio le permitía no solo actuar en el espacio [...], sino ser el portador real, o el sujeto, de las fuerzas entre los cuerpos. Y, finalmente, el espacio es, en efecto, un *sensorium Dei*, un "órgano sensorial" de Dios». Por lo tanto, «la relación entre Dios y las entidades en el espacio (las criaturas) es análoga a la que existe entre el sujeto sensorial y sus sensaciones»[116].

En esa situación, «Dios se convierte en otra "cosa individual" cuya cantidad de existencia resulta ser "eterna" e "infinita", en relación con el tiempo y el espacio, pero la suya sigue siendo una existencia dependiente de las *extensividades*

---

110   HANBY, *No God, No Science?*, 126.
111   BURTT, *The Metaphysical Foundations*, 247-248.
112   *Ibid.*, 257.
113   HANBY, *No God, No Science?*, 127.
114   FUNKENSTEIN, *Theology and Scientific Imagination*, 96.
115   NEWTON, *Principia*, 941 (Escolio General).
116   FUNKENSTEIN, *Theology and Scientific Imagination*, 96.

del tiempo y el espacio»[117]. Según Newton, «el espacio es una disposición del ser en cuanto ser. No existe ni puede existir ningún ser que no esté relacionado de alguna manera con el espacio»[118]. Dado que Dios es tomado como un ser entre los seres, «si alguna vez no hubiera existido el espacio, Dios no habría estado en ninguna parte en ese momento; y, por lo tanto, o bien creó el espacio más tarde (en el que no era él mismo), o bien, lo que es menos repugnante para la razón, creó su propia ubicuidad»[119].

Una vez eclipsada la diferencia entre Dios y el mundo, la trascendencia divina se ve comprometida y Dios entra en una «relación real» con el mundo[120]. Con la objetivación de Dios, no solo se pierde su trascendencia del mundo, sino también su inmanencia a través del acto de ser. Dios ya no está íntimamente presente en los seres. Su relación con el mundo es «la de dos entidades del mismo orden extrínsecamente yuxtapuestas entre sí y unidas por una relación de poder por la que una actúa *sobre* la otra»[121]. Según este extrinsecismo teológico, Dios solo puede relacionarse externamente con la naturaleza, del mismo modo que las fuerzas actúan sobre las cosas. Este Dios extrínseco es el fabricante del artefacto de la naturaleza, y se relaciona con el mundo como un diseñador que impone el sentido a través de leyes. «Mientras que en una comprensión trinitaria de Dios, las relaciones entre las personas son la base eterna de la relación de Dios con la creación [...] para Newton [y la ciencia posterior] no existe tal relación eterna con el Uno: la relacionalidad divina, por la que se conoce a Dios, es solo temporal y existe dentro de una univocidad entre Dios y las criaturas»[122].

---

[117]   HANBY, *No God, No Science?*, 127. «"La cantidad de la existencia de Dios es eterna", al parecer, porque él existe *en todo momento*, e infinita porque su ser se extiende infinitamente en todas las direcciones. Pero, por supuesto, esto no se parece en nada a lo que la tradición había querido decir al atribuir el infinito a Dios. Es lo que Hegel llamó un "mal infinito". El infinito de Dios es la unidad más allá del número, una plenitud de actualidad que es, como tal, completamente simple» (*ibid.*, 126-127). «Es de un orden completamente diferente y, de hecho, trasciende todos los órdenes como fuente de su actualidad limitada y participada [...]. La extensión infinita, por el contrario, solo es infinita "por adición" e infinitamente divisible en innumerables partes finitas, lo que equivale a decir que no es propiamente infinita en absoluto» (*ibid.*, 127).

[118]   Isaac NEWTON, *Unpublished Scientific Papers of Isaac Newton. A Selection from the Portsmouth Collection in the University Library, Cambridge*, (eds. A. Rupert Hall, Marie B. Hall), Cambridge University Press, Cambridge 1962, 136.

[119]   *Ibid.*, 137.

[120]   HANBY, *No God, No Science?*, 127.

[121]   *Ibid.*, 128.

[122]   Simon OLIVER, *Philosophy, God and Motion*, Routledge, London 2005, 161.

Hanby señala que la ciencia moderna se basa no solo en una *finitización* de Dios, sino también en una *detrinitización*[123]. Como veremos en el tercer capítulo, la teología inherente a la ciencia moderna es, en última instancia, no trinitaria, más explícitamente en sus formas ateas. La comprensión positivista del ser, que es endémica en la ciencia moderna, impide a los científicos pensar adecuadamente sobre la Trinidad. «El énfasis teológico […] se aleja de un concepto de Dios como una serie amorosa de relaciones personales y se acerca a una concepción voluntarista que enfatiza la omnipotencia y la voluntad divina como primordiales»[124]. Podemos ver en Newton que, una vez que la diferencia entre Dios y el mundo desaparece, el misterio de la Encarnación se derrumba. No puede haber consustancialidad entre el Padre y el Hijo. «Más bien, el Hijo es una mera criatura, aunque la más elevada, que lleva a cabo la voluntad divina»[125]. Newton consideraba la fe trinitaria como una idolatría «del siglo IV en adelante», una «recaída de la antigua fe pura de Noé» y un «alejamiento de una verdadera filosofía natural». Según la fe incorrupta, Cristo debía entenderse como «un mediador exaltado y, sin embargo, creado, entre Dios y el universo»[126]. Rechazando el dogma trinitario, Newton «veía lo divino como algo totalmente remoto y que actuaba a través de Cristo como intermediario. Dios y Cristo no eran uno en sustancia, sino uno en unidad de voluntad y dominio»[127].

En resumen, la ciencia moderna conlleva una comprensión teológica que es deficiente por el mero hecho de que Dios se reduce a un objeto entre objetos. Tanto la trascendencia como la inmanencia divinas desaparecen, y el resultado es una concepción de Dios totalmente extrínseca al mundo. Esta concepción teológica se conoce como *extrinsecismo teológico*. En este escenario teológico, Dios no supone ninguna modificación con respecto a lo que sigue siendo una comprensión esencialmente mecanicista de la naturaleza. En otras palabras, el mundo es indiferente a Dios.

Al terminar esta sección, puedo afirmar que una teología extrínseca y una comprensión mecanicista de la naturaleza son inherentes a la ciencia moderna.

---

[123] HANBY, *No God, No Science?*, 122. La finitización y la detrinitización de Dios son, dice Hanby, las condiciones indispensables de la concepción mecanicista de la naturaleza.

[124] CHAPP, *The God of Covenant*, 89. «En la concepción trinitaria, la libertad divina es una función de la relación entre el Padre y el Hijo, es decir, es fundamentalmente una expresión de *amor* e inseparable de todos los demás predicados con los que es convertible. En la doctrina unitaria de esta nueva teología secular, la libertad divina se convierte en una cuestión de poder, no calificada por la bondad, la belleza o la verdad, estrechamente relacionada, si no idéntica, con el concepto de fuerza» (HANBY, *No God, No Science?*, 121).

[125] CHAPP, *The God of Covenant*, 89.

[126] OLIVER, *Philosophy, God and Motion*, 158.

[127] *Ibid.*, 172.

Estos presupuestos metafísicos y teológicos son erróneos, porque falsifican los conceptos de Dios y de la naturaleza. Por un lado, la trascendencia de Dios se pierde, porque Dios se reduce a un agente externo que actúa al mismo nivel que cualquier agente natural. Por otro lado, la naturaleza pierde su propia interioridad y unidad; se reduce a un mecanismo compuesto por partes no relacionadas. La materia se entiende de forma positiva y cuantitativa. Una vez que se pierden los conceptos clave de inmanencia, interioridad, unidad indivisible e inteligibilidad, la descripción de la realidad queda muy reducida y, por tanto, llena de huecos. Por tanto, la concepción mecanicista de la naturaleza es incapaz de describir la realidad en su totalidad. La reducción de la imagen de Dios y la reducción del concepto de la naturaleza son inseparables porque se implican mutuamente. La ciencia moderna tiene un contenido metafísico y teológico; esto es *inevitable*, porque, como mostraré en la siguiente sección, toda concepción de la ciencia alberga presupuestos metafísicos y teológicos, incluso cuando se niegan estos presupuestos.

4. Una relación intrínseca

En la segunda sección, me ocupé de la novedad del método científico. Como ya se ha dicho, la ciencia moderna trajo consigo un cambio radical en la comprensión de la naturaleza y en el papel de la metafísica. Hace casi un siglo, el filósofo Edwin Burtt señaló que la ciencia moderna, más concretamente la física moderna, tiene fundamentos metafísicos[128]. El filósofo norteamericano afirmó que «no se puede escapar de la metafísica»[129]. «Incluso el intento de escapar de la metafísica no tarda en presentarse en forma de una proposición, de la que se ve que implica postulados metafísicos muy significativos»[130]. Cuando la ciencia moderna se enorgullece de estar libre de presupuestos metafísicos, está optando por un tipo concreto de postulado metafísico. Por supuesto, esa «metafísica será sostenida acríticamente porque es inconsciente; además, será transmitida a otros mucho más fácilmente que sus otras nociones en la medida en que será propagada por insinuación más que por argumento»[131]. Por ejemplo, cuando los estudiantes de la mecánica clásica newtoniana no reconocen la metafísica implícita en ese cuerpo de conocimiento, están dando «un testimonio sumamente interesante de

---

[128]   Véase Diane E. D. Villemaire, *E. A. Burtt, Historian and Philosopher. A Study of the Author of The Metaphysical Foundations of Modern Physical Science*, Boston Studies in the Philosophy of Science 226, Kluwer Academic, Dordrecht 2002, 247.

[129]   Burtt, *The Metaphysical Foundations*, 227.

[130]   *Ibid.*, 228.

[131]   *Ibid.*, 229.

la influencia penetrante, en todo el pensamiento moderno, de la filosofía primera newtoniana»[132].

El filósofo francés Jean-Pierre Dupuy subraya que la metafísica que conlleva la afirmación de neutralidad de la ciencia moderna es errónea: «los que niegan la metafísica simplemente la hacen invisible, y es muy probable que su metafísica oculta sea mala o inconsistente»[133]. Además, piensa que «volver a concebir la técnica y la ciencia [...] en términos puramente positivistas o científicos, despojados de toda metafísica e ideología, es exactamente [...] tanto imposible como [...] inútil»[134]. En otras palabras, «no hay ciencia sin metafísica»[135]. La ciencia y la metafísica no pueden estar completamente aisladas la una de la otra. Dupuy también insiste en que una ciencia inmanente, una ciencia libre de trascendencia religiosa, es imposible e inútil[136]. Aunque la ciencia moderna se sienta orgullosa de no estar «infectada por la sepsis de los bacilos teológicos»[137], no puede evitar ser una «teología a pesar de sí misma»[138]. A este respecto, Funkenstein señaló las concepciones teológicas de la ciencia moderna[139]. Una ilustración clara, pero

---

[132] *Ibid.*

[133] Jean-Pierre Dupuy, «Do We Shape Technologies or Do They Shape Us?», 2010: https://cspo.org/wp-content/uploads/2014/11/read_Dupuy-Do-we-Shape-   Technologies.pdf. Es interesante leer la cita en su contexto anterior: «Precisamente, lo que veo como la principal fuerza impulsora es un conjunto de ideas, de cosmovisiones, que corresponden a lo que Karl Popper solía denominar un "programa de investigación metafísica". La filosofía positivista que impulsa la mayor parte de la ciencia moderna (y gran parte de la filosofía contemporánea) considera que la "metafísica" es una búsqueda sin sentido de respuestas a preguntas sin respuesta, pero Popper, siguiendo el ejemplo de Emile Meyerson, demostró que no hay ningún programa de investigación científica (o, para el caso, tecnológica) que no se apoye en un conjunto de presupuestos generales sobre la estructura del mundo. No cabe duda de que esos puntos de vista metafísicos no son empíricamente comprobables y no son susceptibles de "falsación". Sin embargo, eso no implica que no sean interesantes, sustanciales y que no desempeñen un papel fundamental en el avance de la ciencia» (*ibid.*). Dupuy hace esta referencia a Meyerson en el texto anterior: «El hombre hace metafísica mientras respira, sin querer y casi siempre sin ser consciente de ello» (Émile Meyerson, *Explanation in the Sciences*, [trans. Mary-Alice Sipfle, David A. Sipfle], Boston Studies in the Philosophy and History of Science 128, Kluwer Academic, Dordrecht 1991, 6).

[134] Dupuy, *Mark of the Sacred*, 57. A este respecto, el papa Francisco afirma que «la ciencia y la tecnología no son neutrales; desde el principio hasta el final de un proceso, entran en juego diversas intenciones y posibilidades que pueden adoptar formas distintas» (Francisco, *Praise Be to You. Laudato Si'*, Ignatius, San Francisco 2015, párr. 114).

[135] Dupuy, *Mark of the Sacred*, 90.

[136] *Ibid.*, 56-57.

[137] Larry S. Chapp, «*Gaudium et spes* and the Intelligibility of Modern Science»: *Communio* 39/1-2 (Spring-Summer 2012), 287.

[138] Dupuy, *Mark of the Sacred*, 54.

[139] Véase Funkenstein, *Theology and Scientific Imagination*.

defectuosa, de la relación entre ciencia y teología nos la proporciona Newton. Como vimos en la sección anterior, el físico inglés postuló la existencia de un espacio absoluto, que tiene un papel crucial en su mecánica y en su teología. Para Newton, el espacio absoluto es el *sensorium Dei*, el medio que Dios necesita para ejercer su dominio. Respecto a la posición de Newton, Simon Oliver señala incisivamente que «debido a que Newton mantiene una posición arriana, no trinitaria, es incapaz de encontrar una fuente y un fundamento para un cosmos relacional en el nivel ontológico más alto». Luego, Oliver pregunta: «¿Cómo puede un Dios inmóvil, interpretado por Newton en términos voluntaristas, relacionarse ahora con un cosmos en movimiento?». Y responde: «Newton concibe un espacio absoluto engendrado por Dios (el infame *sensorium dei*) en y a través del cual Dios crea y actúa en el mundo»[140].

Las observaciones anteriores ofrecen fuertes indicios de los presupuestos teológicos y metafísicos inherentes a la ciencia moderna. Los eruditos de *Communio* han reconocido esos presupuestos y han profundizado en el tema[141]. A este respecto, Hanby argumenta adecuadamente que «la ciencia está constitutiva e intrínsecamente relacionada con la metafísica y la teología, y que los juicios metafísicos y teológicos entran en la concepción de las unidades básicas del análisis científico y en la noción del método mismo»[142]. La afirmación de que la ciencia está intrínsecamente relacionada con la metafísica y la teología consiste realmente en «tres afirmaciones que no pueden deducirse ni inferirse una de otra como una cuestión de pensamiento teológico positivo. Aunque forman un todo global cuando se toman juntas, iluminándose y profundizándose mutuamente, cada una se mantiene por sí misma sin referencia a las otras dos, y, por tanto, podrían articularse en cualquier orden»[143]. Los sentidos de la afirmación son el teológico, el filosófico y el histórico[144]. En cuanto al sentido teológico de la afirmación, Hanby señala que «la relación constitutiva e inexorable de la ciencia con la teología no es sino la expresión cognitiva de

---

[140] OLIVER, *Philosophy, God and Motion*, 6. Oliver sostiene que «este espacio absoluto adquiere las características de un Cristo más ortodoxo en la teología de Newton» (*ibid.*).

[141] Otro destacado grupo de eruditos que insiste en los presupuestos teológicos y metafísicos de la ciencia moderna es el grupo *Radical Orthodoxy*. [Nota de la edición española: El grupo *Communio* se refiere a los eruditos involucrados en la revista teológica *Communio* (fundada en 1972 por Joseph Ratzinger, Hans Urs von Balthasar y Henri de Lubac, entre otros), y especialmente en su edición en lengua inglesa. Véase https://www.communio-icr.com. La publicación teológica del grupo *Radical Orthodoxy* puede encontrarse en https://journal.radicalorthodoxy.org/index.php/ROTPP].

[142] HANBY, *No God, No Science?*, 3.

[143] *Ibid.*, 18.

[144] *Ibid.*, 18-19.

la relación constitutiva e inexorable del ser con Dios. En otras palabras, se deriva de una comprensión adecuada de la creación entendida (en su sentido pasivo) precisamente *como una relación*»[145]. Quisiera señalar que trataré la noción de creación como relación en el segundo capítulo. En cuanto al sentido filosófico de la afirmación, Hanby afirma que «este argumento filosófico no requiere que uno asienta la fe cristiana o la doctrina de la creación *ex nihilo* para reconocer su fuerza». El argumento filosófico se basa en el hecho de que «todo razonamiento del conocimiento científico presupone necesariamente un razonamiento del ser en cuanto ser que arbitra tanto el contenido de la ciencia como la relación con la teología»[146]. En cuanto al sentido histórico de la afirmación, Hanby afirma que «lo que es verdadero en principio en los órdenes del ser y del pensamiento deberíamos esperar verlo realizado en la historia. Dado que la ciencia no puede prescindir de juicios de naturaleza irreductiblemente metafísica y teológica, la ciencia moderna [...] nunca, de hecho, [... ha prescindido de] ellos»[147].

Es importante comprender que la relación intrínseca entre ciencia, metafísica y teología «no compromete la legítima autonomía de la ciencia, sino que aclara en qué consiste esta autonomía»[148]. El hecho de que la ciencia esté intrínsecamente relacionada con la teología no significa que la ciencia pueda inferirse simplemente de la teología. «En la medida en que la creación es el don gratuito del ser a un mundo que *no* es Dios, y en la medida en que el ser del mundo es, por tanto, irreductible al ser de Dios, se deduce que las ciencias son irreductibles a la teología»[149]. Es erróneo afirmar que «las conclusiones científicas pueden deducirse sin más de premisas teológicas o que las conclusiones propiamente teológicas pueden deducirse sin más de puntos de partida científicos o empíricos»[150]. No es, pues, asunto de la teología dictar a la ciencia cómo debe hacer su trabajo. Por poner un ejemplo, la teología no puede ni debe decir a los cosmólogos que acepten un modelo cosmológico concreto.

Por tanto, es cierto que ciencia y teología deben ocuparse únicamente de sus propios ámbitos de competencia. Sin embargo, esto no puede significar que no haya relación entre ambas. Como vengo defendiendo, la ciencia está intrínsecamente relacionada con la teología. «Mantener las distinciones y mantenerse dentro de los límites no puede significar que la teología y las ciencias solo estén relacionadas entre sí de forma extrínseca y accidental, o que la teología y la

---

[145]   *Ibid.*, 18.
[146]   *Ibid.*, 19.
[147]   *Ibid.*, 19-20.
[148]   *Ibid.*, 3.
[149]   Hanby, «Saving the Appearances», 66-67.
[150]   *Ibid.*, 67.

metafísica se ocupen del todo y las ciencias solo de una parte»[151]. Al ocuparse de un aspecto de la realidad, las ciencias se ocupan del todo debido a la unidad de la creación. También hay que señalar que la autonomía del mundo no es a pesar de su relación constitutiva con Dios, sino a causa de ella. La autonomía del mundo no se afirma negando la relación con Dios. Esta relación no disminuye la autonomía de la criatura, sino que es la condición de posibilidad de la autonomía. En la creación, Dios da la totalidad del ser de una vez, dejando que la criatura sea según su propia naturaleza. «la relación de la criatura con Dios es la condición previa y necesaria para realizar la debida integridad de la identidad y el poder de la criatura: [...] la primera relación, en otras palabras, está directamente y no inversamente relacionada con la segunda integridad»[152]. El mundo no es reducible a Dios, pero la autonomía del mundo es concedida debido a su relación con Dios. «Las realidades mundanas encuentran su verdadero sentido, precisamente como mundanas, o de hecho "naturales", en su carácter simultáneo e intrínseco de epifanías de Dios»[153]. Por tanto, la correcta comprensión de la relación entre el mundo y Dios permite y garantiza una distinción real entre teología y ciencia.

Antes de terminar esta sección, me gustaría comentar brevemente el papel de la metafísica como mediadora entre la ciencia y la teología. Norris Clarke defendió que «el intermediario más básico e indispensable entre el reino del conocimiento revelado, captado por la fe, y el de todos los demás conocimientos naturales, en particular las ciencias naturales, es la *metafísica*»[154]. Clarke describió el doble papel de la metafísica como mediadora de este modo:

«(1) un papel negativo de vigilancia de las afirmaciones de los científicos que excluyeran la integración en una sabiduría cristiana integral, ya sea como interpretaciones imprudentes de auténticos hallazgos científicos o como contradicciones explícitas de algo que ya está en el legado de la revelación.
(2) un papel positivo de discernimiento de las implicaciones de los auténticos descubrimientos científicos para arrojar nueva luz sobre el contenido ya existente en el tesoro de la sabiduría cristiana»[155].

En mi opinión, la descripción de Clarke sobre la mediación de la metafísica es razonable, pero debe completarse afirmando la relación intrínseca entre

---

[151]   *Ibid.*
[152]   David L. SCHINDLER, «Trinity, Creation, and the Order of Intelligence in the Modern Academy»: *Communio* 28/3 (Fall 2001), 428.
[153]   *Ibid.*, 409.
[154]   W. Norris CLARKE, «Metaphysics as Mediator between Revelation and the Natural Sciences»: *Communio* 28/3 (Fall 2001), 465.
[155]   *Ibid.*, 485-486.

ciencia, metafísica y teología. Si no se tiene en cuenta esta relación intrínseca, la metafísica será considerada como algo externo a la ciencia. Y si este es el caso, la metafísica tendrá un papel solo después de que el trabajo científico esté hecho, porque se asumirá que la ciencia está libre de metafísica en su núcleo más interno. Por lo tanto, la mediación metafísica será incapaz de exponer y cuestionar los presupuestos, tanto teológicos como metafísicos, de la ciencia moderna.

Debido a la inexorable relación entre ciencia, metafísica y teología, «la ciencia no puede determinar por sí misma su relación con la teología [y la metafísica] [...] sin *hacer* efectivamente teología [y metafísica], sin decir, explícita o implícitamente, dónde trazar la línea, o cómo caracterizar la diferencia entre Dios y el mundo»[156]. Recordemos que el extrinsecismo sostiene que «la ciencia, la metafísica y la teología están esencialmente "fuera" la una de la otra, donde su relación y sus respectivas reivindicaciones pueden ser juzgadas desde el punto de vista neutral que ofrecen los métodos empíricos y experimentales de la ciencia»[157]. El extrinsecismo, defendido por la ciencia moderna, se contradice a sí mismo debido a la relación intrínseca entre ciencia, teología y metafísica. En efecto, la afirmación de una ciencia neutral no prescinde de la metafísica y la teología. El acto mismo de afirmar una ciencia libre de metafísica y teología conlleva, al menos implícitamente, supuestos metafísicos y teológicos deficientes que pasan desapercibidos. Estos supuestos defectuosos, que fueron descritos en la sección anterior, adulteran los conceptos de Dios y de la naturaleza. Como se ha mostrado anteriormente, el ser se reduce de la actualidad a la facticidad y se rechaza el concepto de forma. Como consecuencia, la materia se entiende de forma positiva y cuantitativa, vacía de la unidad e inteligibilidad que proporciona la forma. Esta nueva idea de la materia es indiferente a Dios, que se convierte en un objeto entre otros objetos. Se pierde la trascendencia divina y, por tanto, desaparece la inmanencia divina.

Los presupuestos incompletos presentes en la ciencia moderna son una consecuencia de la concepción que la ciencia moderna tiene de sí misma: la ciencia está esencialmente libre de metafísica y teología. Por lo tanto, se supone que el método científico es neutral. En la siguiente sección, me ocuparé de la supuesta neutralidad del método científico.

---

[156]   Hanby, *No God, No Science?*, 14.
[157]   *Ibid.*, 3.

5. La neutralidad metodológica

La ciencia moderna afirma que «los métodos empíricos y experimentales del análisis científico son ontológicamente neutros precisamente como *método* y, por tanto, se sitúan esencialmente *fuera* de la metafísica y la teología»[158]. Sin embargo, esta noción de neutralidad metodológica se traiciona a sí misma porque presupone juicios metafísicos y teológicos, a saber, que si Dios existe o no, no importa para el mundo. Por tanto, el mundo es básicamente indiferente a Dios y, si Dios existe, solo puede estar relacionado extrínsecamente con el mundo. En consecuencia, la neutralidad metodológica que reclama la ciencia moderna (la afirmación de que el método científico está libre de presupuestos metafísicos y teológicos) se basa en un extrinsecismo no reconocido.

Ya hemos visto que el extrinsecismo es problemático porque falsifica y reduce tanto a Dios como a la naturaleza, y porque contradice la autocomprensión de la ciencia como indiferente tanto a la metafísica como a la teología. Sin embargo, estas no son las únicas razones por las cuales es problemático. Chapp señala que el diálogo entre teología y ciencia se rige por un dogma incuestionable: la neutralidad metodológica[159]. La defensa de un método neutral implica presupuestos teológicos y metafísicos no reconocidos que son defectuosos. Las reducidas nociones de Dios y de la naturaleza asumidas por el diálogo impiden una comunicación real y fructífera entre ciencia y teología. Si el diálogo quiere buscar la verdad, la verdad de la relación entre ciencia y metafísica, la verdad de la autocomprensión de la ciencia, la verdad del mundo, es absolutamente necesario afirmar la inevitable relación del mundo con Dios. Por lo tanto, el extrinsecismo también es problemático porque hace imposible un diálogo intelectualmente serio. Hay mucho diálogo frívolo, como mostraré en el tercer capítulo.

Directamente relacionado con el concepto de neutralidad metodológica está el término *naturalismo metodológico*, que se utiliza ampliamente en el diálogo entre ciencia y teología. Los partidarios del naturalismo metodológico defienden un método científico neutro con respecto a las cuestiones teológicas. Por decirlo de otro modo, el naturalismo metodológico significa, por definición, que «los científicos no deben apelar a entidades sobrenaturales cuando explican los

---

[158]   *Ibid.*, 11.

[159]   CHAPP, «Intelligibility of Modern Science», 285. Chapp añade que «muchas de las principales figuras del diálogo entre ciencia y religión del lado teológico de la ecuación (Ernan McMullin, Howard Van Till, Ian Barbour, Arthur Peacocke, John Polkinghorne, etc.) siguen trabajando bajo su influencia [la de la neutralidad metodológica] y critican profundamente a cualquiera, especialmente a los del lado teológico de la cuestión, que se atreva a cuestionarla [la neutralidad metodológica]» (*ibid.*).

fenómenos naturales»[160]. Una vez definido el naturalismo metodológico, se suele contraponer a la noción de *naturalismo ontológico*, también conocido como naturalismo filosófico o metafísico. Este tipo de naturalismo afirma que «no hay nada fuera de la naturaleza que pueda afectarla»[161]. La gran mayoría de los participantes en el diálogo entre ciencia y teología señalan que «el naturalismo metodológico no implica el naturalismo ontológico. Se puede aceptar el primero y rechazar el segundo sin ninguna incoherencia lógica»[162].

> «El naturalismo metodológico deja básicamente de lado a Dios y a "lo sobrenatural", no porque reniegue de lo divino o niegue su importancia fundamental, sino simplemente porque no es relevante o útil para los métodos que se utilizan y las cuestiones que se investigan. Las ciencias naturales defienden claramente un naturalismo metodológico. Pero no adoptan un naturalismo metafísico, aunque muchos científicos lo hagan, que afirma que no hay nada que pueda llamarse Dios ni nada en toda la realidad que pueda calificarse de sobrenatural»[163].

Cuando los científicos modernos apoyan el naturalismo metodológico, afirman que no niegan ni se oponen a lo sobrenatural, sino que solo lo ignoran por razones metodológicas[164]. En el centro de la distinción entre el naturalismo metodológico y el naturalismo ontológico, hay un énfasis en un método que no implica

---

[160]   Paul DRAPER, «God, Science, and Naturalism», en *The Oxford Handbook of Philosophy of Religion*, (ed. William J. Wainwright), Oxford University Press, Oxford 2004, 279. En otras palabras, la idea principal del naturalismo metodológico «es que la ciencia debe proceder [...] sin ninguna [...] referencia a un diseño, causalidad o actividad sobrenatural en sus descripciones, explicaciones y teorías científicas formales» (Delvin L. RATZSCH, *Science and Its Limits. The Natural Sciences in Christian Perspective*, InterVarsity, Downers Grove, Illinois 2000², 122). Se supone que «la ciencia, propiamente dicha, no puede implicar creencias o implicaciones religiosas» (Alvin PLANTINGA, «Methodological Naturalism?», en *Intelligent Design Creationism and Its Critics. Philosophical, Theological, and Scientific Perspectives*, [ed. Robert T. Pennock], Massachusetts Institute of Technology Press, Cambridge, Massachusetts 2001, 341). Nótese que hay juicios metafísicos *ya implícitos* en los términos que el naturalismo metodológico utiliza para entenderse a sí mismo, por ejemplo, «diseño sobrenatural».

[161]   DRAPER, «God, Science, and Naturalism», 291.

[162]   Mikael STENMARK, *Scientism. Science, Ethics and Religion*, Ashgate, Burlington, Vermont 2001, 96-97. «Aquellos que abrazan tanto la ciencia, tal como se practica actualmente, como alguna forma de religión sobrenaturalista [afirman] que la ciencia es naturalista metodológicamente pero no metafísicamente» (DRAPER, «God, Science, and Naturalism», 279).

[163]   Gennaro AULETTA y William R. STOEGER, «Highlights of the Pontifical Gregorian University's International Conference on Biological Evolution»: *Theology and Science* 8/1 (2010), 11.

[164]   Eugenie C. SCOTT, «Darwin Prosecuted. Review of Johnson's Darwin on Trial»: *Creation/Evolution* 13/2 (Winter 1993), 43.

ninguna suposición teológica[165]. Por lo tanto, se supone que el método científico es compatible con cualquier idea teológica que el científico pueda tener[166].

El naturalismo metodológico asume que es posible excluir los presupuestos teológicos en el trabajo científico. Pero la misma suposición de que los presupuestos teológicos pueden ser excluidos de la descripción de la naturaleza implica ideas concretas sobre Dios y la naturaleza. Más concretamente, se supone que la naturaleza es indiferente a Dios y, por tanto, Dios no influye en la inteligibilidad de la naturaleza ni en lo que significa pensar. Es decir, el pensamiento mismo no está determinado por las exigencias de ser una criatura. El pensamiento es un hecho bruto más. Como se ha explicado anteriormente, estas nociones extrínsecas de Dios y de la naturaleza son deficientes. El naturalismo metodológico solo podría tener éxito en su autocomprensión si el hecho de estar relacionado con Dios no tuviera ninguna relación con la inteligibilidad del mundo y no supusiera diferencia alguna. Dado que lo cierto es lo contrario, que el ser está constitutiva e inexorablemente relacionado con Dios, el naturalismo metodológico es, en consecuencia, insostenible.

Terminaré esta sección rechazando la supuesta diferencia entre naturalismo metodológico y ontológico. El objetivo de esta distinción es negar que el método

---

[165]   «El naturalismo metodológico no restringe nuestro estudio de la naturaleza; simplemente establece qué tipo de estudio se califica como *científico*. Si alguien quiere seguir otro acercamiento a la naturaleza, y hay *muchos* otros, el naturalista metodológico no tiene por qué oponerse. Los científicos *tienen* que proceder de esta manera; la metodología de la ciencia natural no admite la pretensión de que un determinado acontecimiento o tipo de acontecimiento se explique invocando directamente la acción creadora de Dios. Llamar a esto naturalismo *metodológico* es simplemente una forma de llamar la atención sobre el hecho de que es una forma de caracterizar una *metodología* particular, nada más. En particular, no es una afirmación ontológica sobre qué tipo de agencia es o no es posible. Llamarla "ateísmo provisional" me parece objetable; ¡el científico que no incluye la acción directa de Dios entre las alternativas que debe probar científicamente cuando intenta explicar algún fenómeno, seguramente no debe ser acusado de ateísmo!» (Ernan McMullin, «Plantinga's Defense of Special Creation»: *Christian Scholar's Review* 21/1 (September 1991), 57).

[166]   «La idea central, aquí, es que la ciencia es objetiva, pública, se puede compartir, es verificable públicamente e igualmente disponible para cualquiera, independientemente de sus preferencias religiosas o metafísicas. Podemos ser budistas, hindúes, protestantes, católicos, musulmanes, judíos, bahaís, o ninguno de ellos: los hallazgos de la ciencia son igualmente válidos para todos nosotros. Esto se debe a que la ciencia propiamente dicha [...] se limita a los resultados de la razón y los sentidos (percepción), que son los mismos para todas las personas. La religión, en cambio, es privada, subjetiva y, obviamente, está sujeta a considerables diferencias individuales. Pero entonces, si la ciencia es realmente pública y puede ser compartida por todos, por supuesto que no se puede desarrollar adecuadamente partiendo de alguna creencia o dogma religioso. Una de las raíces de esta forma de pensar sobre la ciencia es una consecuencia del fundacionalismo moderno que proviene de Descartes y, quizás aún más si cabe, de Locke» (Plantinga, «Methodological Naturalism?», 343).

científico esté lleno de juicios teológicos. Como ya se ha dicho, esto es imposible de negar. La afirmación de la neutralidad metodológica conlleva juicios teológicos y metafísicos no reconocidos que son insostenibles. Como señala Hanby, «simplemente no existe un naturalismo metodológico que no sea también un naturalismo ontológico. Y el naturalismo ontológico es, en el fondo, una mala teología que no se conoce a sí misma»[167].

En esta sección he demostrado que no existe semejante neutralidad del método científico. La afirmación de una ciencia neutral conlleva la asunción de juicios teológicos y metafísicos extrínsecos. En la siguiente sección, abordaré diferentes formas en las que el extrinsecismo está presente en la ciencia moderna.

6. El extrinsecismo en la ciencia moderna

El extrinsecismo aparece de diversas formas en la ciencia moderna. Empecemos por la más explícita. El *cientificismo* sostiene que «cualquier pregunta que pueda ser respondida de algún modo puede ser respondida de forma óptima por la ciencia»[168]. Por lo tanto, «la ciencia puede, en principio, explicar todos los fenómenos

---

[167]   HANBY, *No God, No Science?*, 35. El teólogo Wolfhart Pannenberg advirtió que «el llamado ateísmo metodológico [o naturalismo metodológico] de la ciencia moderna está lejos de ser pura inocencia» (PANNENBERG, «Theological Questions to Scientists», 66). Otro teólogo, Alan Padgett, señala que «no existe un naturalismo meramente metodológico en las ciencias» (Alan G. PADGETT, *Science and the Study of God. A Mutuality Model for Theology and Science*, Eerdmans, Grand Rapids, Michigan 2003, 78). Específicamente, «la posición de Padgett es que el llamado naturalismo metodológico degenera casi inevitablemente en una forma de naturalismo metafísico, lo que tal vez indica que la supuesta neutralidad del naturalismo metodológico debe ser cuestionada en primer lugar como un ateísmo apenas velado» (Larry S. CHAPP, «Review Essay: Alan G. Padgett, Science and the Study of God. A Mutuality Model for Theology and Science»: *Pro Ecclesia* 14/3 [June 2005], 367). Por último, Adrian Walker subraya que el naturalismo metodológico implica el naturalismo ontológico: «La distinción entre naturalismo metodológico y naturalismo ontológico no ayuda a tratar este problema. El "naturalismo metodológico", después de todo, solo puede ser realmente una forma de abreviar esto: La ciencia constituye su ámbito de investigación estableciendo como su objeto formal (del cual lo que sigue es, ciertamente, solo una descripción parcial) "cualquier cosa que pueda ser suficientemente explicada *como si* el naturalismo materialista *fuera* una descripción verdadera del ser del mundo". Pero, ¿qué es lo que cuenta aquí como "explicación suficiente"? Sin lo sustancial como criterio reconocido, ¿cómo evitamos que esta suficiencia se desvíe en dirección a un naturalismo ontológico?» (Adrian J. WALKER, «*Wo Aber Gefahr Ist, Wächst Das Rettende Auch*: Four Sets of Theses on Scientism». Texto no publicado basado en la conferencia dada por el autor en el encuentro «The Nature of Experience: Issues in Science, Culture, and Theology», Pontifical John Paul II Institute for Studies on Marriage and Family at The Catholic University of America, diciembre 2009).

[168]   Mikael STENMARK, *How to Relate Science and Religion. A Multidimensional Model*, Eerdmans, Grand Rapids, Michigan 2004, 30.

que ocurren en el mundo»[169]. El cientificismo sufre de «una cierta ceguera ante el valor primordial del ser. Esta ceguera enfermiza se llama positivismo, y surge de considerar que la realidad no plantea preguntas, que está "simplemente ahí", pues la frase "lo dado" ya dice demasiado, ya que no hay nadie que "lo dé"». Por lo tanto, se desestima el significado del ser y los conceptos fundamentales se dan por sentados. Dentro del positivismo, «la única pregunta que surge es: "¿Qué podemos hacer con este material?" Cuando los hombres están ciegos a preguntas más profundas, esto significa la muerte de la filosofía y, aún más, la muerte de la teología»[170]. El cientificismo no solo considera la metafísica y la teología como extrínsecas a la ciencia, sino que las declara elucubraciones inútiles y estériles.

Hawking es un ejemplo explícito de cientificismo. Como se indicó anteriormente, el cosmólogo proclamó con audacia la muerte de la filosofía y la ampliación de la ciencia moderna para ocupar el ámbito filosófico. Esto es así porque la ciencia moderna ya ha *decidido de antemano* qué tipo de cosas existen: objetos externos capaces de ser medidos. Conviene ahora añadir las reflexiones cientifistas de Hawking sobre la existencia de Dios. El cosmólogo inglés afirmaba que la física había convertido a un creador en una hipótesis superflua: «A lo largo de los siglos muchos […] creyeron que el universo tenía un comienzo, y lo utilizaron como argumento para la existencia de Dios. La constatación de que el tiempo se comporta como el espacio presenta una nueva alternativa. Esto […] significa que el comienzo del universo fue regido por las leyes de la ciencia y no necesita ser puesto en marcha por ningún dios»[171]. Asumiendo que la singularidad espacio-temporal

---

[169]   WALKER, «Theses on Scientism».

[170]   Hans Urs von BALTHASAR, *Theo-Drama II. The Dramatis Personae. Man in God*, (trans. Graham Harrison), Ignatius, San Francisco 1990, 286. «Pues la filosofía comienza con la constatación asombrada de que yo soy este particular en el ser y pasa a ver a todos los demás entes existentes junto a mí en el ser; es decir, comienza con el sentido de la maravilla de que, asombrosamente, soy "donado", el destinatario de los dones. En cuanto a la teología, nacida del conocimiento de que la libertad eterna se entrega eternamente y engendra así al Hijo, comienza cuando, dirigido como "tú", escucho a Aquel que así se dirige a mí» (*ibid.*).

[171]   HAWKING y MLODINOW, *The Grand Design*, 135. Estas son otras citas similares de Hawking: «Mucha gente a lo largo de los siglos ha atribuido a Dios la belleza y la complejidad de la naturaleza, que en su época parecían no tener explicación científica. Pero al igual que Darwin y Wallace explicaron cómo el diseño aparentemente milagroso de las formas vivientes pudo aparecer sin la intervención de un ser supremo, el concepto de multiverso puede explicar el ajuste fino de la ley física sin la necesidad de un creador benévolo que hiciera el universo para nuestro beneficio» (*ibid.*, 165); «Al existir una ley como la de la gravedad, el universo puede crearse a sí mismo de la nada y lo hará […]. La creación espontánea es la razón por la que hay algo en lugar de la nada, por la que existe el universo, por la que nosotros existimos. No es necesario invocar a Dios para encender la mecha y poner en marcha el universo» (*ibid.*, 180). Me ocuparé de Hawking con más detalle y explicaré sus términos científicos en el tercer capítulo. La intención

inicial del modelo del Big Bang es el comienzo del universo y el momento de la creación divina, Hawking concluyó que el acto de la creación y la presencia de un creador no eran necesarios, porque la ciencia demostraba que no hay una singularidad inicial. La metafísica y la teología solo ofrecen hipótesis innecesarias (y no comprobables). Son externas y ajenas a la empresa científica. Tenemos aquí un caso claro de extrinsecismo: para Hawking, Dios es un agente extrínseco al mundo que compite con los procesos naturales, y la creación es un mecanismo mundano. Hay aquí un uso claramente inapropiado de los términos filosóficos y teológicos en disputa. El extrinsecismo teológico de Hawking demuestra la inevitabilidad de la teología y, sin embargo, le exime de tener que pensar rigurosamente sobre ella. Este hecho expone claramente el carácter irrazonable del cientificismo.

La ciencia moderna no puede deshacerse de su cientificismo porque es inherente a ella. Esto es así porque la ciencia moderna ha reducido la comprensión del ser de la actualidad a la facticidad. Como consecuencia, hay un nuevo concepto de materia cuantitativa, positiva, libre de la forma, y libre de la distinción entre acto y potencia. También hay una nueva noción funcionalista de la verdad: la verdad se equipara a la utilidad y se verifica por los resultados. Como resultado, la ciencia moderna es incapaz de integrarse en un orden de conocimiento más amplio o de reconocer cualquier acceso a la verdad que no sea a través del método científico. No es de extrañar, por tanto, que los científicos, como Hawking, consideren la ciencia, especialmente la física, como la filosofía primera, y afirmen que la ciencia debe expandirse para conquistar todas las áreas posibles del conocimiento humano, desechando todo lo que no pueda someterse al rigor autoimpuesto del método científico[172]. Dado que la ontología de la ciencia moderna impide la integración de la razón científica en una comprensión más amplia de la razón, la distinción entre *ciencia* y *cientificismo* es simplista e insostenible[173].

Anteriormente expliqué que algunos científicos habían tratado de rechazar la interpretación epistemológica positivista y reductiva dada por el cientificismo. Sin duda, estos científicos son herederos de Polanyi, Popper, Kuhn y otros filósofos de la ciencia del siglo XX, quienes criticaron el positivismo científico y allanaron el camino para el reconocimiento de las limitaciones del método científico y la valoración de otras formas de conocimiento distintas de la ciencia,

---

aquí es simplemente presentar el problema del extrinsecismo en general, y del cientificismo en particular.

[172] «La investigación científica no depende de ninguna forma de racionalidad "superior" a ella misma, sino que es más bien la base final sobre la que pueden justificarse en última instancia otras formas de racionalidad, incluidos los propios supuestos metafísicos iniciales» (HANBY, *No God, No Science?*, 10).

[173] *Ibid.*, 2. Véase Ian HUTCHINSON, *Monopolizing Knowledge. A Scientist Refutes Religion-Denying, Reason-Destroying Scientism*, Fias, Belmont, Massachusetts 2011.

especialmente la metafísica y la teología[174]. Estos científicos, que intentan apreciar la metafísica y la teología, hacen diferentes propuestas en su esfuerzo de evitar el cientificismo. Como veremos, estas propuestas son en última instancia extrínsecas y, por tanto, poco convincentes.

Una de estas propuestas, y quizá la más extrema, fue presentada por el biólogo evolutivo Stephen Gould. En su libro *Ciencia versus religión*, Gould ofrecía «una resolución felizmente sencilla y totalmente convencional para [...] el supuesto conflicto entre ciencia y religión»[175]. Para ello, el autor caracterizaba tanto a la ciencia como a la religión como magisterios. Un magisterio se define como «un ámbito en el que una forma de enseñanza posee las herramientas apropiadas para un discurso y una resolución significativos»[176]. Según esta definición,

> «la red, o magisterio, de la ciencia cubre el ámbito empírico: de qué está hecho el universo (hecho) y por qué funciona así (teoría). El magisterio de la religión se extiende sobre cuestiones de sentido último y valor moral. Estos dos magisterios no se superponen, ni abarcan toda la investigación (considérese, por ejemplo, el magisterio del arte y el significado de la belleza). Por citar los viejos tópicos, la ciencia se encarga de la edad de las rocas y la religión de la roca eterna; la ciencia estudia cómo van los cielos, la religión, cómo ir al cielo»[177].

---

[174]   Véanse, por ejemplo, Michael POLANYI, *Personal Knowledge. Towards a Post-Critical Philosophy*, University of Chicago Press, Chicago 1974²; Karl R. POPPER, *The Logic of Scientific Discovery*, Routledge, London 2002²; Thomas S. KUHN, *The Structure of Scientific Revolutions. 50th Anniversary Edition*, University of Chicago Press, Chicago 2012⁴.

[175]   Stephen J. GOULD, *Rocks of Ages. Science and Religion in the Fullness of Life*, Ballantine, New York 1999, 3. Como se mencionó anteriormente, la ciencia no puede dejar de ser una teología. En los últimos siglos, esa teología inherente a la ciencia moderna ha chocado con la teología tradicional cristiana. Sin embargo, una forma bastante estándar de llevar a cabo el diálogo entre ciencia y teología –que Larry Chapp llama el «Paradigma Templeton» porque ha surgido del «abrevadero financiero de la Fundación Templeton» (CHAPP, «Review Essay: Alan Padgett», 364)– argumenta mayoritariamente «a favor de la tesis de que el llamado conflicto entre ciencia y religión es una ficción, una leyenda urbana intelectual, y que la verdadera historia de la relación mucho más irénica y simbiótica entre religión y ciencia en general, y el cristianismo y la ciencia occidental en particular, apenas se está contando» (*ibid.*, 365). Aunque la Fundación Templeton es una notable promotora del Paradigma Templeton gracias a su munificente financiación, el enfoque promovido por la fundación es compartido ampliamente por eruditos no relacionados con ella. De hecho, el Paradigma Templeton no es simplemente el producto de una fundación, sino la consecuencia natural de presupuestos metafísicos y teológicos más profundos integrados en la propia ciencia moderna y en la cultura moderna, que están impregnados de una metafísica positivista.

[176]   GOULD, *Rocks of Ages*, 5.

[177]   *Ibid.*, 6.

Gould utilizó el término «NOMA», que significa «*Non Overlapping MAgisteria*»[178] [magisterios no superpuestos], para caracterizar la relación adecuada entre los dos magisterios o dominios de la ciencia y la religión[179]. NOMA se basa en dos afirmaciones: «En primer lugar, que estos dos dominios tienen el mismo valor y el mismo estatus necesario para cualquier vida humana completa; y en segundo lugar, que permanecen lógicamente distintos y están totalmente separados en los estilos de investigación, por mucho y por muy estrictamente que debamos integrar los conocimientos de ambos magisterios para construir la visión rica y completa de la vida que tradicionalmente se designa como sabiduría»[180]. Como podemos ver, NOMA insiste radicalmente en el mismo estatus de la ciencia y la religión y sus dominios separados: los hechos físicos para la ciencia y los valores para la religión. Por tanto, el magisterio de la religión se circunscribe a los valores, y el magisterio de la ciencia se limita al mundo natural[181].

Las definiciones de Gould sobre el magisterio y la ciencia llevan incorporados conceptos ingenuos y cuestionables sobre la naturaleza, la verdad y la explicación. La naturaleza está confinada al ámbito de los hechos físicos. Esto presupone un rechazo del ser como acto y una comprensión del ser como mera facticidad. La verdad y la explicación se conciben de forma funcionalista. Nótese que un magisterio tiene como objetivo la resolución. Esta comprensión funcionalista supone que la materia está vaciada de la forma. Aunque los juicios metafísicos anteriores conformaron el pensamiento de Gould, este no fue consciente de ellos. Esta falta de autoconciencia es característica de los científicos modernos.

Los supuestos teológicos del NOMA de Gould pueden ser expuestos y criticados examinando el primer mandamiento de NOMA: «No mezclarás los magisterios afirmando que Dios ordena directamente los acontecimientos importantes de la historia de la naturaleza mediante una interferencia especial que solo puede conocerse a través de la revelación y que no es accesible a la ciencia»[182]. Cuando NOMA prohíbe algunos tipos de intervención de Dios, no solo está poniendo límites entre Dios y el mundo, sino que también está presuponiendo una determinada noción de

---

[178]   *Ibid.*, 5.

[179]   *Ibid.*, 6.

[180]   *Ibid.*, 58-59.

[181]   El tratamiento de Gould de la cuestión del monogenismo frente al poligenismo ilustra su concepción de los dominios separados de los magisterios: «Si Pío [XII] argumenta [en *Humani generis*] que no podemos sostener una teoría sobre el origen de todos los humanos modernos a partir de una población ancestral en lugar de a través de un individuo ancestral (un hecho potencial) porque tal idea cuestionaría la doctrina del pecado original (una construcción teológica), entonces lo declararía fuera de lugar por permitir que el magisterio de la religión dictara una conclusión dentro del magisterio de la ciencia» (Stephen J. GOULD, «Nonoverlapping Magisteria»: *Natural History* 106/2 [March 1997], 22).

[182]   GOULD, *Rocks of Ages*, 84-85.

la acción divina, que es indudablemente extrínseca. Se imagina la causalidad de Dios según el modelo de la causalidad natural, concebida como una transacción entre dos agentes o entidades externamente yuxtapuestos. En consecuencia, la trascendencia y la infinitud de Dios se ven gravemente comprometidas. Todo esto está en función del modo en que se concibe la naturaleza, es decir, como pura facticidad, vaciada de la unidad e inteligibilidad que le da el acto de ser. En definitiva, la naturaleza es indiferente a Dios. Por lo tanto, la noción de Dios que sustenta a NOMA es extrínseca. Nótese que no importa si Gould u otros científicos *creen* en la teología implícita en su trabajo. Lo que importa es que está ahí. NOMA solo permite un concepto de Dios que actúa en el mundo de acuerdo con nuestro conocimiento científico y que, por tanto, no actúa realmente como Dios en absoluto. NOMA opta entonces por una noción de Dios que se somete a los dictados de las ciencias[183].

Un ejemplo explícito del extrinsecismo que conlleva NOMA lo dio Gould cuando afirmó que un científico podía ser piadoso y devoto, pero que este debería tener una idea concreta de Dios[184], a saber, «un relojero imperial que da cuerda al reloj al comienzo del tiempo»[185]. Solo esa noción de Dios «deja a la ciencia totalmente libre en su propio magisterio»[186]. «En términos teológicos, según el principio NOMA de Gould, un concepto *deísta* de Dios es el único permitido»[187]. El concepto de Dios como aquel que da cuerda al reloj se corresponde con la visión particular de la naturaleza como análoga a un reloj. Este ejemplo ilustra el hecho de que el concepto de la naturaleza gobierna la forma en la que uno piensa sobre Dios y viceversa. De hecho, las ideas de Dios y de la naturaleza están intrínsecamente relacionadas, por lo que no pueden separarse la una de la otra. La concepción extrínseca de Dios que sostiene NOMA (un relojero imperial que da cuerda al reloj al comienzo del tiempo) está directamente relacionada con la concepción mecanicista de la naturaleza que sostiene NOMA (un reloj, que es un artefacto formado por partes no relacionadas). Al considerar la naturaleza como un artefacto, Dios no puede ser inmanente a la naturaleza ni tampoco realmente trascendente a ella. El papel de Dios se reduce a poner en marcha el mecanismo de la naturaleza.

---

[183]   Allen Orr describe este sometimiento de forma muy incisiva: «La posición de Gould no es, por tanto, tanto "Dad al César lo que es del César, y a Dios lo que es de Dios" como "Dad al César lo que es del César, y a Dios lo que el César dice que [Dios] puede tener"» (Allen H. ORR, «Gould on God. Can Religion and Science Be Happily Reconciled?»: *Boston Review* 24/5 [November 1999], 37).

[184]   Taede A. SMEDES, «Streams of Wisdom or Signs of Confusion? A Philosophical and Theological Exploration of "Conflict" and "Independence" in Religion and Science», en *Streams of Wisdom? Science, Theology and Cultural Dynamics*, (eds. Hubert Meisinger, *et al.*), Studies in Science and Theology 10, Lund University, Lund 2005, 95; GOULD, *Rocks of Ages*, 22; *ibid.*, 84.

[185]   *Ibid.*, 22.

[186]   *Ibid.*

[187]   SMEDES, «Streams of Wisdom?», 95.

La imagen deísta de Dios presente en el NOMA de Gould y la religión originada por esta imagen son muy deficientes. «Al final, es difícil resistirse a la conclusión de que Gould ha tomado la palabra "religión" y la ha injertado en una bestia desdentada y coja incapaz de asustar a los materialistas. Y él parece extrañamente imperturbable por el hecho de que pocas figuras religiosas se parezcan a la criatura. Pero seguramente es obvio que la religión de Gould es una prima hermana del humanismo secular»[188]. Esta imagen deísta de Dios es el resultado de un proceso de domesticación llevado a cabo por la ciencia y, al final, es «una hipótesis científica»[189] en sí misma. El ateo Massimo Pigliucci reconoce que «NOMA se aplica al concepto muy especial de Dios con el que un deísta se sentiría cómodo, no a lo que la mayoría de la gente considera "Dios"»[190]. Finalmente, Dawkins afirma que NOMA reduce la religión a «una especie de mínimo no intervencionista: nada de milagros, nada de comunicación personal entre Dios y nosotros en cualquier dirección, nada de jugar con las leyes de la física, nada de invadir la hierba científica. Como mucho, una pequeña aportación deísta a las condiciones iniciales del universo para que, en la plenitud de los tiempos […] los planetas se desarrollen y la vida evolucione»[191].

Aunque NOMA quiere ser teológicamente neutral, conlleva una teología que se hace bastante explícita cuando Gould habla de Dios y los límites dentro de los cuales este es situado. Gould optó por una teología extrínseca al excluir la teología de la ciencia y, por tanto, violó su propio concepto de NOMA. Esto se debe a que la ciencia, desde el principio, está ligada a la metafísica y a la teología. La ciencia no puede evitar contener en sí misma una determinada concepción del ser y de Dios, específicamente, un concepto positivista del ser, una idea de materia vaciada de forma y una imagen deísta de Dios. Esta es la inconsistencia de NOMA: la distinción entre ciencia y religión defendida por NOMA es violada por el propio NOMA. Según Hanby, Gould «da testimonio involuntariamente de la verdadera naturaleza de la relación entre teología y ciencia al violar su propia propuesta y traspasar la doctrina teológica en el mismo acto de articularla»[192].

---

[188]   ORR, «Gould on God», 37.

[189]   DAWKINS, *The God Delusion*, 61.

[190]   Massimo PIGLIUCCI, «Personal Gods, Deism, and the Limits of Skepticism»: *Skeptic* 8/2 (June 2000), 42.

[191]   DAWKINS, *The God Delusion*, 60.

[192]   HANBY, *No God, No Science?*, 37n9. Hanby admite que hay una verdad básica en NOMA: «Hay una distinción que debe mantenerse [entre ciencia y teología] y áreas de investigación propias de cada una, pero la propuesta de Gould equivale a poco más que a una representación recalentada de la distinción "hecho-valor"» (*ibid.*). Según NOMA, «la ciencia se dedica a los hechos, a los datos y a la "escena" del "cómo", mientras que la metafísica y la religión están consagradas a los valores, a los significados últimos, al "fundamento" del "por qué", según los protocolos de investigación específicos» (Gianfranco RAVASI, «Foreword», en *God and World. Theology of Creation from Scientific and*

Por lo tanto, NOMA es insostenible no solo por sus presupuestos teológicos y metafísicos defectuosos, sino también porque es lógicamente incoherente.

Aparte del extrinsecismo extremo propuesto por Gould con su NOMA, hay una forma más moderada de extrinsecismo presente en el diálogo entre ciencia y teología. Esta forma más moderada, como señala Hanby, reconoce que la ciencia no puede prescindir de la metafísica, ni siquiera, quizás, de la teología. Sin embargo, esta forma de concebir la naturaleza de la metafísica y la teología es problemática porque conserva la idea de que la ciencia está al margen de la metafísica y la teología. Solo después de que el trabajo científico supuestamente se ha realizado de forma neutral, son reconocidos un sistema metafísico y un sistema teológico. Este extrinsecismo moderado puede reconocer sin ningún problema los supuestos metafísicos y teológicos presentes en el origen histórico de las ciencias modernas. Sin embargo, estos supuestos, por ser esencialmente externos a la ciencia, pueden aparentemente «ser "excluidos" de forma segura del trabajo estrictamente científico de comprobación de hipótesis a través de métodos empíricos o experimentales»[193].

Un buen ejemplo histórico de extrinsecismo moderado es proporcionado por Georges Lemaître, matemático, astrónomo y sacerdote católico, quien en 1931 propuso la teoría del «átomo primigenio», más tarde conocida como el Big Bang. Lemaître afirmó que su teoría era neutral con respecto a la religión, diciendo: «Hasta donde puedo ver, una teoría así permanece completamente fuera de cualquier cuestión metafísica o religiosa»[194]. Un ejemplo contemporáneo de extrinsecismo moderado es proporcionado por el cosmólogo, filósofo y sacerdote católico Michael Heller. Esto es lo que afirma: «No digo que la metafísica y la teología sean insignificantes o carezcan de sentido; solo sostengo que no deberían interferir con la ciencia. La mejor manera de hacer ciencia es dejar de pensar directamente en cualquier precondición o implicación metafísica»[195]. El extrinsecismo

---

    Ecumenical Standpoints (eds. Tomasz Trafny, Armand Puig i Tàrrech), STOQ Project Research 11, Libreria Editrice Vaticana, Vatican City 2011, 17).

[193]   Hanby, *No God, No Science?*, 10.

[194]   Georges Lemaître, «The Primaeval Atom Hypothesis and the Problem of the Clusters of Galaxies», en *La Structure et l'Évolution de l'Univers. Onzième Conseil de Physique Solvay*, (ed. R. Stoops), Stoops, Brussels 1958, 7. «Lemaître tuvo cuidado de no mezclar sus convicciones religiosas con su trabajo como científico. Subrayó que, así como no existe una forma cristiana de correr o nadar, tampoco existe una forma cristiana de hacer ciencia» (Michael Heller, *Creative Tension. Essays on Science and Religion*, Templeton Foundation, Radnor, Pennsylvania 2003, 71).

[195]   *Ibid.*, 8. Hay un sentido en el que la metafísica y la teología no interfieren con la ciencia. Recuérdese lo que he dicho anteriormente sobre la legítima autonomía de la ciencia. En el tercer capítulo, defenderé esa autonomía al argumentar que las diversas cosmologías físicas no tocan directamente la cuestión de Dios. La legítima autonomía de la ciencia se deriva teológicamente de la naturaleza de Dios y de la creación, y no de la supuesta autocompletitud de la ciencia.

de Heller, como era de esperar, va unido a su suposición de que la ciencia es neutral: «Las teorías o modelos científicos son en sí mismos neutrales con respecto a la interpretación teológica o filosófica»[196]. Como se explicó anteriormente, la neutralidad metodológica está preñada de juicios previos no articulados, tanto teológicos como metafísicos, que son insostenibles. Sin embargo, Heller no tiene un sentido real de cómo su propio trabajo se ve afectado por tales juicios. De hecho, la falta de autoconciencia filosófica sobre los presupuestos metafísicos y teológicos es uno de los resultados del extrinsecismo.

Un ejemplo ilustrativo de extrinsecismo moderado es proporcionado por John Polkinghorne, sacerdote anglicano y antiguo físico teórico de partículas elementales[197]. Este cree que la ciencia tiene la «capacidad de llevar a cabo sus

---

[196] Michael HELLER, «Cosmological Singularity and the Creation of the Universe»: *Zygon* 35/3 (September 2000), 679. Heller es académico adjunto del Observatorio Vaticano. La neutralidad de la ciencia es una característica común entre los miembros del Observatorio Vaticano. George Coyne, que fue director del Observatorio Vaticano durante veintiocho años, afirma que «la ciencia es completamente neutral con respecto a las implicaciones filosóficas o teológicas que puedan extraerse de sus conclusiones» (George V. COYNE, «Evolution and Intelligent Design. What Is Science and What Is Not»: *Revista Portuguesa de Filosofía* 66/4 (2010), 718). [Nota de la edición española: George Coyne falleció el 11 de febrero de 2020, después de la publicación de este libro en inglés (29 de noviembre de 2018)]. William Stoeger, que fue un cosmólogo del grupo de investigación del Observatorio Vaticano, expresó la neutralidad de la ciencia de esta manera: «Las ciencias naturales son mudas con respecto a las fuentes últimas de la existencia y del orden» (William R. STOEGER, «Reductionism and Emergence. Implications for the Interaction of Theology with the Natural Sciences», en *Evolution and Emergence. Systems, Organisms, Persons*, [eds. Nancey Murphy y William R. Stoeger], Oxford University Press, Oxford 2007, 236). Además, dijo: «Para hacer una buena ciencia, no necesitamos la religión, la teología o la fe religiosa» (ÍD., «Responses to Questions on Science and Religion», en *Can Science Dispense With Religion?*, [ed. Mehdi Golshani], Institute for Humanites and Cultural Studies, Tehran 1998, 204).

[197] Polkinghorne ha participado intensamente en el diálogo entre ciencia y teología. Es una de las figuras más reconocidas en este diálogo y ha escrito y editado más de treinta libros en el ámbito del diálogo entre ciencia y teología. [Nota de la edición española: John Polkinghorne falleció el 9 de marzo de 2021, después de la publicación de este libro en inglés (29 de noviembre de 2018)]. Por último, el trabajo de Polkinghorne fue respaldado por la Fundación Templeton cuando se le concedió el Premio Templeton en 2002. El iniciador de la Fundación Templeton fue Sir John Templeton (1912-2008), inversor bursátil y filántropo. Creó el Premio Templeton en 1972. Este premio honra a las personas que han contribuido a la afirmación de la dimensión espiritual. Nótese que la cuantía monetaria del Premio Templeton está fijada para superar la del Premio Nobel (1 100 000 libras esterlinas para el Premio Templeton en 2018). Después del establecimiento del premio, se creó la Fundación Templeton en 1987. Esta fundación apoya y financia fuertemente el diálogo mutuo entre los expertos en ciencia y religión. El sueño de Templeton era «ver a los expertos en ciencia y religión haciendo nuevos descubrimientos en la religión, tan revolucionarios como los descubrimientos que se han hecho durante el último siglo en la ciencia» (Freeman J. DYSON, *A Many-Colored Glass.*

investigaciones *etsi deus non daretur*, como si Dios no existiera»[198]. También cree que debe haber un método científico neutral porque existe una ciencia pura. A este respecto, habla del «éxito manifiesto de una ciencia natural *metodológicamente atea*»[199]. Una vez que el científico abandona el dominio supuestamente neutral de la ciencia, «la teología tiene derecho a contribuir al subsiguiente discurso metacientífico»[200]. En opinión de Polkinghorne, la metafísica y la teología solo deben comenzar *después* de que la ciencia haya puesto sus fundamentos. Él considera que la forma de proceder de la física a la metafísica y a la teología «es primero abstraer de la ciencia una visión metacientífica de los aspectos del proceso físico, luego incorporar esta visión dentro de un apropiadamente extendido esquema metafísico más amplio, y finalmente correlacionar con este último una comprensión teológica acorde»[201]. Va, pues, de la ciencia a la metaciencia, luego a la metafísica y finalmente a la teología.

Veamos un ejemplo de cómo Polkinghorne pasa de la ciencia a la metafísica y la teología. En el nivel de la física, Polkinghorne afirma que «la comprensión contemporánea del proceso físico detecta en él un grado considerable de imprevisibilidad intrínseca, tanto dentro de la teoría cuántica como de la teoría del caos»[202]. En el segundo nivel, el metacientífico, se asigna «significado ontológico» al hecho físico[203]. Siguiendo su axioma «la epistemología modela la

---

Reflections on the Place of Life in the Universe, University of Virginia Press, Charlottesville, Virginia 2007, 133). «Cada año, [la fundación] reparte unos 70 millones de dólares estadounidenses en subvenciones, de los cuales más de 40 millones se destinan a la investigación en campos como la cosmología, la biología evolutiva y la psicología» (M. Mitchell WALDROP, «Religion. Faith in Science»: *Nature* 470/7334 [February 17, 2011], 323). Una de las iniciativas de la fundación es la editorial Templeton Press, que ha publicado unos doscientos volúmenes. (Fuentes: www.templeton.org, www.templetonprize. org y www.templetonpress.org). Todas las cifras anteriores dan una idea de la poderosa influencia de la fundación en el diálogo entre ciencia y teología.

[198] John C. POLKINGHORNE, *Faith, Science and Understanding*, Yale University Press, New Haven, Connecticut 2001, 159.

[199] *Ibid.*, 158. Discutiendo el caso Galileo, Polkinghorne afirma que «la teología estaba haciendo afirmaciones injustificadas para pronunciarse sobre cuestiones que eran susceptibles de ser planteadas y respondidas en *términos puramente científicos*: la naturaleza del movimiento y la estructura del sistema solar» (John C. POLKINGHORNE, *One World. The Interaction of Science and Theology*, Templeton, Philadelphia 2007², 75; el énfasis es mío). Además, dice que «Darwin ofrecía un saludable correctivo a las afirmaciones injustificadas por las que la Biblia había impedido las respuestas a *cuestiones puramente científicas*» (*ibid.*, 77; el énfasis es mío).

[200] John C. POLKINGHORNE, *Theology in the Context of Science*, Yale University Press, New Haven, Connecticut 2009, 12.

[201] POLKINGHORNE, *Faith, Science and Understanding*, 131.

[202] *Ibid.*, 147. Polkinghorne hace referencia aquí a James GLEICK, *Chaos. Making a New Science*, Heinemann, London 1988.

[203] POLKINGHORNE, *Faith, Science and Understanding*, 147.

ontología»[204], Polkinghorne afirma que «la imprevisibilidad intrínseca debe ser tratada como la señal de una apertura ontológica subyacente»[205]. Solo en el tercer nivel Polkinghorne reconoce la aportación metafísica: «Esta opción presenta una metafísica del devenir dinámico, en contraste con una del ser estático. El futuro no está ahí arriba esperando a que lleguemos; nosotros desempeñamos nuestro papel para que se produzca, ya que está supeditado a nuestras intenciones ejecutadas, así como a la operación de otras causalidades y agencias»[206]. El último nivel es el teológico. En esta fase, Polkinghorne afirma que «la imagen teológica que concuerda con esta opción [la opción metafísica de Polkinghorne] es aquella que ve en la naturaleza divina un polo temporal de implicación con la creación, así como, por supuesto, un polo eterno que corresponde a la incondicional e invariable naturaleza benévola de Dios»[207].

Al asumir la neutralidad de la ciencia, Polkinghorne renegocia y reduce los conceptos de la naturaleza y Dios, conceptos que están presentes tanto en la idea como en el contenido de la ciencia desde el principio. Sin embargo, estos conceptos no se perciben como deficientes, debido al rechazo de la mediación metafísica en la ciencia. En el caso del Dios dipolar, que tiene un polo temporal y otro eterno, Polkinghorne utiliza el *tiempo* y la *eternidad* sin explicarlos. Falta un diálogo real con la manera en que estas cuestiones ya han sido pensadas, por ejemplo, en el pensamiento tomista. Para Tomás de Aquino, el tiempo y la eternidad son, ante todo, una función de la comprensión del ser: la eternidad está relacionada con el ser divino y el tiempo con los seres finitos[208]. Además, Tomás entendía a Dios como la plenitud del ser y a los seres finitos como participantes del ser divino[209]. Por lo tanto, Dios es inmutable porque es acto puro[210]. Cuando se dice que Dios está fuera del tiempo, esto se refiere a la trascendencia de Dios del tiempo, pero también a la interioridad de Dios con el tiempo. Polkinghorne no comenta nada de esto. El físico se limita a hacer del devenir lo opuesto al ser. Nunca considera un enfoque clásico del ser, como la filosofía aristotélica del acto, sino que simplemente asume el ser como facticidad bruta.

En efecto, Polkinghorne afirma que la teología y la metafísica tienen que tomar «las leyes de la naturaleza que la ciencia tiene que tratar como un simple hecho bruto dado»[211]. Sin embargo, la noción de hecho bruto no es metafísicamente

---

[204] John C. POLKINGHORNE, «Physics and Metaphysics in a Trinitarian Perspective»: *Theology and Science* 1/1 (June 2003), 34.

[205] POLKINGHORNE, *Faith, Science and Understanding*, 147.

[206] *Ibid.*, 150.

[207] *Ibid.*, 151.

[208] AQUINO, *Summa theologiae*, I, q. 10, a. 4, co.

[209] AQUINO, *Summa contra gentiles*, lib. 2, cap. 52, n. 8.

[210] AQUINO, *Summa theologiae*, I, q. 9, a. 1, co.

[211] John C. POLKINGHORNE, *From Physicist to Priest. An Autobiography*, SPCK, London 2007, 137.

inocente porque está preñada de consideraciones metafísicas. La aceptación del hecho bruto requiere el rechazo de las nociones aristotélicas de forma y acto, con el fin de restringir los hechos a los puros datos empíricos que pueden ser cuantificados y reproducidos mediante la experimentación. Hay una decisión clara con respecto a lo que cuenta como «real». Esta decisión reproduce el proyecto moderno de «limitación autoimpuesta de la razón a lo empíricamente falsable»[212], de modo que «solo el tipo de certeza que resulta de la interacción de elementos matemáticos y empíricos puede considerarse científico. Cualquier cosa que pretenda ser ciencia debe medirse con este criterio»[213].

Obsérvese cómo están intrínsecamente relacionadas la imagen de la naturaleza de Polkinghorne (caracterizada por el azar y la necesidad), su comprensión metafísica del devenir como opuesto al ser y su idea teológica del Dios dipolar. De nuevo, la inevitable relación entre ciencia, metafísica y teología sigue apareciendo. Con su idea de un Dios dipolar, Polkinghorne rompe el concepto divino en dos polos, temporal y eterno, destruyendo así el misterio del Dios eterno que se relaciona con una creación cambiante. La cuestión aquí no es que la teología esté maniatada, sino que el extrinsecismo moderado que defiende Polkinghorne impone, desde el principio, conceptos teológicos y metafísicos deficientes, que han sido aislados de la crítica por las nociones de facticidad bruta y neutralidad metodológica.

Para el extrinsecismo moderado, la metafísica y la teología supuestamente no tienen nada que decir a la ciencia, porque el núcleo de la ciencia excluye la metafísica y la teología al presuponer que el mundo es indiferente a Dios. Dado que ciencia, metafísica y teología están intrínsecamente relacionadas, este extrinsecismo moderado es en última instancia insostenible. La metafísica y la teología no pueden «*presuponerse* meramente en los orígenes de la investigación científica, donde pueden ser excluidas [... porque] impregnan toda la empresa»[214]. Al final, la diferencia entre el extrinsecismo fuerte y el moderado es mínima porque «comparten la suposición fundamental de que, independientemente de otras peculiaridades metodológicas propias de su "esencia", la ciencia es ciencia sobre todo porque su "esencia" excluye la metafísica y la teología»[215].

En este capítulo inicial he argumentado que la ciencia moderna opera bajo presupuestos teológicos y metafísicos extrínsecos. Esto es así porque desde el principio se supone que la naturaleza es esencialmente indiferente a Dios. El

---

[212] BENEDICT XVI, «The Regensburg Address», 173.
[213] *Ibid.*, 172.
[214] HANBY, *No God, No Science?*, 17.
[215] *Ibid.*, 10. «En otras palabras, es aquí, en el punto de su exclusividad mutua, donde debe trazarse la distinción, que es en realidad un muro de separación, entre ciencia, por un lado, y metafísica o teología, por el otro» (*ibid.*).

hecho de que Dios exista o no, no supone ninguna diferencia para el mundo natural. Por lo tanto, Dios es presupuesto de tal manera que solo puede estar relacionado extrínsecamente con el mundo. Esta presuposición es la idea central del naturalismo metodológico, que es aceptado prácticamente por todos los científicos. El extrinsecismo presente en la ciencia moderna es erróneo por varias razones. En primer lugar, falsifica tanto el concepto de Dios como el de la naturaleza. Por un lado, la trascendencia de Dios se pierde porque Dios es reducido a un agente externo que actúa al mismo nivel que cualquier agente natural. Por otro lado, la naturaleza pierde su propia interioridad y unidad; es reducida a un mecanismo compuesto de partes no relacionadas[216]. En segundo lugar, contradice la autocomprensión de la ciencia como indiferente tanto a la metafísica como a la teología, porque la ciencia está de hecho intrínsecamente relacionada con la metafísica y la teología. En tercer lugar, hace imposible el diálogo entre teología y ciencia debido a las reducidas nociones de Dios y de la naturaleza que se asumen.

El extrinsecismo teológico puede verse en todas partes, desde los teólogos que utilizan la ciencia para dar pruebas científicas de la existencia de Dios hasta los científicos ateos que utilizan su ciencia para negar la existencia de Dios. Hanby ha mostrado y criticado esta problemática comprensión teológica presente en el campo de la biología. Tanto el teólogo William Paley como el científico ateo Charles Darwin compartían la misma imagen defectuosa de Dios[217]. Como señala Hanby, «Darwin básicamente se apropia de la teología de Paley en forma negativa, haciendo así que los supuestos teológicos y ontológicos de la teología de Paley sean endémicos en la tradición darwiniana posterior»[218]. En el tercer capítulo, revelaré y criticaré el extrinsecismo teológico presente tanto en los teólogos que utilizan la cosmología moderna para ofrecer pruebas científicas de la existencia de Dios como en los cosmólogos ateos que utilizan su ciencia para rechazar la idea de Dios. Para llevar a cabo la tarea de criticar los erróneos presupuestos teológicos de la cosmología moderna, es necesario superar la falsa doctrina de la creación en la que se basan. Esto solo puede lograrse recuperando una doctrina de la creación coherente y sólida, capaz de recuperar «la cuestión ontológica suprimida por la ciencia positivista y su reducción del ser del acto a la facticidad bruta». Recuperando esta doctrina convincente de la creación, podré, «por un lado, recuperar la doctrina de Dios de la idólatra teología natural presupuesta por

---

[216] La falsificación de la naturaleza elimina de su dominio rasgos de la realidad que son parte necesaria de nuestra experiencia vivida y que constituyen el punto de partida de la investigación científica. Esta eliminación se lleva a cabo ignorando esos rasgos de la realidad o explicándolos en un intento de reducirlos a un denominador materialista.

[217] *Ibid.*, 150-249.

[218] *Ibid.*, 4.

la ciencia moderna en su gesto fundacional [..., y por el otro], recuperar al mundo del reduccionismo endémico de una ontología mecanicista omnipresente»[219]. La recuperación de esta doctrina convincente de la creación será el objetivo del próximo capítulo. Esta doctrina coherente de la creación servirá de fundamento para la crítica al extrinsecismo teológico de la cosmología moderna que llevaré a cabo en el tercer capítulo.

---

[219] *Ibid.*, 324.

La doctrina de la *creatio ex nihilo*

1. Introducción

El objetivo de este libro es descubrir la teología extrínseca que es inherente a la ciencia moderna y, más concretamente, a la cosmología moderna. El extrinsecismo teológico concibe a Dios como un agente externo que compite con los procesos naturales y la creación como un mecanismo mundano. Inmersos en el extrinsecismo teológico, los cosmólogos ateos intentan negar la existencia de Dios, argumentando que el origen del universo puede explicarse únicamente en términos científicos. La comprensión extrínseca de Dios también está presente en aquellos científicos y teólogos que intentan dar pruebas científicas de la existencia de Dios. Estos científicos y teólogos comparten los supuestos teológicos extrínsecos de los cosmólogos ateos porque asumen acríticamente los presupuestos metafísicos y teológicos de la ciencia moderna. Como resultado, la concepción de Dios que tienen estos científicos teístas y teólogos se ve severamente reducida para cumplir con las exigencias de los descubrimientos científicos, que son tomados como normativos. Intentan explicar la acción de Dios en el mundo en términos científicos reductivos, mostrando así su incomprensión de la creación y de la acción divina.

Todos estos científicos, que van desde ateos hasta defensores de la religión, y todos estos teólogos comparten un mismo problema: su teología extrínseca. Sin embargo, sus supuestos cientificistas les impiden ver su teología extrínseca y los problemas que conlleva. Para descubrir y criticar el extrinsecismo presente en la ciencia moderna y, más concretamente, en la cosmología moderna, es necesario proporcionar una imagen coherente y no reducida de Dios y la naturaleza, para proporcionar una mejor comprensión de la relación entre el mundo y Dios. En otras palabras, la doctrina de la creación es necesaria para evaluar los problemas de la teología extrínseca y mostrar la concepción errónea de la creación sostenida por los científicos y teólogos extrínsecos.

La doctrina de la creación puede ayudar a superar el extrinsecismo que entiende la creación como un mecanismo divino en competencia con las operaciones naturales. La doctrina de la creación *ex nihilo* es, ante todo, una doctrina de Dios, que rescata la imagen de Dios de su confinamiento extrínseco. Dado que la teología y la metafísica están intrínsecamente relacionadas, la concepción de Dios se correlaciona con la concepción de la naturaleza. La doctrina de la creación expresa no solo una imagen de Dios, sino también una imagen de la naturaleza. Esta doctrina nos dice quién es Dios y qué es el mundo. Por tanto, «la creación *ex nihilo* es simultáneamente la doctrina de Dios y la estructura ontológica del mundo»[1]. Estos dos aspectos de la creación fueron formulados por el Aquinate como los sentidos activo y pasivo de la creación, respectivamente[2]. Según el doctor universal, la creación, en su sentido activo, «es la sustancia divina» porque «la creación significa la operación divina, que no es [nada más que] su esencia con una cierta relación»[3]. Por lo tanto, «cuando Dios hace que algo exista al crearlo, Dios no "hace" otra cosa que ser Dios»[4]. Sin embargo, si la creación se toma de forma pasiva, entonces «la creación está en la criatura [relación], y es una criatura»[5]. En este capítulo, exploraré el significado de la doctrina de la creación en sus sentidos pasivo y activo.

De hecho, el objetivo de este capítulo es exponer la doctrina de la creación *ex nihilo* en su doble sentido, con el fin de tener un fundamento para criticar la teología extrínseca presente en la ciencia moderna y, más concretamente, en

---

[1]   Hanby, *No God, No Science?*, 334.
[2]   *Ibid.*, 5.
[3]   Aquino, *Scriptum super libros sententiarum*, lib. 2, d. 1, q. 1, a. 2, ad 4. (Las traducciones inglesas de *Scriptum super libros sententiarum* son tomadas de Thomas Aquinas, *Aquinas on Creation. Writings on the «Sentences» of Peter Lombard, Book 2, Distinction 1, Question 1*, [trans. Steven E. Baldner, William E. Carroll], Mediaeval Sources in Translation 35, Pontifical Institute of Mediaeval Studies, Toronto 1997). El Aquinate especificó que la relación «no es una relación real sino solo lógica» (*De Potentia Dei*, q. 3, a. 3, co.; las traducciones inglesas de *De Potentia Dei* son tomadas de Thomas Aquinas, *On the Power of God*, (trans. English Dominican Fathers), Newman, Westminster, Maryland 1952). Trataré este tema más adelante.
[4]   Frederick D. Wilhelmsen, «Creation as a Relation in Saint Thomas Aquinas»: *Modern Schoolman* 56 (January 1979), 111.
[5]   Aquino, *Summa theologiae*, I, q. 45, a. 3, ad 2. (Las traducciones inglesas de *Summa theologiae* son tomadas de Thomas Aquinas, *Summa theologica*, [trans. Fathers of the English Dominican Province], 5 vols., Christian Classics, Westminster, Maryland 1981).

la cosmología moderna. Según esta teología extrínseca, la creación se concibe como «una cosmología independiente o una explicación "mecánica" de cómo llegó a existir el mundo»[6]. Para tratar la doctrina de la creación en su doble aspecto de doctrina tanto de Dios como de la constitución metafísica del mundo, me apoyaré en las obras de Tomás de Aquino. Como reconoce Walker, Tomás sigue siendo la figura central para los católicos porque «sigue siendo el *doctor communis*, el doctor universal»[7]. Las obras del Aquinate son un exponente filosóficamente preciso de la tradición cristiana. Sin embargo, mi intención aquí no es presentar una exposición de la comprensión tomista de la creación, sino expresar cómo la tradición cristiana entiende la creación. Aunque Tomás es muy útil para comprender la doctrina de la creación, no es la única referencia. Por esta razón, me serviré de otros autores, además del Aquinate, para entender qué es la creación. Más concretamente, me referiré a los estudiosos que desarrollaron de forma creativa el pensamiento tomista, especialmente Balthasar.

Como se ha mostrado anteriormente, la doctrina de la *creatio ex nihilo* es, ante todo, una doctrina de Dios. La doctrina de la creación presupone y expresa la concepción cristiana de Dios. Me detendré ahora en el Aquinate para explicar brevemente la doctrina de Dios que está sustentada por la doctrina de la creación. Hablando desde la continua tradición cristiana, el doctor universal reconoció que «Dios es absolutamente inmutable, es eterno, carece de todo principio o fin»[8]. Como Dios es inmutable, no puede haber ninguna potencia en Dios. Como afirmó el Aquinate, «el ser cuya sustancia tiene una mezcla de potencia es susceptible de no ser en la medida en que tiene potencia; porque lo que puede ser, puede no ser. Pero, Dios, siendo eterno, en su sustancia no puede no ser. En Dios, por tanto, no hay potencia de ser»[9]. Por lo tanto, Dios puede ser caracterizado como «acto puro, sin la mezcla de ninguna potencialidad»[10]. No puede haber ninguna composición en Dios porque «en todo compuesto debe haber acto y potencia», y «en Dios no hay potencia»[11]. La falta de composición en Dios se refiere a la simplicidad y unidad supremas de Dios, dos aspectos de Dios siempre defendidos

---

[6]   HANBY, *No God, No Science?*, 5.

[7]   Adrian J. WALKER, «Personal Singularity and the *Communio Personarum*: A Creative Development of Thomas Aquinas´ Doctrine of *Esse Commune*»: *Communio* 31/3 (Fall 2004), 461.

[8]   AQUINO, *Summa contra gentiles*, lib. 2, cap. 15, n. 2. (Las traducciones inglesas de *Summa contra gentiles* son tomadas de Thomas AQUINAS, *Summa contra gentiles*, [trans. Anton C. Pegis, *et al.*], University of Notre Dame Press, Notre Dame, Indiana 1975).

[9]   ÍD., *Summa contra gentiles*, lib. 2, cap. 16, n. 2.

[10]   ÍD., *Summa theologiae*, I, q. 9, a. 1, co.

[11]   ÍD., *Summa contra gentiles*, lib. 2, cap. 18, n. 2.

por la tradición cristiana[12]. El hecho de que no haya composición en Dios permitió a Tomás concluir que Dios es su propia esencia. Este es el razonamiento tomista: «Si alguna cosa no fuera su esencia, debería haber algo en ella fuera de su esencia. Por lo tanto, debe haber composición en ella. De ahí que la esencia en las cosas compuestas se signifique como una parte, por ejemplo, la humanidad en el hombre. Ahora bien, se ha demostrado que en Dios no hay composición. Dios es, por tanto, su esencia»[13]. Puesto que Dios es su propia esencia, la esencia de Dios es su propia existencia (*esse*). «Si [...] la esencia divina es algo distinto de su ser, la esencia y el ser se relacionan así como potencia y acto. Pero hemos demostrado que en Dios no hay potencia, sino que él es puro acto. La esencia de Dios, por tanto, no es otra cosa que su ser [*esse*]»[14]. Finalmente, dado que la esencia de Dios es su propia existencia, Dios puede ser llamado «ser subsistente en sí mismo [*ipsum esse subsistens*]»[15].

2. La ausencia de coacción en el acto de la creación

Como ya se ha dicho, Dios es el *ipsum esse subsistens*, la plenitud del ser, el *actus purus* [acto puro], sin composición ni potencia alguna. En consecuencia, «nada en Dios se debe a la coacción»[16]. Por tanto, el acto de la creación, que no es otra cosa que la esencia de Dios y una determinada relación, no puede actualizar ninguna potencia pasiva en Dios. En otras palabras, la creación no puede implicar ninguna coacción en Dios, ni externa ni interna[17]. Es importante señalar que la doctrina de la creación *ex nihilo*, como doctrina de Dios, expresa principalmente el carácter absoluto de Dios como primer principio. La falta de coacción en Dios en el acto de la creación es una consecuencia inmediata de la plenitud del ser divino[18]. Aunque el ser de Dios y su libertad deben ser ontológicamente convertibles, la cuestión de la aseidad absoluta de Dios es lógicamente la primera. Hacer del carácter absoluto de la libertad divina la cuestión central de la creación sería una resolución voluntarista del problema. Subrayando el carácter teológico de la

---

[12]   Véase HANBY, *No God, No Science?*, 314.
[13]   AQUINO, *Summa contra gentiles*, lib. 1, cap. 21, n. 2.
[14]   *Ibid.*, lib. 2, cap. 22, n. 7.
[15]   ÍD., *Summa theologiae*, I, q. 4, a. 2, co.
[16]   ÍD., *Summa contra gentiles*, lib. 1, cap. 19, n. 3.
[17]   «La plenitud del ser divino, en cualquier pensamiento adecuado del asunto, debe estar libre de dos tipos de coacción, "externa" e "interna"» (HANBY, *No God, No Science?*, 310).
[18]   Utilizo el término «coacción en Dios» para referirme a cualquier cosa, interna o externa, que obligaría a Dios a crear; es decir, cualquier cosa que podría quitarle la libertad a Dios.

doctrina de la creación, Gerhard May afirmó que «la teología de la Iglesia quiere, mediante la proposición *creatio ex nihilo*, expresar y salvaguardar la omnipotencia y la libertad de Dios que actúa en la historia»[19]. En otras palabras, «la doctrina de la *creatio ex nihilo* proclama de la manera más acentuada el carácter absolutamente incondicionado de la creación y especifica la omnipotencia de Dios como su único fundamento»[20].

Es importante señalar aquí que la doctrina de la creación no es una cosmología independiente, como piensan muchos cosmólogos, sino, en primer lugar, una doctrina de *Dios*[21]. Es cierto que de la doctrina de la creación se derivan implicaciones cosmológicas, pero esta doctrina no es principalmente un intento de resolver el problema del origen del universo[22]. Desde el punto de vista histórico, «la doctrina de la *creatio ex nihilo* no surge de una especie [de] curiosidad cosmológica de algún modo ajena a las convicciones teológicas cristianas, y no es una hipótesis independiente concebida para explicar los orígenes cosmológicos»[23].

Como acabo de explicar, la doctrina de la creación, como doctrina de Dios, expresa en primer lugar el carácter absoluto del ser divino y luego, como consecuencia, la ausencia de coacción en Dios en el acto de la creación. En esta sección trataré tanto la coacción externa como la interna, prestando atención al final al problema del voluntarismo divino. Comencemos por la ausencia de coacción externa. Para ello es muy apropiada la definición tomista de la creación. Para el Aquinate, crear es «producir una cosa en el ser [*esse*] según toda su sustancia [*substantia*]»[24]. En el acto de la creación, «Dios da al mismo tiempo el ser [*esse*] y produce lo que recibe el ser [*esse*]»[25]. Por tanto, Dios produce al mismo tiempo la *sustancia* que va a recibir la existencia y la *existencia misma*.

---

[19]   Gerhard MAY, *Creatio ex Nihilo. The Doctrine of «Creation out of Nothing» in Early Christian Thought*, (trans. A. S. Worrall), T&T Clark, London 2004, 180. Como ejemplo, «la concepción tan enfáticamente declarada por Justino del poder creador ilimitado de Dios y el pensamiento de que Dios, como único ser no originado, se opone a lo originado, a la creación, se apoyan mutuamente en su sentido y parecen urgir la doctrina de la *creatio ex nihilo*» (*ibid.*, 132).

[20]   *Ibid.*, xi.

[21]   HANBY, *No God, No Science?*, 3.

[22]   *Ibid.*, 164.

[23]   *Ibid.*, 79. Véase MAY, *Creatio ex Nihilo*, 28.

[24]   AQUINO, *Scriptum super libros sententiarum*, lib. 2, d. 1, q. 1, a. 2, co.

[25]   ÍD., *De Potentia Dei*, q. 3, a. 1, ad 17. En relación con este pasaje, Kenneth L. Schmitz comentó: «La comunicación creativa dona el acto de forma absoluta: ser en lugar de no ser. Sin embargo, su producto no es simplemente el acto: es un compuesto ontológico, *un* ser. Al donar el acto, el creador también dona las condiciones para la recepción de su propia comunicación» (SCHMITZ, *The Gift*, 126).

En otras palabras, «la creación no debe ser vista como un doble acto de producir un recipiente del ser y otorgarle el ser. "Aquello que es" es creado por el hecho de que se le atribuye el ser»[26]. Por consiguiente, la creación «no presupone nada en la cosa que se dice que es creada»[27]. Por lo tanto, la creación, el traer algo a la existencia (*esse*), se hace «sin ninguna materia preexistente»[28]. La existencia de materia coetánea desafiaría el carácter absoluto de Dios porque habría algo fuera de Dios de lo que él no sería responsable. Entonces Dios no podría ser Dios. En consecuencia, un principio coetáneo desafiaría el gobierno de Dios, imponiendo restricciones al acto de la creación de Dios. «El carácter ingénito de la materia reflejaría y comprometería la soberanía absoluta del poder creador divino, estableciendo al menos límites pasivos a su ejercicio. La voluntad divina se vería obligada a apoyarse en algo que, en cierto sentido, se encontraría fuera de su ámbito, determinándola a la manera en que funciona una condición previa»[29]. Como describió gráficamente Schmitz, si la materia no engendrada pudiera hablar, «gritaría: ¡Sin mí no se puede hacer nada! Además, habría un aspecto en las mismas criaturas que no deberían a su Dios, aunque ese elemento fuera simplemente la capacidad de ser formadas por Dios»[30].

Debido a la ausencia de materia preexistente en la creación, crear es «hacer una cosa de la nada [*ex nihilo*]»[31]. El Aquinate explicó que «la creación es el acto propio de Dios solamente», porque «la creación no procede de nada presupuesto, que pueda ser dispuesto por la acción de un agente instrumental. Por tanto, es imposible que ninguna criatura cree, ni por su propio poder ni instrumentalmente, es decir, ministerialmente»[32]. La idea de *nihil* expresa la gratuidad de la creación. En el acto de la creación no hay nada debido por Dios, no hay nada que se espere de Dios «porque no hay ningún sujeto al que se le deba algo, ningún sujeto que suscite la expectativa. Y así, la realización del bien ausente es absolutamente gratuita, es propiamente hablando "no solicitado"»[33]. El acto de la creación es un acto totalmente libre y generoso en el que ninguna criatura puede reclamar nada a Dios. No hay nada externo a Dios que pueda imponerle limitación alguna. Hanby explica que el concepto de *nihil* en la creación tiene la función de eliminar

---

[26]   Rudi A. TE VELDE, *Participation and Substantiality in Thomas Aquinas*, Brill, Leiden 1995, 158.

[27]   AQUINO, *Scriptum super libros sententiarum*, lib. 2, d. 1, q. 1, a. 2, co.

[28]   ÍD., *Summa contra gentiles*, lib. 2, cap. 16, n. 13.

[29]   SCHMITZ, *The Gift*, 27.

[30]   *Ibid.*

[31]   AQUINO, *De Potentia Dei*, q. 3, a. 1, co.

[32]   ÍD., *Summa theologiae*, I, q. 45, a. 5, co.

[33]   SCHMITZ, *The Gift*, 31-32.

cualquier limitación externa en el acto de la creación[34]. El *nihil* de la doctrina de la *creatio ex nihilo* no se refiere a una materia previa preexistente llamada «nada»[35]. Como aclaró Tomás, «la nada no ocupa la posición de paciente»[36]. La nada es literalmente «nada aparte de ser pensada»[37]. Por tanto, «la criatura se dice "de la nada" porque "no procede de algo preexistente"»[38]. El concepto de *nihil* es muy difícil de pensar, «pues es prácticamente imposible pensar en "la nada" sin hipostasiarla en algo»[39].

La idea de *nihil* es muy relevante para el propósito de este libro porque muestra los presupuestos teológicos defectuosos de los cosmólogos modernos cuando piensan en el origen del universo. En un intento de «interpretar la cosmología del Big Bang de una manera que excluya la noción de creación y de un creador», algunos cosmólogos ateos «explican el Big Bang en términos de una fluctuación en un vacío primordial conocida como "túnel cuántico" desde la nada, a partir del cual el universo se expandió según lo que se conoce como teoría de la inflación»[40]. Como veremos en el próximo capítulo, su idea de la «nada» está bastante alejada del *nihil* al que se refiere el concepto de *creatio ex nihilo*. «La supuesta nada [tal como la entienden los cosmólogos contemporáneos] resulta ser una realidad compleja de principios reguladores sin los cuales no habría uniformidad en la naturaleza y no sería posible ningún estudio científico de los fenómenos naturales»[41]. Por lo tanto, «la especulación cosmológica contemporánea parece cosificar mágicamente el *nihil*»[42]. Los cosmólogos no piensan adecuadamente en la idea de *nihil* porque no piensan en la completitud y trascendencia de Dios ni en su alteridad de forma suficientemente radical y completa. Como señala Hanby, «la dificultad para pensar en el *nihil* es en realidad el reverso de la dificultad para pensar en Dios solamente como *ipsum esse subsistens*»[43]. También ocurre que los cosmólogos no piensan en el ser, sino que lo presuponen, por lo que el ser no aparece como algo misterioso ni tan siquiera como una cuestión.

---

[34]   Hanby, *No God, No Science?*, 310.
[35]   Schmitz, *The Gift*, 29.
[36]   Aquino, *De Potentia Dei*, q. 3, a. 1, ad 4.
[37]   Wilhelmsen, «Creation as a Relation», 115.
[38]   Aquino, *Scriptum super libros sententiarum*, lib. 2, d. 1, q. 1, a. 2, co.
[39]   Hanby, *No God, No Science?*, 310; Martin Heidegger, «What Is Metaphysics?», en *Pathmarks*, (ed. William McNeill; trans. David F. Krell), Cambridge University Press, Cambridge 1998, 92-96.
[40]   Simon Oliver, «Physics, Creation and the Trinity»: *Anthropotes* 26/1 (2010), 182.
[41]   Joseph M. Życiński, «Metaphysics and Epistemology in Stephen Hawking's Theory of the Creation of the Universe»: *Zygon* 31/1 (June 1, 1996), 279.
[42]   Oliver, «Physics, Creation and Trinity», 183.
[43]   Hanby, *No God, No Science?*, 310.

Hasta ahora he mostrado que hay una falta de coacción externa en Dios en la creación porque no hay nada externo que restrinja la acción de Dios. Como señala Rudi te Velde, «la creación pretende expresar un comienzo absoluto sin ninguna condición preexistente»[44]. En otras palabras, la doctrina de la *creatio ex nihilo* no presupone nada fuera o aparte de Dios mismo. En el acto de la creación, hay una ausencia no solo de coacción externa, sino también de coacción interna. Veamos ahora la ausencia de coacción interna en Dios en el acto de la creación.

El acto de la creación es un acto de libertad divina radical. Sin embargo, hay que tener en cuenta un matiz importante sobre la libertad divina: esta «es fundamentalmente una expresión del *amor* e inseparable de todos los demás predicados con los cuales es convertible [es decir, la bondad, la belleza y la verdad]»[45]. Por tanto, la libertad divina no puede abstraerse «de la naturaleza divina del amor trino revelado históricamente en Cristo, así como de su corolario, la convertibilidad de la bondad, la belleza y la verdad en la esencia trina de Dios»[46]. En otras palabras, la libertad divina no es independiente de la naturaleza de Dios. La libertad divina está condicionada por la bondad, la belleza y la verdad de la propia naturaleza de Dios como amor trinitario. Es, pues, erróneo defender que la libertad divina carece absolutamente de presupuestos. Esa clase de libertad sería voluntarista y arbitraria. «Pero una libertad arbitraria, que no *responde* a las exigencias de la bondad y la belleza, es a la vez poco inteligente y, en última instancia, *no libre*; porque no conecta el acto con su motivo y, por tanto, no muestra cómo la acción es una expresión del deseo del agente. Esta espontaneidad indeterminada se parece más a un espasmo que a un acto de la voluntad»[47].

El acto de la creación es un acto de libertad divina, pero no de una libertad voluntarista, porque tanto la libertad como la naturaleza están integradas en Dios por el amor. «Dios debe crear libremente […] y, sin embargo, al mismo tiempo y por la misma razón, […] Dios debe crear "naturalmente" [es decir, de acuerdo con su naturaleza]»[48]. Este doble aspecto de la creación (Dios crea tanto libremente como de acuerdo con su naturaleza) es algo que defiende la tradición cristiana. Veamos cómo lo expresa Agustín:

«Y con las palabras "Vio Dios que era bueno", se da a entender suficientemente que Dios hizo lo que fue hecho no por ninguna necesidad, ni para

---

[44]   Velde, *Participation and Substantiality*, 155.
[45]   Hanby, *No God, No Science?*, 121.
[46]   *Ibid.*, 108.
[47]   *Ibid.*, 311.
[48]   *Ibid.* Véase Agustín, *De civitate Dei*, XI, 24.

suplir ninguna carencia, sino únicamente desde su propia bondad, es decir, porque era bueno. Y esto se afirma después de que la creación haya tenido lugar, para que no haya duda de que la cosa hecha satisfizo la bondad por la que fue hecha»[49].

Agustín afirma que Dios debe crear libremente («Dios hizo lo que fue hecho no por ninguna necesidad, ni para suplir ninguna carencia»), pero también que debe crear según su naturaleza («únicamente desde su propia bondad, es decir, porque era bueno»)[50]. Siguiendo la tradición cristiana, el Aquinate afirmó que Dios crea «no por necesidad de su naturaleza, sino por la libre elección de su voluntad»[51]. En el acto de la creación, Dios no actúa «para la adquisición de algún fin; solo pretende comunicar su perfección, que es su bondad»[52]. De hecho, «solo él es el dador más perfectamente liberal, porque no actúa para su propio beneficio, sino solo por su propia bondad»[53]. Por lo tanto, «no podemos plantear ningún motivo para la creación más allá de la pura generosidad y el deleite que Dios tiene en su propia belleza como Trinidad»[54].

El hecho de que Dios no cree por necesidad de su naturaleza no significa que Dios cree sin ningún presupuesto, sin tener en cuenta su propia naturaleza. La naturaleza divina es el presupuesto de la creación, pero esto no significa que Dios cree en contra de su voluntad. Como ya sabemos, hay una integración de libertad y naturaleza en Dios a través del amor. «En la medida en que la creación es libre, debe ser "innecesaria" y "espontánea", una cuestión de "decisión" gratuita. No puede simplemente surgir "naturalmente" de la superabundancia del Uno como en el caso de Plotino»[55]. En la creación hay un presupuesto interno, que es la propia naturaleza de Dios. Sin embargo, este presupuesto interno no obliga a Dios a hacer de la creación otra cosa que no sea

---

[49]   Augustine, *The City of God*, (trans. Marcus Dods), Hendrickson, Peabody, Massachusetts 2013, 331 (XI, 24).

[50]   *Ibid.*; Hanby, *No God, No Science?*, 311.

[51]   Aquino, *Summa contra gentiles*, lib. 2, cap. 23, n. 1.

[52]   Íd., *Summa theologiae*, I, q. 44, a. 4, co.

[53]   *Ibid.*, I, q. 44, a. 4, ad 1.

[54]   Michael Hanby, «Creation without Creationism. Toward a Theological Critique of Darwinism»: *Communio* 30/4 (Winter 2003), 692.

[55]   Íd., *No God, No Science?*, 311. «[En la doctrina de la creación *ex nihilo*,] la bondad se entiende ahora no simplemente como una necesidad superabundante, el Uno "derramado" por naturaleza, por así decirlo, sino como la coincidencia, de hecho la convertibilidad, de la naturaleza superabundante y la generosidad infinita: *bonum diffusivum sui* (Ps.-Dionisio, *Div. Nom.*, IV, 717c; Aquino, *ST*, I.73, a.3, obj. 2)» (Hanby, *No God, No Science?*, 311).

un acto de amor. «No puede haber ningún "motivo" para la creación más allá de la pura bondad que es Dios»[56].

Hemos visto que no hay ninguna coacción interna en el acto creativo divino. Hanby aclara que esta afirmación «se desprende del hecho de que la plenitud superabundante de Dios no puede admitir ninguna carencia»[57]. La ausencia de restricciones internas no significa que la creación carezca de presupuestos. Como ya sabemos, el acto de la creación es radicalmente libre, pero también está condicionado por la bondad, la belleza y la verdad de la propia naturaleza de Dios como amor trinitario. «La creación implica, pues, una paradójica coincidencia de volición, naturaleza y ser en la unidad de la simplicidad de Dios»[58].

3. La distinción real en su sentido negativo

Hemos visto en la sección anterior que la doctrina de la creación *ex nihilo* expresa principalmente el carácter absoluto de Dios como primer principio, y luego, como consecuencia, la ausencia de coacción tanto externa como interna en Dios en el acto de la creación. Dios está totalmente incondicionado en el acto de la creación, excepto por su propia naturaleza. Dios es el *ipsum esse subsistens*, aquel cuya esencia es su propia existencia. Dios es el único que existe necesariamente. En cambio, los seres creados son contingentes: no existen necesariamente. Que existan solo se debe a la absoluta generosidad de Dios. La existencia de las criaturas no pertenece a sus esencias. Existe, pues, una distinción en las criaturas entre sus esencias y su existencia. Esta distinción se conoce como la *distinción real* entre *esse* (ser) y esencia[59]. Esta distinción real, que explicaré con más detalle momentáneamente, es muy importante para el propósito de este capítulo porque, como reconoce Hanby, la distinción real «hace inteligible la estructura de la realidad mundana»[60]. Por tanto, la distinción real es clave para entender la creación en su sentido pasivo.

Hemos llegado a la distinción real a partir de la contingencia del mundo. Hanby afirma que el cristianismo llegó a la distinción real no solo «negativamente a partir de la contingencia y, por tanto, de la no necesidad del mundo»,

---

[56]   *Ibid*. Véase Agustín, *De civitate Dei*, XI, 24.
[57]   HANBY, *No God, No Science?*, 311.
[58]   *Ibid*.
[59]   Hay un argumento adicional para la distinción real: que toda criatura es una mezcla de potencia y acto, por lo que ninguna criatura posee la totalidad de su ser perfectamente a la vez.
[60]   *Ibid*., 354.

sino también «positivamente a partir del reconocimiento de un acto de existir –de "tener", en las personas– que no es simplemente reducible al acto de "ser un ser humano", o un árbol, o una piedra, etc., sino que es incomunicablemente peculiar a ser *esta* persona o *este* árbol»[61]. En otras palabras, el acto de ser, *esse*, no puede reducirse a una esencia o a una forma, porque es radicalmente peculiar a cada cosa. La contingencia del mundo, por un lado, y la peculiaridad inefable de cada cosa otorgada por *esse*, por el otro, es lo que Hanby denomina sentido negativo y sentido positivo de la distinción real entre *esse* y esencia[62]. En esta sección trataré la distinción real y su sentido negativo. El sentido positivo lo trataré en la siguiente sección. Aquí y en las siguientes secciones me detendré no solo en el Aquinate, sino también en otros autores, como Balthasar, que desarrollaron creativamente lo que está implícito en el pensamiento tomista.

Como ya se ha dicho, el Aquinate describió a Dios como *ipsum esse subsistens*. A partir de esta comprensión de Dios, concluyó que «todos los seres aparte de Dios no son su propio ser, sino que son seres por participación. Por tanto, debe ser que todas las cosas que se diversifican por la diversa participación del ser, para ser más o menos perfectas, son causadas por un Primer Ser, que posee el ser lo más perfectamente»[63]. Los seres creados reciben el mismo ser de Dios, pero de manera diferente, «en el sentido de que participan del ser de una manera más o menos perfecta según su distancia al Primer Ser, que es el más perfecto»[64]. Según el Aquinate, «siempre que algo se predica de otro a modo de participación, es necesario que haya algo en este además de aquello de lo que participa. Y, por tanto, en cualquier criatura, la criatura misma que tiene el ser [*habet esse*] y su propio ser [*ipsum esse*] son distintos»[65]. De ahí que, como afirma Velde, «la participación va unida a la distinción en cada criatura entre esencia y *esse*. Cada criatura es ser (*ens*) de un modo diferente según se relacione de modo diferente con el *esse* que ha recibido del Primer Ser»[66]. Por tanto, «en cada cosa, aparte de Dios, hay que señalar una diferencia entre la cosa misma –es decir, la esencia o la naturaleza– y su ser (*esse*)».

---

[61]　*Ibid.*, 337.

[62]　Véanse *ibid.*, 337; 351; 354.

[63]　AQUINO, *Summa theologiae*, I, q. 44, a. 1, co.

[64]　Rudi A. te VELDE, *Aquinas on God. The «Divine Science» of the Summa theologiae*, Ashgate, Farnham 2006, 131.

[65]　AQUINO, *Quodlibetal* II, q. 2, a. 1, co. (Las traducciones inglesas de *Quodlibetal* están tomadas de Thomas AQUINAS, *Quodlibetal Questions 1 and 2*, [trans. Sandra Edwards], Mediaeval Sources in Translation 27, Pontifical Institute of Mediaeval Studies, Toronto 1983).

[66]　VELDE, *Aquinas on God*, 131-132.

Además, «la participación va unida al lenguaje de la composición: la cosa se compone de sí misma con el ser del que participa»[67]. Como se ha explicado anteriormente, la distinción entre esencia y *esse* se conoce como distinción real[68]. Hemos llegado a esta distinción mediante un argumento tomista basado en la participación. Sin embargo, esta no es la única forma utilizada por el Aquinate para justificar la distinción real. De hecho, John Wippel enumera seis de ellas[69]. En cualquier caso, todas ellas hablan de una «composición de esencia y *esse* en seres distintos de Dios»[70].

Acabamos de ver que el Aquinate llegó a su comprensión de la distinción real «mediante una inducción metafísica a partir de la estructura del *ens* finito»[71]. Es

---

[67]   *Ibid.*, 140.

[68]   «Por supuesto, si esa distinción es "real" o meramente "conceptual" es una cuestión de larga disputa, tanto con respecto a Tomás como en general» (HANBY, *No God, No Science?*, 369n47). Velde señala que «aunque el propio Tomás rara vez habla de una distinción "real" en contraste con una distinción hecha por la razón, la mayoría de los intérpretes ponen un peso especial en el carácter real de la distinción porque, en su opinión, solo en tanto que realmente distinta del *esse* que recibe, el principio de la esencia puede dar cuenta de la limitación del *esse* en cada cosa particular». Sin embargo, Velde duda de que «se deba decir que el *esse* está limitado *por* el principio receptor de la esencia» (VELDE, *Aquinas on God*, 145n47). En cualquier caso, coincidiendo con Hanby, «simplemente daré por sentado que Tomás tomó la distinción como real» (HANBY, *No God, No Science?*, 369n47).

[69]   WIPPEL, *Metaphysical Thought of Aquinas*, 132-176. Tal vez la forma más famosa, aunque polémica, es la que Wippel llama el argumento *intellectus essentiae*, presente en el capítulo 4 del *De ente et essentia* del Aquinate (*ibid.*, 137-150). Un párrafo significativo de este capítulo es el siguiente: «Todo lo que no pertenece al concepto de una esencia o quididad le viene de fuera y entra en composición con la esencia, porque ninguna esencia puede entenderse sin sus partes. Ahora bien, cada esencia o quididad puede ser comprendida sin saber nada sobre su ser [*esse*]. Puedo saber, por ejemplo, lo que es un hombre o un fénix y seguir ignorando si tiene existencia [*esse*] en la realidad. De esto se deduce que el ser [*esse*] es distinto de la esencia o quididad, a no ser que exista una realidad cuya quididad sea su ser» (AQUINO, *De ente et essentia*, cap. 4. Traducción inglesa tomada de Thomas AQUINAS, *On Being and Essence*, [trans. Armand Maurer], Mediaeval Sources in Translation 1, Pontifical Institute of Mediaeval Studies, Toronto 1968², 55). «Se pueden encontrar variaciones del mismo argumento en *In I Sent.* d.8, q.5, a.2 e *In II Sent.* d.3, q.1, a.1» (VELDE, *Participation and Substantiality*, 71n11).

[70]   WIPPEL, *Metaphysical Thought of Aquinas*, 137. «En las sustancias compuestas de materia y forma hay una doble composición de acto y potencialidad: la primera, de la sustancia misma que se compone de materia y forma; la segunda, de la sustancia así compuesta, y del ser; y esta composición también puede decirse que es de aquello que es y del ser, o de aquello que es y de aquello por lo que una cosa es» (AQUINO, *Summa contra gentiles*, lib. 2, cap. 54, n. 9).

[71]   HANBY, *No God, No Science?*, 354. «Esta inducción metafísica es importante, porque para Tomás no menos que para Balthasar, la *distinctio realis* no es simplemente una justificación de la doctrina de la creación, sino que hace inteligible la estructura de la

cierto que la distinción real alcanza su formulación más elevada y precisa en Tomás de Aquino. Sin embargo, la distinción real entre esencia y *esse* «está implícita en la misma doctrina de la creación y en su tarea de asegurar la plenitud trascendente del ser divino»[72]. Por lo tanto, se puede decir que la distinción real ya ha estado presente desde el comienzo de la doctrina de la creación, aunque haya tenido que pasar algún tiempo para que esta distinción se despliegue plenamente. La distinción entre esencia y existencia también está implícita en la comprensión teológica de Jesucristo como verdadero hombre y verdadero Dios. «La distinción entre *hypostasis / persona* y *natura* [...] implicaba la distinción real (*distinctio realis*), aún no articulada, entre el ser (*esse*) y la esencia (*essentia*)»[73]. Balthasar dio testimonio del mismo hecho: «La distinción real entre esencia y existencia es ya el fundamento implícito de esta cristología, y sus conceptos se mueven hacia este punto invisible de convergencia, sin estar aún expresamente bajo su poder normativo»[74].

En esta sección quiero centrarme en la distinción real en su sentido negativo. Por ello, es necesario tratar ahora el carácter no subsistente de *esse*. Aunque *esse* es «el acto que hace que la sustancia *sea* en primer lugar (absolutamente), [...] *esse*, al mismo tiempo, sin embargo, no subsiste, es decir, de alguna manera él mismo "depende" para su propia existencia de la propia sustancia a la que él hace ser»[75]. El Aquinate reconoció que «el "ser" mismo [*ipsum esse*] no se significa

---

[72]   realidad mundana, una estructura que hace su aparición fenoménica, en este último caso, en la experiencia primigenia de un niño» (*ibid.*). Véase la cuádruple diferencia en Hans Urs VON BALTHASAR, *The Glory of the Lord V. The Realm of Metaphysics in the Modern Age*, (eds. Brian McNeil, John Riches; trans. Oliver Davies, *et al.*), Ignatius, San Francisco 1991, 613-627. La explicación de la cuádruple diferencia de Balthasar puede encontrarse en diferentes autores: D. C. SCHINDLER, *Hans Urs von Balthasar and the Dramatic Structure of Truth. A Philosophical Investigation*, Perspectives in Continental Philosophy 34, Fordham University Press, New York 2004, 31-58; Nicholas J. HEALY, *The Eschatology of Hans Urs von Balthasar. Being as Communion*, Oxford University Press, Oxford 2005, 60-72; CHAPP, *The God of Covenant*, 157-162; y HANBY, *No God, No Science?*, 349-352.

[72]   *Ibid.*, 336.

[73]   *Ibid.*

[74]   Hans Urs von BALTHASAR, *Cosmic Liturgy. The Universe according to Maximus the Confessor*, (trans. Brian E. Daley), Ignatius, San Francisco 2003, 215.

[75]   David L. SCHINDLER, «The Person. Philosophy, Theology, and Receptivity»: *Communio* 21/1 (Spring 1994), 176n2; AQUINO, *De Potentia Dei*, q. 1, a. 1, co. Precisamente porque *esse* es «el acto que hace que la sustancia *sea* en primer lugar (absolutamente); y [...] *esse*, al mismo tiempo, sin embargo, no subsiste, es decir, de alguna manera él mismo "depende" para su propia existencia de la propia sustancia que lo hace ser», *esse* debe ser «entendido en un sentido significativo, y, sin embargo, paradójicamente, tanto *como* anterior *como* posterior a la sustancia» (David L. SCHINDLER, «The Person», 176n2).

como el sujeto de "ser", así como "el correr" no se significa como el sujeto de "correr". Por lo tanto, al igual que no podemos decir "el correr mismo corre", tampoco podemos decir "el ser mismo es", sino que "aquello que es" se significa como sujeto de "ser", al igual que "aquello que corre" se significa como sujeto de "correr"»[76]. D. C. Schindler señala el carácter paradójico de *esse*: «Mientras que *esse* es en cierto sentido lo que hace que todas las cosas sean, él mismo no es *nada* en el sentido de que no subsiste en sí mismo, sino que solo es inherente a *aquello que* existe»[77]. En efecto, la existencia en las criaturas solo es concebible como la existencia de una sustancia. Sin embargo, esta existencia que hace que las sustancias sean no se debe a ellas. Cada ser finito no existe necesariamente, sino que tiene existencia a partir de Dios. «Las sustancias creadas no se derivan de sí mismas, sino que deben su existencia al otorgamiento liberal de *esse* por parte de Dios en la creación»[78]. La existencia proviene de Dios, que es el único que existe necesariamente. Como ya se ha dicho, en Dios no hay diferencia entre esencia y existencia porque «el ser [*esse*] de Dios es su esencia»[79]. Dios es el «Ser que esencialmente subsiste por sí mismo»[80].

Con las anteriores afirmaciones sobre el ser de Dios, el Aquinate estaba reinstaurando la doctrina de la simplicidad divina. Antes de Tomás, esta doctrina había sido defendida por la tradición cristiana durante siglos. Por ejemplo, el credo de Nicea confesaba claramente la simplicidad de la unidad divina cuando se refería a Jesucristo: «Dios de Dios, Luz de Luz, Dios verdadero de Dios verdadero, engendrado, no creado, de la misma naturaleza del Padre». Agustín, en los libros VI y VII de su *De Trinitate*, exploró «la unidad divina articulando el lenguaje niceno de Luz de Luz y Dios de Dios en el trasfondo de la simplicidad divina»[81]. Además, Agustín expresó con fuerza la doctrina de la simplicidad divina en su negación de «cualquier distinción ontológica real entre la sustancia de Dios y sus atributos». Para el obispo de Hipona, la doctrina de la simplicidad divina «se articula en torno a la afirmación de que Dios *es* aquello que *tiene* (*hoc est quod habet*)»[82].

---

[76]   AQUINO, *De hebdomadibus*, lect. 2. (Traducción inglesa tomada de Thomas AQUINAS, *An Exposition of the «On the Hebdomads» of Boethius*, [trans. Janice L. Schultz, Edward A. Synan], Catholic University of America Press, Washington, DC 2001, 17).

[77]   D. C. SCHINDLER, «What's the Difference? On the Metaphysics of Participation in a Christian Context»: *The Saint Anselm Journal* 3/1 (Fall 2005), 19.

[78]   WALKER, «Personal Singularity», 472.

[79]   AQUINO, *Summa contra gentiles*, lib. 1, cap. 22, n. 8.

[80]   ÍD., *Summa theologiae*, I, q. 44, a. 1, co.

[81]   Lewis AYRES, *Augustine and the Trinity,* Cambridge University Press, Cambridge 2010, 221.

[82]   John P. ROSHEGER, «Augustine and Divine Simplicity»: *New Blackfriars* 77/901 (February 1996), 72; AGUSTÍN, *De civitate Dei*, XI, 10. «Porque no decimos que la naturaleza del bien es simple, porque solo el Padre la posee, o solo el Hijo, o solo el Espíritu

Volviendo a nuestro punto de que *esse* no es subsistente, Hanby señala que la no subsistencia de *esse* «protege tanto la plenitud trascendente de Dios como la diferencia entre *ipsum esse subsistens* y *esse creatum* [ser creado]». En cuanto a la trascendencia de Dios, «Dios sigue siendo todo: la plenitud del ser subsistente al que nada puede añadirse y del que nada puede sustraerse». En cuanto a la diferencia entre el ser creado y el ser que subsiste por sí mismo, «el *esse creatum* se distingue doblemente del *ipsum esse subsistens* de Dios en virtud tanto de su no subsistencia como de su posterior dependencia de los seres cuyo ser es»[83]. Dado que *esse* no es subsistente, «Dios ya no puede ser considerado en modo alguno como el ser de las cosas». Por lo tanto, de manera radical, «Dios se coloca por encima de todo el ser cósmico [...]. Él es, en efecto, "el Totalmente Otro"»[84].

Hemos visto en esta sección que la distinción real entre *esse* y esencia expresa la contingencia del mundo. Como ya sabemos, este es el aspecto negativo de la distinción real. He explicado en esta sección que *esse creatum* no es subsistente, porque depende del *ipsum esse subsistens*. Dado que *esse creatum* no es subsistente, la creación «no explica su propia existencia»[85]. Si el mundo existe, se debe a la generosidad de Dios. La existencia del mundo es radicalmente y en última instancia gratuita. Antes de pasar al aspecto positivo de la distinción real en la siguiente sección, trataré brevemente algunos aspectos relativos a la unidad que se desprenden de la consideración del ser como don.

Como reconoce Hanby, «el ser es don en su estructura interna», porque «es dado libremente por Dios» y porque «es dado por el Dios cuyo ser es su *esencia* y cuya esencia es el amor». Además, «el ser solo *es* él mismo [...] dejando que *otro sea él mismo*. Y en el acto mismo de dejar que otro sea (el acto por el que el otro es), simultáneamente vincula a ese otro en una comunidad con todas las demás cosas»[86]. Walker hace una afirmación similar cuando dice

---

Santo; ni decimos, con los herejes sabelianos, que solo es nominalmente una Trinidad y no tiene distinción real de personas; sino que decimos que es simple, porque es aquello que tiene [*quod habet hoc est*], con la excepción de la relación de las personas entre sí. Porque, en cuanto a esta relación, es cierto que el Padre tiene un Hijo, y sin embargo Él mismo no es el Hijo; y el Hijo tiene un Padre, y Él mismo no es el Padre. Pero, en cuanto a sí mismo, independientemente de la relación con el otro, cada uno es aquello que tiene [*hoc est quod habet*]; así, Él es en sí mismo viviente, pues tiene vida, y es Él mismo la Vida que tiene» (AUGUSTINE, *The City of God* [2013], 318-319 (XI, 10)).

83   HANBY, *No God, No Science?*, 357.
84   Hans Urs von BALTHASAR, *The Glory of the Lord IV. The Realm of Metaphysics in Antiquity*, (trans. Oliver Davies, Rowan Williams), Ignatius, San Francisco 1989, 393-394.
85   HANBY, *No God, No Science?*, 337.
86   *Ibid.*, 381.

que «participar en *esse commune* es, a la vez, darse uno mismo, y su entrega, a sí mismo y a los demás, y recibirse a sí mismo, y su entrega, de los demás»[87]. Por lo tanto, «las criaturas son una, no porque se fundan en la igualdad, sino porque su ejercicio del ser, su autoconstitución como subsistentes, coincide con su participación en una red de dar y recibir mutuamente»[88]. Existe realmente un *uni-verso* porque todos los seres participan en *esse commune*[89]. El concepto de universo es cuestionado por los científicos con su alternativa de multiverso. Como señala Hanby, el concepto de multiverso carece de sentido porque «en la medida en que otros "universos" son o fueron, pertenecerían al único orden del ser (y de la causalidad) y, por tanto, no serían realmente universos alternativos, sino simplemente partes hasta ahora desconocidas del único universo. Si no pertenecieran a ese orden, no habría posibilidad de conocerlos jamás»[90]. En el próximo capítulo trataré más a fondo la cuestión de la hipótesis del multiverso.

4. La distinción real en su sentido positivo

En esta sección continuaré discutiendo la distinción real, centrándome en el aspecto positivo de la misma. Como ya sabemos, el sentido positivo de la distinción real puede ser caracterizado como la peculiaridad inefable de cada cosa otorgada por *esse*. El sentido positivo de la diferencia puede replantearse diciendo que «*esse* no es solo una facticidad vacía, sino un acto o, mejor dicho, el acto de todos los actos realmente distinto de la forma»[91]. Conviene entonces comenzar esta sección sobre el sentido positivo de la distinción real con la comprensión del ser como acto. Como se ha dicho antes, *esse* no es subsistente, porque necesita una sustancia. En este sentido, *esse* puede entenderse como un accidente de una sustancia. Sin embargo, el doctor angélico dijo que *esse* no puede ser considerado como un accidente «como si estuviera relacionado accidentalmente con una sustancia, sino como la actualidad de cualquier sustancia»[92]. A este respecto, Chapp señala que «aunque la esencia y la existencia son distintas, la existencia no se añade a la esencia como un accidente extrínseco. La existencia es inherente a su determinación esencial como el acto más interior de la cosa finita»[93].

El don de la existencia (*esse*) dado en el acto de la creación no es algo dado *a posteriori* a la esencia. No se trata de que «una *essentia* preexistente sea creada

---

[87]   WALKER, «Personal Singularity», 473.
[88]   *Ibid.*, 474.
[89]   HANBY, *No God, No Science?*, 340; *ibid.*, 362.
[90]   *Ibid.*, 44-45n83.
[91]   *Ibid.*, 337.
[92]   AQUINO, *Quodlibetal* II, q. 2, a. 1, ad 2.
[93]   CHAPP, *The God of Covenant*, 154.

y luego juntada con *esse*»[94]. De hecho, la esencia no existe en absoluto sin *esse* o existencia. «En ningún caso una esencia concebida como posible tiene la capacidad, como tal, de realizarse a sí misma»[95]. Por ello, «la esencia es una potencia que espera su actualización en el acto de la existencia»[96]. Por tanto, «hay una prioridad o primacía metafísica del ser sobre la esencia; esta primacía no puede ser temporal porque no experimentamos ninguna existencia o "es" sin alguna esencia o naturaleza determinada»[97]. Esto se relaciona con la distinción entre orígenes ontológicos y temporales. Como se indicó en el primer capítulo, los cosmólogos conciben la creación solo como una cuestión de orígenes temporales. Estos científicos confunden orígenes temporales y ontológicos, como veremos en el tercer capítulo. Esta confusión impide a los cosmólogos comprender adecuadamente qué es la creación.

La primacía de *esse* no significa que sea el fin de la creación. El Aquinate señaló que «*esse* no es lo que se crea, no es el sujeto de la creación; en cambio, el término del acto de la creación es el *ens* que subsiste concretamente»[98]. Sin embargo, «las sustancias no se procuran *esse* a partir de sus esencias, sino que son creadas de la nada como sujetos de *esse* en el mismo "momento" en que lo reciben»[99]. Solo la recepción de *esse*, «el principio del acto (*actus essendi*)», puede hacer que un «ente concreto (*ens*) se realice en la actualidad»[100].

Como afirmó el Aquinate, *esse* es «la actualidad de todos los actos y, por tanto, la perfección de todas las perfecciones». Por lo tanto, «el ser [*esse*] [...] significa la más alta perfección de todas» porque «el acto es siempre más perfecto que la potencialidad»[101]. El acto de ser (*actus essendi*) posee «una plenitud simple e ilimitada. Hay una plenitud y una generosidad en el ser, un "más" que desborda tanto a cada ser particular, como a la totalidad de los seres juntos». Por tanto, «el mismo ser, a diferencia de cualquier ser particular, aparece como fuente y fundamento ilimitados»[102].

---

[94]   Martin BIELER, «*Analogia Entis* as an Expression of Love According to Ferdinand Ulrich», en *The Analogy of Being. Invention of the Antichrist or the Wisdom of God?*, (ed. Thomas J. White), Eerdmans, Grand Rapids, Michigan 2011, 325.

[95]   Hans Urs von BALTHASAR, *Epilogue*, (trans. Edward T. Oakes), Ignatius, San Francisco 2004, 45.

[96]   CHAPP, *The God of Covenant*, 154.

[97]   Frederick D. WILHELMSEN, *The Paradoxical Structure of Existence*, University of Dallas Press, Irving, Texas 1970, 47.

[98]   D. C. SCHINDLER, «What's the Difference?», 19; AQUINO, *Summa theologiae*, I, q. 45, a. 1, ad 2; *ibid.*, I, q. 45, a. 4, ad 1.

[99]   WALKER, «Personal Singularity», 468n11.

[100] WIPPEL, *Metaphysical Thought of Aquinas*, 123.

[101] AQUINO, *De Potentia Dei*, q. 7, a. 2, ad 9.

[102] Nicholas J. HEALY, «The World as Gift»: *Communio* 32/3 (Fall 2005), 398.

Hanby señala que, aunque *esse* es participado por cada entidad, *esse* es, sin embargo, lo que en última instancia hace que cada cosa sea radicalmente única: «Es este máximo de concreción ontológica que es la particularidad del *ens* viviente […] lo que nos llevó a caracterizar *esse* no como mera facticidad sino como el acto-plenitud, el *"izzing"*, operativo en todos los actos subsiguientes que siguen al ser»[103]. Por lo tanto, la doctrina de la creación reconoce la particularidad de cada criatura en el mundo. Este reconocimiento es particularmente importante para nuestro mundo moderno, porque este «ha perdido de vista el misterio profundo que es la existencia de cada objeto individual. Bajo el dominio de una visión mecanicista de la naturaleza, los objetos individuales de nuestro mundo se reducen a realidades metafísicas planas cuya profundidad total de significado como individuos concretos es engullida por el mundo de la fría abstracción». Debido al empirismo que gobierna nuestra visión moderna del mundo, «el misterio y la belleza de las entidades concretas son decolorados por el imperativo tipológico de la clasificación científica, por ejemplo, esta margarita en particular es meramente un ejemplo de "margaritas tipo A" y este tipo de perro es meramente un ejemplo de su especie, etcétera»[104]. Sin embargo, como dijo Balthasar,

---

[103] HANBY, *No God, No Science?*, 351. La escolástica ha mantenido que el Aquinate defendía la *materia signada* como principio de individuación. Sin embargo, esta afirmación ha sido cuestionada entre los eruditos modernos en los últimos años. Por ejemplo, Joseph Owens ha defendido *esse* como principio de individuación en el Aquinate (Joseph OWENS, «Thomas Aquinas», en *Individuation in Scholasticism. The Later Middle Ages and the Counter-Reformation [1150-1650]*, [ed. Jorge J. E. Gracia], State University of New York Press, Albany, New York 1994, 173-194). Montague Brown critica la posición de Owen y defiende la *forma* como principio de individuación en el Aquinate (Montague BROWN, «Aquinas and the Individuation of Human Persons Revisited»: *International Philosophical Quarterly* 43/2 (June 2003), 167-185). Según Hanby, la unicidad incomunicable de toda criatura no puede atribuirse únicamente a su materia, ni siquiera a su forma. «Debe ser atribuible, en última instancia a [… su] ser, aunque la relación paradójica del ser con la esencia […] no niega a la materia o a la forma sus papeles particularizadores» (HANBY, *No God, No Science?*, 351). «Dado que *esse* no subsiste (en nosotros) fuera del compuesto forma-materia, su lugar primario de individuación no tiene lugar fuera de ese compuesto y, por tanto, no niega ni a la forma ni a la materia su papel en la individuación de la criatura. Si forma, materia y *esse* no son elementos, sino principios que solo "son" en y como un compuesto a través de su relación mutua con los otros, entonces los tres están involucrados en la individuación y la cuestión se convierte en una prioridad relativa» (*ibid.*, 369n48). [Nota de la edición española: se puede encontrar información sobre la peculiar nomenclatura «*izz*»=«being said of» y «*hazz*»=«being in» en Paul GRICE, «Aristotle on the Multiplicity of Being»: *Pacific Philosophical Quarterly* 69/3 [September 1988], 175-200].

[104] CHAPP, *The God of Covenant*, 201. Como se discutió anteriormente, la ciencia moderna pierde de vista el horizonte interior de las cosas. Esto es ligeramente diferente de la individualidad, aunque está relacionado con ella.

«si todas y cada una de las cosas no fueran más que una "instancia de..." o una especie de "x" algebraica que pudiera intercambiarse por otras entidades sin pérdida, entonces las cosas no poseerían ningún valor intrínseco propio como individuos. Por la misma razón, no tendrían pretensión alguna a ninguna esfera que pudiera ser suya por derecho o reservada únicamente a ellas. Cualquier conocedor que captara la esencia de la especie de la que son ejemplares comprendería inmediatamente y al mismo tiempo cada entidad individual que cayera bajo ella [...]. En un mundo como este, la existencia dejaría de tener sentido, pues el ser habría perdido la propiedad que es la única que hace deseable la posesión del ser: la irrepetibilidad y, por tanto, la interioridad»[105].

La sección anterior mostró que *esse commune* es el responsable de la unidad de todas las cosas. Acabamos de ver que *esse commune* es la fuente última de la peculiaridad de cada cosa. Por lo tanto, «*esse commune* tiene la cualidad paradójica de ser común a todas las cosas y lo más peculiar de cada una de ellas, lo que lo convierte simultáneamente en responsable de lo que Adrian Walker llama "singularidad personal" y en el fundamento de la unidad del cosmos»[106]. Hanby explica que la causalidad requiere los dos aspectos paradójicos de *esse*: unidad y peculiaridad[107]. «Para que ocurra una transacción causal, no solo debe haber un orden de ser compartido entre causa y efecto; también debe haber una auténtica *diferencia* existencial entre ellos». Por lo tanto, «los efectos deben representar una novedad real por encima de sus causas, no simplemente en virtud de la distribución formal de sus elementos materiales [la ciencia moderna no va más allá de este aspecto], sino en virtud de su ser»[108].

Balthasar subrayó que el don de *esse* concedido por la creación convierte a cada criatura en un misterio sin fondo, porque *esse*, lo más propio a una cosa, se fundamenta en Dios. Todo ser creado «es infundado en la medida en que no tiene su fundamento en sí mismo, en la medida, en otras palabras, en que irrumpe a través de su propio fundamento último en la profundidad del misterio finalmente inagotable de Dios»[109]. Por lo tanto, «las cosas son siempre más que ellas mismas, y su trascendencia, que se supera constantemente a sí misma, se abre en última instancia a una idea que es, no las cosas en sí mismas, sino Dios y su medida en Dios»[110]. Por ello, Balthasar señaló que cada ser mundano es una epifanía de Dios. «Junto con su propio ser, Dios ha dado a todas las cosas creadas su propia

---

[105]   Balthasar, *Theo-Logic I*, 81.
[106]   Hanby, *No God, No Science?*, 340; Walker, «Personal Singularity», 458-459n3.
[107]   Hanby, *No God, No Science?*, 340.
[108]   *Ibid.*, 341. Véase *ibid.*, 342-344.
[109]   Balthasar, *Theo-Logic I*, 231.
[110]   *Ibid.*, 59.

operación, y esto incluye una espontaneidad al manifestarse ellas mismas hacia el exterior, un eco, aunque lejano, de su infinita y majestuosa libertad»[111]. Según David L. Schindler, «las realidades mundanas encuentran su verdadero sentido, precisamente como mundanas, o incluso "naturales", en su carácter simultáneo e intrínseco de epifanías de Dios»[112].

El misterio sin fondo implícito en cada criatura no puede ser evitado por las ciencias naturales, porque «en el corazón de cada cosa está el misterio del ser, y en el corazón del misterio del ser está el misterio de Dios»[113]. El carácter sin fondo del ser es siempre presupuesto por la ciencia y es la fuente positiva y continua de la actividad científica. La ciencia nunca puede llegar al fondo de la realidad, porque esta no tiene fondo. La dimensión de profundidad del ser «asegura que la tarea de las ciencias es interminable»[114]. Por lo tanto, la idea de una teoría final y exhaustiva de todo «está descartada por la naturaleza del ser como tal»[115]. Más aún, «la meta científica de la inteligibilidad exhaustiva y el dominio integral aparece no solo como desesperada sino como *contra naturam*»[116]. Aunque la dimensión profunda del ser no puede ser evitada por la ciencia porque este es interminable, la ciencia es incapaz de ver la dimensión profunda del ser debido a su «ideal de inteligibilidad exhaustiva en forma de análisis matemático y control experimental»[117]. Debido a ese ideal, la ciencia no puede evitar «conocer al individuo [... como] una cuestión de una aplicación infinitamente repetible del conocimiento de lo universal, del mismo modo que un teorema matemático puede aplicarse a un número de objetos o un cortador de galletas puede utilizarse para hacer tantas galletas como uno quiera»[118].

Como hemos visto, el don de la existencia otorgado por el Creador a toda criatura es una manifestación de la generosidad divina. Este don de la existencia es algo visible en la criatura. *Esse* no puede dejar de ser visible en el mero acto de ser (*actus essendi*). Este *actus essendi* «es la fuente de todo lo que hay en la criatura»[119] y se manifiesta en cada acción de la criatura porque la criatura *es* siempre.

---

[111]   *Ibid.*, 82.
[112]   David L. SCHINDLER, «Trinity, Creation», 409. «Schmemann, de acuerdo con el argumento de Henri de Lubac (por ejemplo, en *Corpus Mysticum*), señala cómo la teología cristiana [...] ha contribuido ella misma a vaciar el mundo de su carácter estructuralmente "simbólico" [...].Véase Schmemann, *For the Life of the World*, 128-129» (David L. SCHINDLER, «Trinity, Creation», 409n11).
[113]   HANBY, *No God, No Science?*, 363.
[114]   *Ibid.*, 381.
[115]   *Ibid.*, 382.
[116]   *Ibid.*, 363.
[117]   *Ibid.*, 385.
[118]   BALTHASAR, *Theo-Logic I*, 81.
[119]   SCHMITZ, *The Gift*, 109.

Balthasar afirmó que todo ser, por el solo hecho de existir, hace una confesión ontológica[120]. Este aspecto podría llamarse el aspecto catafático del misterio del ser. La manifestación luminosa del ser es, al mismo tiempo, misteriosa y no nos permite nunca la plena aprehensión de la criatura. «La existencia es la revelación más irrefutable del ser; sin embargo, como existir es una maravilla, es al mismo tiempo el velo más impenetrable del ser»[121]. El acto concreto del ser no es reducible ni comunicable. Una criatura no puede ser sustituida por otra cosa. «La verdad de cualquier ser será siempre infinitamente más rica y más grande de lo que el conocedor es capaz de captar»[122]. El carácter inagotable del misterio del ser se denominará aspecto apofático del misterio del ser[123]. Balthasar afirmó que el carácter apofático de la creación es más evidente a medida que ascendemos en la escala del ser: «Cuanto más valiosas y pesadas son las cosas existentes, más se rodean de un velo protector que las sustrae, como algo sagrado, de las manos de lo profano»[124].

Chapp, describiendo a Balthasar, señala que el misterio del ser no debe llevar «a un agnosticismo radical sobre la posibilidad de conocer y comprender la existencia»[125]. Esto es así porque «en todo existente [...] la profunda incomunicabilidad de su interioridad se caracteriza además por un *eros* hacia la exteriorización y la comunicación»[126]. Lo que se comunica en la exteriorización del

---

[120] «Un perro, un gato e incluso un ser humano confiesan su esencia simplemente por existir: no pueden eludir esta confesión ontológica. En la medida en que existen, en la medida en que su esencia aparece, son convocados e incitados a una confesión que siempre ya ha comenzado y que solo tienen que continuar mediante actos vitales o espirituales espontáneos» (BALTHASAR, *Theo-Logic I*, 207).

[121] *Ibid.*, 107.

[122] *Ibid.*, 88.

[123] Los caracteres catafático y apofático del misterio del ser proceden del discurso catafático y apofático del misterio de Dios. Es interesante notar que la doctrina divina no es apofática debido a «una falsa humildad kantiana sobre los límites de la razón, sino debido a la plenitud *catafática* del ser divino, que permanece siempre en exceso de lo que se puede pensar o decir de él» (HANBY, *No God, No Science?*, 321). Para decirlo de otra manera, «las aclaraciones *apofáticas* no son por supuesto simples negaciones. Más bien, son el reverso de la correspondiente afirmación *catafática* de la plenitud sobreabundante de Dios» (*ibid.*, 307).

[124] BALTHASAR, *Theo-Logic I*, 102.

[125] CHAPP, *The God of Covenant*, 202; BALTHASAR, *Theo-Logic I*, 85.

[126] CHAPP, *The God of Covenant*, 202; Hans Urs von BALTHASAR, *Theo-Logic II. Truth of God*, (trans. Adrian J. Walker), Ignatius, San Francisco 2004, 228-232. En su explicación de Balthasar, Chapp señala que «*conjuntamente* con el impulso erótico de la naturaleza de pasar de la interioridad a una exteriorización de la apariencia en una variedad de formas, existe también lo que solo puede caracterizarse como un lado kenótico, agápico y oblativo de la naturaleza. Cada cosa existente puede existir para sí misma, pero esto no debe leerse de una forma monádica, encerrada en sí misma. Las formas inferiores

existente está conectado con su interioridad. «Para Balthasar, hay una profunda interconexión entre la esencia interior de una cosa y su apariencia exterior, entre su interioridad y su exteriorización». Aunque «la apariencia no es simplemente idéntica a la esencia, […] lo que aparece es una guía fiable para conocer la esencia interior de un objeto». Además, «la apariencia no es un epifenómeno sin importancia para nuestro conocimiento del objeto»[127]. Por tanto, «el hábito de la ciencia moderna desde Newton y Galileo de dividir la realidad en cualidades primarias y secundarias es una violación del ser. El dualismo entre lo que percibo con mis sentidos y aprehendo con mi intelecto, y el modo en que la realidad es en sí misma conduce directamente a la visión del mundo reduccionista de la modernidad en la que nada es verdaderamente real a menos que sea cuantificable»[128]. Como vimos en el primer capítulo, el cientificismo ofrece una imagen falsificada de la naturaleza. Tendremos ocasión de comprobarlo en el tercer capítulo, cuando describa algunas teorías cosmológicas extrañas e ininteligibles.

En esta sección me estoy ocupando del aspecto positivo de la distinción real. Hasta aquí he mostrado que el don del ser (*esse*) habla de la constitución ontológica del mundo. Más concretamente, hemos visto que cada ser es inteligiblemente único, insustituible, un misterio sin fondo que, aunque se comunica por el mero hecho de existir, no puede ser agotado por nuestra aprehensión. A cada ser se le concede una cierta profundidad por el mero hecho de existir.

El método científico es incapaz de ver «la dimensión profunda del ser»[129] porque se basa en «una *reducción ontológica* primaria de la naturaleza»[130], que es «la reducción del ser del acto a la facticidad bruta»[131]. Como resultado, la ciencia moderna solo puede ofrecer una comprensión reductiva del mundo. Es importante notar que esta comprensión reductiva se correlaciona con la imagen reductiva de Dios que conlleva el extrinsecismo teológico. Este extrinsecismo reduce «a Dios de *ipsum esse subsistens* a un objeto finito yuxtapuesto y en competencia con el mundo»[132].

---

de existencia son tomadas e integradas en los niveles superiores, y todas las formas de la naturaleza, incluidos los seres humanos, pasan a la disolución de la muerte, dejando paso a nuevas formas que surgen» (CHAPP, *The God of Covenant*, 206; BALTHASAR, *Theo-Logic II*, 229).

[127]   CHAPP, *The God of Covenant*, 202-203.
[128]   *Ibid.*, 203.
[129]   BALTHASAR, *Theo-Logic I*, 16. Balthasar hace referencia en este párrafo a PIEPER, *Silence of St. Thomas*.
[130]   JONAS, «Practical Uses of Theory», 200.
[131]   HANBY, *No God, No Science?*, 334.
[132]   *Ibid.*

Como se ha señalado anteriormente, en el centro de la distinción real «está la conciencia teológica de una distinción fundamental entre Dios y el mundo»[133]. Antes de terminar esta sección, quiero explicar cómo la distinción real transmite no solo la diferencia radical entre Dios y la creación, sino también la semejanza analógica entre ellos. Para ello, tengo que tratar la riqueza y la pobreza del ser. Balthasar resumió estos dos aspectos de esta manera: «El ser en sí mismo [...] es el más comprensivo y, por tanto, el más rico de todos los conceptos, la plenitud pura y simple (ya que nada, excepto la nada, puede provenir de la nada), mientras que, por otro lado, es el más pobre, porque parece faltarle toda determinación»[134]. A estas alturas, está claro que «aunque cada existente depende del ser para su entrada en la realidad, hay una dependencia recíproca del ser respecto al existente para alcanzar la subsistencia»[135]. En este sentido, Balthasar también dijo que «el hecho de que un existente solo pueda hacerse actual a través de la participación en el acto del Ser apunta a la antítesis complementaria de que la plenitud del Ser alcanza la actualidad solo en el existente»[136]. Por lo tanto, el *esse* «es simultáneamente rico y pobre; rico en su plenitud que desborda continuamente los límites de todo existente, y pobre en cuanto que está en necesidad del existente limitado para alcanzar la realidad»[137].

La afirmación de la riqueza y la pobreza de *esse* está relacionada con la afirmación tomista de *esse* como «algo completo y simple, pero no subsistente [*aliquid completum et simplex sed non subsistens*]»[138]. Esta caracterización de *esse* es utilizada por Ferdinand Ulrich para describir *esse* como rico y pobre. El filósofo alemán relaciona el aspecto *completum et simplex* con la riqueza ontológica, y el aspecto *non subsistens* con la pobreza ontológica. Estos dos aspectos «no se contradicen entre sí. Son, más bien, los dos aspectos necesarios de un mismo fenómeno. La no subsistencia de *esse* muestra que está siempre ya derramado en los seres sustanciales, y se derrama como *completum et simplex*, como lo que es común a todo lo que existe»[139]. *Esse* es perfecto, pero «solo tiene su perfección en lo que es distinto de él mismo, es decir, en los seres que hace ser. Su propia perfección está ya siempre regalada, o más adecuadamente, poseída como habiendo sido regalada. Así, la riqueza perfecta

133 CHAPP, *The God of Covenant*, 153.
134 BALTHASAR, *Epilogue*, 45.
135 HEALY, «The World as Gift», 398.
136 BALTHASAR, *Glory of the Lord V*, 619.
137 HEALY, «The World as Gift», 398-399.
138 AQUINO, *De Potentia Dei*, q. 1, a. 1, co.
139 BIELER, «*Analogia Entis*», 322-323. [Nota de la edición española: Ferdinand Ulrich falleció el 11 de febrero de 2020, después de la publicación de este libro en inglés (29 de noviembre de 2018)].

de *esse* coincide con una pobreza completa»[140]. En la unidad de riqueza y pobreza, «*esse* refleja, en definitiva, la vida de la Trinidad, en la que cada persona posee la plenitud de la naturaleza divina (riqueza) solo en la apertura extática y "kenótica" (pobreza) hacia las otras dos personas»[141]. También Balthasar había insistido ya en este aspecto:

> «El Ser dado por Dios es a la vez plenitud y pobreza: plenitud como Ser sin límites, pobreza modelada en última instancia por Dios mismo, porque no sabe aferrarse a Sí mismo, pobreza en el acto del Ser que se entrega, que *como* don se entrega sin defensa (porque tampoco aquí se aferra a sí mismo) a los entes finitos. Pero, igualmente, los entes creados son simultáneamente plenitud y pobreza: plenitud en el poder de albergar y cuidar (como "pastor del Ser") el don de la plenitud del Ser en sí mismos, por muy "pobres" que sean a causa de su limitación, y pobreza también en un doble sentido, en la medida en que el recipiente experimenta su incapacidad para recoger todo el océano con su pequeño cuenco e, instruido por esta experiencia, comprende el dejar ir del Ser –como dejar ser y dejar fluir, entregar más allá– como la realización interior del ente finito»[142].

Podemos ver ahora cómo la distinción real muestra no solo la diferencia radical entre Dios y las criaturas, sino también una semejanza analógica entre Dios y las criaturas. En su unidad de riqueza y pobreza, *esse* es una imagen de la vida de la Trinidad. La misma distinción por la cual las criaturas se diferencian de Dios en tanto que no son su propio ser es también, paradójicamente, una imagen de Dios como la Trinidad, donde coinciden unidad y diferenciación[143]. Hanby también señala que, «mientras que no hay "distinción real" en la simplicidad de Dios, la distinción en las criaturas no es simplemente negativa, sino una imagen positiva de la *identidad* de esencia y existencia, unidad y diferencia, en el ser divino entendido como amor trino»[144]. Es decir, «el mundo es una imagen del Dios que es amor [...] en su diferencia cada vez mayor *de* Dios», porque «la unidad de esencia y existencia en Dios se refleja de la forma más profunda en las criaturas para las cuales la *distinción* real entre esencia y existencia es máxima»[145].

[140]   D. C. Schindler, «What's the Difference?», 19.
[141]   Bieler, «*Analogia Entis*», 323.
[142]   Balthasar, *Glory of the Lord V*, 626-627.
[143]   Hanby, *No God, No Science?*, 362.
[144]   *Ibid.*, 364n5.
[145]   *Ibid.*, 365n6.

5. La relación constitutiva de la creación

La distinción real entre esencia y existencia implica la dependencia radical de las criaturas respecto a Dios, pues todos los seres creados participan de la existencia de Dios. Tomás afirmó que «todo lo que no es Dios [...] debe ser referido a él como la causa de su ser [*causam essendi*]»[146]. Por tanto, la existencia de toda criatura apunta hacia Dios y la relaciona con él. Esta es, en última instancia, la razón por la que el Aquinate caracterizó la creación como «la dependencia misma del acto de ser creado [*esse creati*] del principio a partir del cual se produce. Y así, la creación es una especie de relación; de modo que nada le impide su existencia en la criatura como su sujeto»[147]. Este concepto de relación es muy importante para el estudio de la creación como doctrina de Dios; el concepto también nos permite comprender la constitución ontológica del mundo. Por eso, en esta sección trataré el concepto de relación y dos aspectos relacionados con él: la autonomía de la criatura y la causalidad.

Tomás señaló claramente que la relación entre el Creador y las criaturas no es simétrica: «Puesto que, por tanto, Dios está fuera de todo el orden de la creación, y todas las criaturas están ordenadas a él, y no a la inversa, es manifiesto que las criaturas están realmente relacionadas con Dios mismo; mientras que en Dios no hay ninguna relación real con las criaturas, sino una relación solo en idea [relación racional], en la medida en que las criaturas están referidas a él»[148]. El hecho de que «Dios no está realmente relacionado con la criatura» se debe a que «Dios no depende de la criatura de ninguna manera, ni se ve afectado por la criatura». Por el contrario, una criatura está realmente relacionada con Dios porque «depende completa y constantemente del Creador»[149]. La distinción

---

[146] Aquino, *Summa contra gentiles*, lib. 2, cap. 15, n. 6. *Essendi* es el caso genitivo de *essendus*, el cual es el gerundivo (funcionando como un gerundio) de *esse*.

[147] *Ibid.*, lib. 2, cap. 18, n. 2.

[148] Aquino, *Summa theologiae*, I, q. 13, a. 7, co. Tomás usó en *Scriptum super libros sententiarum* (lib. 1, d. 30, q. 1, a. 3, ad 3) una analogía del conocimiento para explicar que la relación de la creación es real en la criatura, pero solo lógica en Dios. «El conocimiento es real en el conocedor, pero racional o lógico en lo conocido porque el *esse spirituale* en el que se fundamenta la relación de conocimiento está en el conocedor, pero no en lo conocido» (Wilhelmsen, «Creation as a Relation», 109). Wilhelmsen añadió que «el fundamento de mi relación con el muro que conozco no es el muro como conocible antes de mi conocerlo. No hay nada en el muro que pueda fundar una relación de *mi* conocerlo. El fundamento debe situarse en el conocedor, en mi poder de intelección. A su vez, el muro permanece intacto o inalterado en mi conocerlo; el muro, al no ser el fundamento sino el término de una relación, no está realmente relacionado conmigo como conocedor» (*ibid.*, 109-110).

[149] William E. Carroll, «Aquinas on Creation and the Metaphysical Foundations of Science»: *Sapientia* 54/205 (1999), 80. «En la criatura, la relación real con el

tomista entre relación real y racional pretende proteger el carácter absoluto e inmutable de Dios[150]. En otras palabras, se trata de afirmar que las criaturas tienen su origen absolutamente en Dios y que Dios no necesita el mundo para ser Dios[151].

La trascendencia divina establece claramente que Dios no es una parte del mundo. Tomás afirmó que, aunque Dios no sea parte de la esencia de la criatura, no obstante, está presente en toda criatura a través del ser (*esse*). «Mientras una cosa tenga el ser, Dios debe estar presente en ella, según su modo de ser. Pero el ser es lo más íntimo de cada cosa y lo más fundamentalmente inherente a todas las cosas, ya que es formal con respecto a todo lo que se encuentra en una cosa [...]. De ahí que Dios esté en todas las cosas, y en lo más íntimo»[152]. Por tanto, Dios «está en todas las cosas como causa del ser de todas las cosas»[153]. Dios es

---

Creador tiene dos elementos: es *ad aliud*, es decir, dependiente de Dios, y es un atributo inherente a la criatura como en un sujeto» (*ibid.*). Por tanto, «el hecho de que la creación sea una relación real en la criatura [...] indica tanto que la creación es anterior a la criatura como que la creación es posterior a la criatura». Por un lado, «la creación es anterior a la criatura, porque la relación de la criatura *ad aliud* es una relación de completa dependencia del Creador, y tal dependencia es absolutamente anterior a todo lo demás en la criatura». Por otro lado, «la creación es posterior a la criatura, pues la creación es inherente a la criatura como un atributo esencial» (*ibid.*, 80n42).

[150]   Nicholas Healy cuestiona la negación de la relación real de Dios con el mundo, «*no* negando la plenitud perfecta del ser divino que la negación de la relación real se supone que protege, sino preguntando si la "receptividad" puede incluirse entre esas perfecciones» (HANBY, *No God, No Science?*, 326n20; HEALY, *Eschatology of Balthasar*, 19-90). En el libro que se acaba de mencionar, Healy concluye que la receptividad es «una perfección análoga de Dios» (*ibid.*, 213). Sin embargo, «la idea de que la receptividad es también una perfección divina [...] se ve dificultada por el hecho de que la tradición filosófica que proviene de Aristóteles ha tendido a confundir receptividad y potencia pasiva. En este supuesto, la receptividad queda excluida por definición de la *ratio* del *actus essendi*» (*ibid.*, 75). Hanby explica que, «al describir la esencia divina como amor, la doctrina de la Trinidad reforma la concepción griega del acto, haciéndolo a la vez autónomo y transitivo, activo y receptivo, sin comprometer su inmutable simplicidad» (HANBY, *No God, No Science?*, 318). A este respecto, Healy señala que, «en la medida en que las perfecciones del *actus essendi* se revelan en una comunión de amor, la receptividad es intrínseca a la plenitud del acto» (HEALY, *Eschatology of Balthasar*, 185).

[151]   Hanby afirma que, «para asegurar en última instancia la trascendencia, es necesario conciliar la perfección del acto, su unidad e indivisibilidad, para hacerlo "transitivo" y autónomo a la vez, de modo que *incluya* la diferencia infinita, y de hecho la receptividad, dentro de la perfección, la unidad y la simplicidad infinitas» (HANBY, *No God, No Science?*, 313; véase HEALY, *Eschatology of Balthasar*, 15-90).

[152]   AQUINO, *Summa theologiae*, I, q. 8, a. 1, co.
[153]   *Ibid.*, I, q. 8, a. 1, ad 1.

la causa del ser de una criatura, no solo «en el comienzo de la duración de la criatura», sino también «durante toda su duración. La criatura es siempre de por sí literalmente nada y, por lo tanto, está en constante necesidad de ser creada de la nada»[154]. En consecuencia, la relación de creación no solo es significativa al comienzo de la existencia, sino también durante toda la existencia de cada criatura. No hay distinción entre creación y conservación, porque «Dios no crea las cosas por una acción y las conserva por otra [...]. La acción de Dios, que es la causa directa de la existencia de una cosa, no se distingue como principio de su ser y como principio de su permanencia en el ser [*principium essendi et essendi continuationem*]»[155]. Para resaltar el carácter distintivo de la relación de la creación, el Aquinate la comparó con la relación que tiene una casa con su constructor, que es una relación artificial[156]. «Una vez que el llegar-a-ser de la casa se completa, la casa deja de tener cualquier relación de dependencia con su constructor; el constructor podría morir, y la casa seguiría en pie». Sin embargo, si la relación de una criatura con Dios cesara, la criatura acabaría con su propia existencia. «La causalidad del Creador debe ser continua, y del mismo tipo, durante toda la existencia de la criatura»[157].

Puesto que «Dios es la fuente de mi ser y del ser de todo lo demás, la relación con Dios *se da con* el ser y es *constitutiva del* ser»[158]. Por tanto, «esta relación con Dios no puede sino acompañar a cada ser en todas partes y en todo momento y, de hecho, desde lo más profundo»[159]. En otras palabras, la relación implicada en la creación es «una relación intrínseca y constitutiva [...]. Como tal, esta relación es fundacional y se recapitula en todas las demás relaciones que la criatura pueda experimentar»[160]. Por ello, la relación entre el mundo

---

[154] Steven E. BALDNER y William E. CARROLL, «An Analysis of Aquinas' Writings on the "Sentences" of Peter Lombard, Book 2, Distinction 1, Question 1», en Thomas AQUINAS, *Aquinas on Creation. Writings on the «Sentences» of Peter Lombard, Book 2, Distinction 1, Question 1*, (trans. Steven E. Baldner y William E. Carroll), Mediaeval Sources in Translation 35, Pontifical Institute of Mediaeval Studies, Toronto 1997, 42-43; AQUINO, *Scriptum super libros sententiarum*, lib. 1, d. 37, q. 1, a. 1, co.

[155] AQUINO, *De Potentia Dei*, q. 5, a. 1, ad 2.

[156] ÍD., *Scriptum super libros sententiarum*, lib. 1, d. 37, q. 1, a. 1, co.

[157] BALDNER y CARROLL, «Analysis of Aquinas' Writings», 43; AQUINO, *Scriptum super libros sententiarum*, lib. 1, d. 37, q. 1, a. 1, co.

[158] David L. SCHINDLER, «The Given as Gift. Creation and Disciplinary Abstraction in Science»: *Communio* 38/1 (Spring 2011), 53. Véase PONTIFICIO CONSEJO JUSTICIA Y PAZ, *Compendio de la doctrina social de la Iglesia*, Librería Editrice Vaticana, Città del Vaticano 2005, párr. 109.

[159] David L. SCHINDLER, «The Given as Gift», 54.

[160] HANBY, *No God, No Science?*, 322. Esto ejemplifica la distinción entre orígenes ontológicos y temporales, y por eso un instante temporal es tan bueno como otro para ver lo que es la creación. La creación solo puede ser vista o pensada si el ser es una

y Dios postulada por la creación puede ser etiquetada como el *analogatum princeps* [primer analogado] de las relaciones mundanas[161]. Como resultado, es imposible conocer el mundo sin tener en cuenta la relación entre el mundo y Dios[162]. Según Balthasar, «lo intramundano recibe su interpretación definitiva a la luz de la relación Dios-mundo»[163].

Ahora está claro que la relación íntima y constitutiva de una criatura con Dios preserva la inmanencia de Dios en el mundo. En «la concepción dualista de la relación Dios-mundo» que domina la conciencia científica, «las nociones de trascendencia e inmanencia [...] se contraponen como opuestas»[164]. La doctrina cristiana de la creación *ex nihilo* nos ayuda a ver que la inmanencia divina no es un opuesto de la trascendencia divina, sino una consecuencia de ella[165]. Si la trascendencia divina no permitiera la inmanencia divina, entonces esa trascendencia divina se vería comprometida por la oposición real ofrecida por el mundo, del mismo modo que la materia coetánea obstaculizaría la trascendencia divina. Balthasar reconoció que la «intimidad de Dios en la criatura [inmanencia ...] solo es posible por la distinción entre Dios y *esse* [trascendencia]»[166]. En otras palabras, «es precisamente cuando la criatura se siente separada de Dios en el ser, que se sabe el objeto más inmediato del amor y de la preocupación de Dios; y es precisamente cuando su finitud esencial muestra que es algo muy diferente de Dios, que sabe que, como un ser real, se le ha concedido el don más extravagante: la participación en el ser real de Dios»[167].

La relación de la criatura con Dios no se opone a la autonomía de la criatura. Por el contrario, «la relación de la criatura con Dios es la condición previa y necesaria para realizar la debida integridad de la identidad y el poder de

---

cuestión en sí misma. La incapacidad de la ciencia moderna para comprender la cuestión del ser tiene consecuencias terribles: la falsificación de la naturaleza, la eliminación de un orden del ser distinto del tiempo y la confusión de los orígenes temporales y ontológicos.

[161] Véase David L. SCHINDLER, «The Given as Gift», 91.
[162] PANNENBERG, «Theological Questions to Scientists», 66.
[163] BALTHASAR, *Theo-Logic I*, 232.
[164] CHAPP, *The God of Covenant*, 2.
[165] «La auténtica trascendencia no puede contraponerse a la inmanencia porque la misma posibilidad de tal contraposición las sitúa en el mismo orden de la realidad, lo que hace que la trascendencia se niegue a sí misma. La auténtica trascendencia, por el contrario, *implica* la inmanencia» (HANBY, *No God, No Science?*, 55). «Una trascendencia puesta en oposición a la inmanencia, una unidad puesta en oposición a la multiplicidad es ya una unidad trascendente que ha sido puesta en una "relación real" con el mundo» (*ibid.*, 74).
[166] BALTHASAR, *Glory of the Lord IV*, 403.
[167] *Ibid.*, 404.

la criatura: […] la primera relación, en otras palabras, está directamente y no inversamente relacionada con la segunda integridad»[168]. Como reconoce Hanby, «los seres y procesos naturales tienen su propia libertad e integridad no a pesar de, sino solo *porque* Dios está inmediatamente presente en el mundo, de hecho, más cerca de él que él mismo, concediéndole el *esse* a través del cual es capaz de ser todo lo que es»[169]. En otras palabras, la inmanencia de Dios en la criatura no amenaza la integridad de la criatura, sino que la asegura. Esto es así porque «lo que Dios le da a la criatura es precisamente el *propio ser* de la criatura como tal. Esto significa, naturalmente, conceder a la criatura agencia y poder en (y para) sí misma»[170]. Por tanto, la autonomía de los seres creados incluye la causalidad autónoma. «Como las criaturas tienen su propio ser, pueden ser verdaderas causas autónomas»[171].

En efecto, las criaturas son causas autónomas porque «la causa primera [Dios], por la preeminencia de su bondad, da a los demás seres no solo su existencia, sino también su existencia como causas»[172]. Es interesante observar que «una causa secundaria no es una causa menos genuina por su dependencia de la causa primaria, pues la causalidad de esta última es precisamente lo que constituye la causalidad de la primera; la causa primaria es una causa de causar»[173]. Como causa de causar, la causa primaria no es algo extrínseco a la criatura. Tomás explicó que «la operación del Creador pertenece más a lo íntimo de la cosa que a la operación de cualquier causa secundaria». En consecuencia, el hecho «de que una criatura sea la causa de alguna otra criatura no excluye que Dios opere inmediatamente en todas las cosas, en la medida en que su poder es como un intermediario que une el poder de cualquier causa secundaria con su efecto»[174].

El Aquinate también observó que «la causalidad de la causa secundaria está enraizada en la causalidad de la causa primaria» porque «el poder de una criatura no puede lograr su efecto si no es por el poder del Creador, de quien procede todo poder, la conservación del poder y el orden [de la causa] al efecto»[175].

---

[168]   David L. SCHINDLER, «Trinity, Creation», 428.

[169]   HANBY, *No God, No Science?*, 323.

[170]   David L. SCHINDLER, «The Given as Gift», 88.

[171]   BALDNER y CARROLL, «Analysis of Aquinas' Writings», 49; AQUINO, *Scriptum super libros sententiarum*, lib. 2, d. 1, q. 1, a. 4.

[172]   ÍD., *De Veritate*, q. 11, a. 1, co. (traducción inglesa tomada de Thomas AQUINAS, *Truth*, [trans. James V. McGlynn], vol. 2 [3 vols.], Library of Living Catholic Thought, Wipf and Stock, Eugene, Oregon 2008, 81).

[173]   Brian J. SHANLEY, «Divine Causation and Human Freedom in Aquinas»: *American Catholic Philosophical Quarterly* 72/1 (1998), 108.

[174]   AQUINO, *Scriptum super libros sententiarum*, lib. 2, d. 1, q. 1, a. 4, co.

[175]   *Ibid.*

Comentando este pasaje, Hanby afirma que «la creación, lejos de ser una amenaza para la integridad de la causalidad inmanente, es inherente a la causalidad como tal y necesaria para ella»[176]. La teología extrínseca inherente a la ciencia moderna entiende la creación «como una causa extrínseca que modifica el mundo» y como un rival de los procesos naturales porque es incapaz de ver la creación «como la condición previa de la causalidad» y «como su estructura ontológica»[177]. Este es un punto clave para este libro, que retomaré en el próximo capítulo cuando me ocupe de eruditos extrínsecos concretos, tanto científicos como teólogos. Cuando declaran la «incompatibilidad entre la omnipotencia divina y la causalidad de las criaturas», están declarando su «falta de comprensión de la trascendencia divina»[178]. La distinción entre la causa primaria y las causas secundarias es una consecuencia de la trascendencia divina. Dado que la teología extrínseca es incapaz de comprender adecuadamente la trascendencia divina, esta es incapaz de comprender la distinción entre causalidad primaria y secundaria.

Es importante señalar que la causalidad primaria no rivaliza con la causalidad secundaria porque «la causalidad divina y la causalidad de las criaturas funcionan en niveles metafísicos diferentes»[179]. El Aquinate dijo que «una acción no procede de dos agentes del mismo orden. Pero nada impide que una misma acción proceda de un agente primario y uno secundario»[180]. Cuando un efecto concreto se atribuye a Dios y a un agente natural, es erróneo afirmar que el efecto «es hecho en parte por Dios, y en parte por el agente natural; más bien, es hecho enteramente por ambos, según un modo diferente, así como el mismo efecto es atribuido enteramente al instrumento y también enteramente al agente principal»[181]. Gracias a los diferentes niveles metafísicos, podemos decir que «cualquier efecto creado proviene total e inmediatamente de Dios como causa primaria trascendente y total e inmediatamente de la criatura como causa secundaria»[182].

6. La creación y la Trinidad

Como ya se ha dicho, el objetivo de este capítulo es explicar la doctrina de la creación en su doble aspecto, como doctrina tanto de Dios como de la constitución

[176] HANBY, *No God, No Science?*, 338.
[177] *Ibid.*
[178] William CARROLL, «Aquinas on Creation», 87.
[179] *Ibid.*, 86.
[180] AQUINO, *Summa theologiae*, I, q. 105, a. 5, ad 2.
[181] ÍD., *Summa contra gentiles*, lib. 3, cap. 70, n. 8.
[182] SHANLEY, «Divine Causation», 108.

metafísica del mundo. En el capítulo siguiente, utilizaré esta doctrina de la creación como base para criticar la teología extrínseca presente en la cosmología moderna. Como señalaré más adelante, la teología extrínseca inherente a la ciencia moderna es, en última instancia, no trinitaria, al menos en sus formas ateas. El misterio de la Trinidad no es un factor en lo que los cosmólogos ateos entienden por creación, lo cual es una indicación de que no han entendido qué es la creación. Esto es así porque la creación solo puede entenderse desde una perspectiva trinitaria. Esta es la afirmación que quiero defender en esta sección. Como en las secciones anteriores, utilizaré las aportaciones del Aquinate y el desarrollo del pensamiento tomista realizado por Balthasar.

El Aquinate defendió la necesidad de una doctrina trinitaria de Dios para entender correctamente qué es la creación:

> «El conocimiento de las personas divinas [… es] necesario para tener una idea correcta de la creación. El hecho de decir que Dios hizo todas las cosas por su Palabra excluye el error de los que dicen que Dios produjo las cosas por necesidad. Cuando decimos que en él hay una procesión de amor, mostramos que Dios produjo las criaturas no porque las necesitara, ni por ninguna otra razón extrínseca, sino a causa del amor de su propia bondad»[183].

Para el doctor universal, «la afirmación de la creación por el Verbo muestra la sabiduría de la actividad creadora de Dios, al excluir la tesis de un emanantismo necesario; la afirmación de la creación por el Espíritu Santo [Amor] garantiza por su parte la libre generosidad de la actividad divina»[184].

Más importante aún, la tesis central de la doctrina trinitaria de la creación del Aquinate es la siguiente: «Las procesiones eternas de las personas son la causa y la razón [*causa et ratio*] de la producción de las criaturas»[185]. Los términos *causa* y *ratio* fueron introducidos por Tomás para hacer más precisa su afirmación. Explicó «que la procesión de las personas es el origen (*origo*) de la procesión de las criaturas [*Super sent.*, lib. 1, d. 32, q. 1, a. 3], o el principio (*principium*) de las criaturas [*Super sent.*, lib. 1, d. 35, *div. text.*]; la procesión de las criaturas tiene como modelo ejemplar (*exemplatur, exemplata*) la procesión de las personas divinas [*Super sent.*, lib. 1, d. 29, q. 1, a. 2, qc. 2; *De Pot.*, q. 10, a. 2, s. c. 2]»[186]. Si «las procesiones trinitarias son la causa (ejemplar,

---

[183]   Aquino, *Summa theologiae*, I, q. 32, a. 1, ad 3.

[184]   Gilles Emery, «Trinity and Creation», en *The Theology of Thomas Aquinas*, (eds. Rik Van Nieuwenhove, Joseph P. Wawrykow), University of Notre Dame Press, Notre Dame, Indiana 2005, 70-71.

[185]   Aquino, *Scriptum super libros sententiarum*, lib. 1, d. 14, q. 1, a. 1, co.; Emery, «Trinity and Creation», 59.

[186]   *Ibid.*

eficiente y final) de la procesión de las criaturas, [... entonces] la comprensión plena y precisa de la creación [...] requiere el conocimiento de la procesión de las personas divinas»[187]. En otras palabras, la creación solo es inteligible desde una comprensión trinitaria de Dios. Por tanto, el misterio de la Trinidad no es un añadido a la doctrina de la creación. Es fundamentalmente necesario para ella. Este es un punto notable porque, como he dicho antes, la teología extrínseca inherente a la ciencia moderna es en última instancia no trinitaria, al menos en sus formas ateas.

Para el Aquinate, las procesiones intratrinitarias no solo son la causa de la existencia de las criaturas, sino también de su multiplicidad. «Toda procesión y multiplicación de las criaturas es causada por la procesión de las distintas personas divinas»[188]. La diversidad dentro de la unidad presente en la Trinidad es la causa de la multiplicidad de la creación. «No se puede subrayar con más fuerza el valor positivo de la multiplicidad de las criaturas; [... Tomás no concibió] la pluralidad como un declive de la unidad, sino, al contrario, como una participación en la plenitud de la vida trinitaria de Dios»[189].

Asumiendo de forma crítica la tradición tomista, Balthasar afirmó también la diferencia dentro de la Trinidad como la causa última de la bondad de la diferencia mundana: «¿Cómo podría la diferencia mundana en su *maior dissimilitudo* con respecto a la identidad divina no ser considerada en última instancia una degradación, en lugar de algo "muy bueno", si esta diferencia no tuviera una raíz en Dios mismo que fuera compatible con su identidad?». Por decirlo de otro modo, «un mundo marcado por la diferencia que surge de un Dios totalmente desprovisto de ella solo puede ser el resultado degradado de una caída, como han concluido inevitablemente todas las religiones que han intentado una penetración especulativa de la relación Dios-mundo»[190]. Por tanto, solo una doctrina trinitaria de Dios es capaz de dar cuenta positiva de la diferencia entre las criaturas. Esta afirmación es extremadamente importante para nuestra comprensión de la creación como constitución ontológica del mundo.

Como ya sabemos, la creación solo es inteligible a la luz del misterio de la Trinidad. Solo una comprensión trinitaria de la completitud divina puede dar cuenta positiva de la existencia de la creación. Solo el misterio de la Trinidad ofrece «la "resolución" de la paradoja de la creación: cómo el mundo puede tener un ser "por derecho propio", ser de alguna manera "más que Dios", y ser la

---

[187] *Ibid.*, 60.
[188] AQUINO, *Scriptum super libros sententiarum*, lib. 1, d. 26, q. 2, a. 2, ad 2. (Traducción inglesa tomada de EMERY, «Trinity and Creation», 72).
[189] *Ibid.*, 73.
[190] BALTHASAR, *Theo-Logic II*, 184.

imagen de la bondad y el amor divinos en su misma diferencia respecto a Dios, sin que nada de esto comprometa la plenitud trascendente del ser divino»[191]. Este es el problema central que estamos abordando aquí. En palabras de Balthasar: «¿*Dónde* puede haber un lugar para el mundo si Dios es, después de todo, "el océano entero del ser" (Juan Damasceno)?»[192]. Y esta es la respuesta que ofreció Balthasar: «La distancia infinita entre el mundo y Dios se fundamenta en la otra distancia prototípica entre Dios y Dios»[193]. Como señala Chapp, «podemos llamar a Dios "otro" precisamente por la distancia y la relacionalidad dentro de Dios mismo […]. La alteridad de la creación se fundamenta en la amplitud de las relaciones trinitarias de tal manera que se preserva la integridad del mundo como existente por derecho propio»[194].

Investiguemos ahora cómo llegó Balthasar a esta idea de la amplitud de las relaciones trinitarias. Según el teólogo suizo, el Dios trino puede caracterizarse como «la libertad absoluta de la autoposesión» que se entiende «a sí misma, según su propia naturaleza, como autodonación ilimitada». La identificación de la autoposesión absoluta con la autodonación infinita no es el resultado de una imposición externa a la naturaleza de Dios. Por el contrario, «*es* el resultado de su propia naturaleza, hasta el punto de que, al margen de esta entrega, no sería ella misma». En efecto, «al generar al Hijo», el Padre «es *siempre* él mismo dándose a sí mismo. También el Hijo es siempre él mismo al dejarse generar y permitir que el Padre haga con él lo que le plazca. El Espíritu es siempre él mismo al entender su "Yo" como el "Nosotros" del Padre y del Hijo, al ser "expropiado" en aras de lo que les es más propio»[195]. La libertad absoluta de las personas divinas implica que, «en lo que ocurre entre las "hipóstasis" divinas, debe haber *ámbitos de libertad infinita* que *ya* están *allí* y no permiten que todo se comprima en una unidad e identidad sofocante». La infinita intimidad entre las personas divinas no anula la distinción entre ellas. «Hay que atribuir a los actos de amor recíproco algo así como una "duración" infinita y un "espacio" infinito para que pueda desarrollarse la vida de la *communio*, de la hermandad»[196].

---

[191]   HANBY, *No God, No Science?*, 319.

[192]   BALTHASAR, *Theo-Drama II*, 262; HANBY, *No God, No Science?*, 311-312. «La cuestión [central] es esta. ¿Cómo concebir la unidad superabundante del ser divino de modo que el ser del mundo y su integridad, novedad y libertad no sean meramente aparentes? Y, a la inversa, ¿cómo concebir la integridad, la novedad y la libertad del ser creado de un modo que se adecue a su realidad y que, sin embargo, no niegue la completitud trascendente del ser divino?» (*ibid.*).

[193]   BALTHASAR, *Theo-Drama II*, 266.

[194]   CHAPP, *The God of Covenant*, 167.

[195]   BALTHASAR, *Theo-Drama II*, 256.

[196]   *Ibid.*, 257.

La amplitud entre las personas divinas proporciona «espacio para el mundo, incorporándolo a las relaciones intradivinas de una manera que no diviniza simplemente el mundo en un sentido unívoco: es decir, el mundo no se funde simplemente con Dios y se convierte en momentos dentro de las relaciones trinitarias»[197]. Esto es así porque, como dijo Balthasar, «Dios mismo es siempre más grande que él mismo sobre la base de su libertad trinitaria. Solo así la criatura puede soportar estar total y absolutamente desnuda ante Dios». Por eso, «la libertad finita puede realizarse realmente en la libertad infinita y de ninguna otra manera. Si el *dejar ser* pertenece a la naturaleza de la libertad infinita […] no hay peligro de que la libertad finita, que no puede realizarse por sí misma […], se aleje de sí misma en el ámbito del Infinito»[198]. Es importante señalar aquí que «el fundamento último de tal asunción del mundo en Dios sin confundirse ontológicamente con Dios es la unión hipostática de las naturalezas divina y humana en Cristo»[199].

La inclusión del mundo finito en el Dios trino no debe concebirse «en términos de una contracción de Dios para crear un espacio para lo finito dentro de Dios»[200]. Cada persona divina no necesita que las otras dos se retiren para ser ella misma; cada hipóstasis divina deja que las otras dos sean. «Ninguna hipóstasis desea ser las otras dos. Esto no es una retirada o una resignación: es la forma positiva del amor infinito. Por eso, Dios mismo tampoco necesita retirarse; no necesita "encerrarse en sí mismo", no necesita ninguna "kénosis" al hacer que el mundo exista dentro de él»[201].

El mundo finito puede ser incluido en la Trinidad debido a la coincidencia de la unidad y la diferencia en la Trinidad. La conciliación de la unidad y la diferencia en el Dios trino «se realiza mediante la identificación de la esencia divina con el amor, afirmación que presupone que la diferencia es un ingrediente necesario del amor». Ciertamente, «para que la veracidad del amor se conserve, una cierta diferencia irreductible entre el amante y el amado debe sostenerse incluso en su unidad, de hecho, como la forma y la condición de su unidad, no sea que el éxtasis sea sustituido por la absorción y el amor por el otro se convierta en mero amor propio». Por tanto, «la infinidad, de hecho, la infinita diferencia, de cada una de

---

[197]   CHAPP, *The God of Covenant*, 166.

[198]   BALTHASAR, *Theo-Drama II*, 259.

[199]   CHAPP, *The God of Covenant*, 169.

[200]   *Ibid.*, 166.

[201]   BALTHASAR, *Theo-Drama II*, 262. Gracias a las relaciones intratrinitarias, donde la unidad y la diferencia coinciden, «Dios no necesita que el mundo le confirme como Dios o que le proporcione una serie de etapas por las que pasar y así perfeccionarse; es más, ni siquiera necesita que el mundo le revele las posibilidades de su omnipotencia» (*ibid.*, 261).

las *personae* trinitarias no es antitética a la unidad y a la simplicidad del amor, sino que es la forma y la condición de esta unidad»[202].

A lo largo de esta sección, hemos visto que la comprensión de Dios como Trinidad nos permite dar una explicación positiva del mundo. Gracias a la comprensión trinitaria de Dios, «la finitud no debe ser vista como una especie de declinación del Uno absoluto [...]. La Finitud [...] debe verse más bien como la expresión positiva de la imagen divina en una modalidad mundana, es decir, como una analogía de las diversas perfecciones positivas dentro de Dios»[203]. Por lo tanto, las realidades mundanas son realidades positivas porque están enraizadas en la Trinidad. En particular, «la naturaleza temporal de la creación, con su dinámica de devenir, desarrollo y cambio, apunta positivamente a algo análogo dentro de la vida divina, y no al reino de la *vanitas* que pasará una vez que el mundo vuelva a su fuente divina»[204].

Debido a que los cosmólogos entienden mal el concepto del tiempo al tratar la creación, dedicaré la última parte de esta sección al tema del tiempo desde una perspectiva trinitaria. Esto será útil para la siguiente sección. Según Balthasar, «"la vida divina", precisamente porque es "la plenitud de la vida [... es] la paz perfecta". Sin embargo, esta paz, o reposo, no es inerte, sino "movimiento eterno", ya que las procesiones divinas que dan lugar a la comunión de las Personas no están sujetas a la limitación temporal, sino que son eternamente operativas»[205]. Por lo tanto, «lo que sucede en la Trinidad es [...] mucho más que un orden o una secuencia inmóvil, pues expresiones como "engendrar", "dar a luz", "proceder" y "criar" se refieren a actos eternos en los que Dios realmente "acontece"». Encontramos entonces en la Trinidad la unidad de «dos conceptos aparentemente contradictorios [...]: Ser eterno o absoluto y "acontecer"». Balthasar observó cuidadosamente que el *acontecer* divino «no es un devenir en el sentido terrenal: es el llegar a ser, no de algo que una vez no fue [...], sino, evidentemente, de algo que fundamenta la idea, la posibilidad interior y la realidad del devenir. Todo devenir terrenal es un reflejo del "acontecer" eterno en Dios, que [...] es por sí mismo idéntico al Ser o a la esencia eterna»[206].

El eterno *acontecer* en Dios nos permite hablar del tiempo, de forma análoga, en la Trinidad. En efecto, «la vida en Dios no es eternamente la misma,

---

[202]   HANBY, *No God, No Science?*, 318.

[203]   CHAPP, *The God of Covenant*, 187.

[204]   *Ibid.*

[205]   Hans Urs von BALTHASAR, *Theo-Drama V. The Last Act*, (trans. Graham Harrison), Ignatius, San Francisco 1998, 77-78. La cita interior es de Adrienne von SPEYR, *The Word Becomes Flesh. Meditations on John 1-5*, (trans. Lucia Wiedenhöver, Alexander Dru), Ignatius, San Francisco 1994, 42-43.

[206]   BALTHASAR, *Theo-Drama V*, 67.

en un sentido que implicaría una especie de aburrimiento eterno. Más bien, [...] la vida trinitaria es una "comunión de la sorpresa" (en el sentido de una plenitud infinita y siempre fluyente)»[207]. La vivacidad y la plenitud siempre mayor de la vida trinitaria nos permite pensar en el «*ser* eterno en términos de *evento* eterno», y no en términos de «mero *nunc stans*»[208]. Como afirma David L. Schindler, «lo que existe en Dios no es la ausencia de tiempo, y todos sus atributos concomitantes, sino la imagen original [...] del tiempo»[209]. La eternidad de Dios no es la negación del tiempo sino su idea primordial[210]. No puede haber antagonismo entre el tiempo y la eternidad. «El tiempo no es la antítesis de la eternidad, sino que es su imagen móvil (y, por tanto, análoga), de modo que lo que es eternamente verdadero no excluye el "desarrollo" temporal»[211].

Balthasar reconoció que «"hay una profunda analogía" entre el tiempo y la eternidad, de modo que la eternidad puede estar siempre dentro del tiempo, así como el tiempo puede participar de la eternidad»[212]. La interrelación entre el tiempo y la eternidad encuentra su paradigma en la Encarnación del Hijo porque «él es la presencia misma de la eternidad en el tiempo, en la misma modalidad del tiempo»[213]. A este respecto, David L. Schindler dice que «la misión del Hijo en su Encarnación es una continuación de la procesión eterna del Hijo desde el Padre. Así, el Hijo, al tomar carne y temporalidad, no deja atrás la eternidad. Al contrario, cada momento de Jesús, precisamente *en* el tiempo, revela la eternidad»[214]. En Jesús no hay oposición entre tiempo y eternidad. «El sentido más profundo de la temporalidad se encuentra en relación con la eternidad, en la relación de amor que es del Padre y para el Padre: porque *eso es lo que Jesús es*»[215].

Solo la revelación cristiana de Dios como comunidad de personas puede «fundamentar la plena importancia ontológica del tiempo como algo más que

---

207 David L. Schindler, «Time in Eternity, Eternity in Time. On the Contemplative-Active Life», en *Heart of the World, Center of the Church. Communio Ecclesiology, Liberalism and Liberation*, Eerdmans, Grand Rapids, Michigan 2001, 226. Schindler se refiere aquí a Balthasar, *Theo-Drama V*, 79n54.

208 *Ibid.*, 91. [Nota de la edición española: *Nunc stans* se suele traducir como «ahora estático»].

209 David L. Schindler, «Time in Eternity», 227.

210 Balthasar, *Theo-Drama V*, 91.

211 Hanby, *No God, No Science?*, 368n33.

212 Balthasar, *Theo-Drama V*, 101. La cita interior es de Adrienne von Speyr, *The Gates of Eternal Life*, (trans. Corona Sharp), Ignatius, San Francisco 1983, 107.

213 Chapp, *The God of Covenant*, 198. Véase la caracterización de Cristo como el universal concreto en *ibid.*, 168-173.

214 David L. Schindler, «Time in Eternity», 232. Schindler se refiere aquí a Hans Urs von Balthasar, *Homo Creatus Est*, Johannes, Einsiedeln 1986, 44.

215 David L. Schindler, «Time in Eternity», 232.

una maldita cosa que sigue a otra»[216]. Solo cuando «vemos el *ser* eterno en términos de *evento* eterno», somos capaces de valorar «el tiempo del mundo (en toda su transitoriedad) [como] emocionante y delicioso»[217]. Esta valoración positiva del tiempo es una consecuencia de la doctrina de la Trinidad. La comprensión trinitaria de Dios nos ayuda a valorar no solo el tiempo como algo positivo, sino también otras expresiones de la finitud mundana, como la diferenciación y el movimiento. La finitud de la criatura es más que una mera negación de Dios porque tiene una imagen analógica en la vida de la Trinidad. Por tanto, la doctrina de la Trinidad nos ayuda a valorar la creación en su propia finitud como algo positivo. La doctrina de la Trinidad no solo habla de la vida interior de Dios, sino también de la constitución ontológica del mundo. Como hemos visto, la creación puede ser algo distinto de Dios que no es simplemente una sustracción de Dios.

En esta sección he defendido que la creación solo puede entenderse adecuadamente desde una perspectiva trinitaria. Dado que los científicos modernos no comprenden lo que es realmente la creación, son incapaces de tener una imagen adecuada de Dios; lo que tienen, en definitiva, es un concepto de Dios falsificado y no trinitario. Esta imagen deficiente de Dios será evidente cuando me ocupe de los cosmólogos en el tercer capítulo.

7. Conceptos erróneos sobre la creación

Hemos visto en este capítulo que la doctrina de la creación es fundamentalmente una doctrina de Dios. La doctrina de la creación nos permite ver la absoluta trascendencia de Dios que, por consiguiente, está íntimamente presente en cada criatura mediante el don del ser (*esse*). Precisamente porque es una doctrina de Dios, la doctrina de la creación es, al mismo tiempo, una doctrina sobre el mundo. Más concretamente, habla de la constitución ontológica del mundo en un plano diferente al de la cosmología o las demás ciencias naturales. La creación, en su sentido activo, es la esencia divina junto con una relación racional. En su sentido pasivo, la creación es el mundo mismo con una relación real con Dios. Como reconoce Hanby, «la creación no es, pues, un acontecimiento dentro del mundo, sino el acontecimiento *del* mundo mismo: la aparición novedosa [...] de un "excedente" gratuito del ser que de alguna manera no es Dios». Por lo tanto, «"ver" la creación [...] no es aislar empírica o experimentalmente alguna cualificación del mundo. Es ver el mundo en sí mismo de forma más profunda y

---

[216]   CHAPP, *The God of Covenant*, 197.
[217]   BALTHASAR, *Theo-Drama V*, 91.

exhaustiva»[218]. Este es un aspecto muy importante de la doctrina de la creación que los científicos no captan. En efecto, ellos entienden la creación como un acontecimiento natural *dentro* del mundo, en competencia con otros acontecimientos naturales. El fracaso en la comprensión de la creación es concomitante con el fracaso en la comprensión de la distinción entre orígenes temporales y ontológicos. La confusión de ambos orígenes es algo característico de la ciencia moderna. Como el propósito de este capítulo es explicar el significado de la creación y puesto que me voy a ocupar de los científicos en el siguiente capítulo, es apropiado terminar el presente capítulo con esta sección dedicada a desvincular el significado de la creación de los conceptos erróneos de los científicos.

Lo primero que hay que observar es que la creación no es un cambio. Según el Aquinate, «el cambio significa que la misma cosa debe ser diferente ahora de lo que era antes»[219]. Por lo tanto, los cambios son «"de algo" a "algo" y, por lo tanto, presuponen el ser»[220]. Pero la creación «no presupone nada en la cosa que se dice creada»[221]. De hecho, la creación «es responsable del ser total (*totus esse*) de una cosa»[222]. Por lo tanto, la creación no es un cambio porque «se produce toda la sustancia de una cosa»[223].

En cuanto a la causalidad, la creación difiere de los cambios porque en los cambios «la causalidad del [agente …] no se extiende a todo lo que se encuentra en la cosa, sino solo a la forma, que es llevada de la potencia a la actualidad. La causalidad del Creador, sin embargo, se extiende a todo lo que hay en la cosa»[224]. La causalidad del Creador es lo que antes llamábamos causalidad primaria. La causalidad de los procesos, o cambios, mundanos es lo que llamamos causalidad secundaria. La causalidad primaria no rivaliza con la causalidad secundaria, sino que es su condición de posibilidad. En otras palabras, «la agencia de Dios en la criatura no niega, sino que constituye la propia agencia de la criatura como propia»[225]. El acto de la creación, como causalidad primaria, no es un proceso alternativo en competencia con los procesos mundanos descritos por las ciencias naturales. Como afirma Hanby, «la "acción" de crear es intrínseca a los procesos inmanentes y a sus efectos»[226].

---

[218]   HANBY, *No God, No Science?*, 323.
[219]   AQUINO, *Summa theologiae*, I, q. 45, a. 2, ad 2.
[220]   HANBY, *No God, No Science?*, 322.
[221]   AQUINO, *Scriptum super libros sententiarum*, lib. 2, d. 1, q. 1, a. 2, co.
[222]   HANBY, *No God, No Science?*, 322.
[223]   AQUINO, *Summa theologiae*, I, q. 45, a. 2, ad 2.
[224]   ÍD., *Scriptum super libros sententiarum*, lib. 2, d. 1, q. 1, a. 2, co.
[225]   HANBY, *No God, No Science?*, 323.
[226]   ÍD., «Creation without Creationism», 687; AQUINO, *Summa theologiae*, I, q. 8, a. 1, co.

El acto de la creación y los procesos naturales no deben considerarse mutuamente excluyentes, porque la causalidad primaria y la secundaria no se excluyen mutuamente. En principio, la doctrina de la creación y las explicaciones científicas del mundo no deben excluirse mutuamente, porque pertenecen a órdenes diferentes del ser y de la explicación[227]. Sin embargo, la ciencia moderna confunde esos órdenes y, por tanto, las afirmaciones científicas están ligadas a una teología y una metafísica que están en conflicto con una comprensión adecuada de Dios y de la creación. La doctrina de la creación no debe considerarse como una alternativa a la explicación científica, porque «las ciencias naturales tienen como objeto el mundo de las cosas cambiantes, y la creación no es un cambio»[228]. Por tanto, es un error pensar que una teoría científica puede refutar la doctrina de la creación. Esto es así porque «lo que la creación explica no es un proceso en absoluto, sino una dependencia metafísica en el orden del ser»[229]. El error anterior es común entre los científicos ateos que intentan negar la existencia de Dios evitando la singularidad inicial del modelo del Big Bang. Estos científicos interpretan la singularidad inicial como el comienzo del universo y el momento de la creación divina, y piensan que, una vez que la singularidad inicial esté ausente de la explicación científica del mundo, la intervención divina sería superflua. El problema aquí, como explica Hanby, es la comprensión del «*acto* de la creación como una especie de fabricación en competencia con los procesos y fuerzas naturales y la [comprensión de la] doctrina de la creación, ahora reducida a una cuestión de orígenes *temporales*, como una explicación que pertenece al mismo orden que las de las ciencias naturales y en competencia con ellas»[230]. Los científicos reducen la doctrina de la creación a una cuestión de orígenes temporales porque asumen, al menos implícitamente, el colapso del orden del ser al orden del proceso y la historia inherente a la ciencia moderna[231].

Debido a la reducción del orden del ser al orden de la historia, es común entre los científicos entender la creación como un evento histórico que tiene lugar en el tiempo. Sin embargo, la creación no puede ser un evento histórico

---

[227]   HANBY, *No God, No Science?*, 323.

[228]   William E. CARROLL, «Two Creators or One? Thomistic Metaphysics and the Theology of Creation», en *God and World. Theology of Creation from Scientific and Ecumenical Standpoints*, (eds. Tomasz Trafny, Armand Puig i Tàrrech), STOQ Project Research 11, Libreria Editrice Vaticana, Vatican City 2011, 132.

[229]   ÍD., «Big Bang Cosmology, Quantum Tunneling from Nothing, and Creation»: *Laval Théologique et Philosophique* 44/1 (1988), 70.

[230]   HANBY, *No God, No Science?*, 321.

[231]   *Ibid.*, 140n69. Véase Hans JONAS, «Philosophical Aspects of Darwinism», en *The Phenomenon of Life. Toward a Philosophical Biology*, Northwestern University Press, Evanston, Illinois 2001, 40.

porque es el fundamento positivo de cada proceso en cada momento. Como dijo el Aquinate, «la sucesión caracteriza el movimiento. Pero la creación no es un movimiento, ni el término de un movimiento, como lo es un cambio; por lo tanto, no hay sucesión en ella»[232]. El acto de la creación no tiene lugar en el tiempo porque la creación no tiene sucesión y porque no hay tiempo antes de la creación. El tiempo mismo es una criatura. A este respecto, Agustín dijo que «el mundo fue hecho, no en el tiempo [*in tempore*], sino simultáneamente con el tiempo [*cum tempore*] [...]. Simultáneamente con el tiempo el mundo fue hecho»[233]. El Aquinate también insistió en esto: «Se dice que las cosas fueron creadas al comienzo del tiempo, no como si el comienzo del tiempo fuera una medida de la creación, sino porque junto con el tiempo [*cum tempore*] fueron creados el cielo y la tierra»[234]. Y añadió que «antes del comienzo del mundo no había tiempo»[235].

Como ya se ha señalado, los científicos reducen la creación a una mera cuestión de orígenes temporales. Los cosmólogos piensan que la creación responde «a la cuestión de *cómo* llegó a existir el mundo»[236]. Sin embargo, «la doctrina de la creación no [...] pretende explicar *cómo* llegó a existir el mundo en ningún sentido científico de la palabra "cómo". Más bien nos dice qué *es* el mundo. La cuestión de la creación es, por tanto, una cuestión de orígenes *ontológicos* y no temporales»[237]. Al explicar el significado de la creación, el Aquinate señaló que «el no-ser es anterior al ser en la cosa que se dice que es creada. No se trata de una prioridad de tiempo o de duración, de modo que lo que no existía antes exista después, sino de una prioridad de naturaleza, de modo que, si la cosa creada se dejara a sí misma, no existiría, porque solo tiene su ser a partir de la causalidad de la causa superior»[238]. En otras palabras, «la criatura es naturalmente no-ser en lugar de ser, lo que significa que la criatura es completamente dependiente, a lo largo de toda su duración, de la constante causalidad del Creador». La dependencia de la criatura «de la causa de su ser es precisamente la misma al comienzo de la duración de la criatura que a lo largo de toda su duración»[239]. Por lo tanto, «la creación no es simplemente un evento lejano; es la causa

---

[232]   AQUINO, *Summa contra gentiles*, lib. 2, cap. 19, n. 1.
[233]   AUGUSTINE, *The City of God* (2013), 315 (XI, 6).
[234]   AQUINO, *Summa theologiae*, I, q. 46, a. 3, ad 1.
[235]   ÍD., *De Potentia Dei*, q. 3, a. 2, co.
[236]   HANBY, *No God, No Science?*, 5.
[237]   *Ibid.*, 324; véase Joseph RATZINGER, «*In the Beginning...*». *A Catholic Understanding of the Story of Creation and the Fall*, (trans. Boniface Ramsey, Helen A. Saward), Eerdmans, Grand Rapids, Michigan 2005, 50.
[238]   AQUINO, *Scriptum super libros sententiarum*, lib. 2, d. 1, q. 1, a. 2, co.
[239]   BALDNER y CARROLL, «Analysis of Aquinas' Writings», 42.

continua y completa de la existencia de todo lo que es»[240]. La relación continua de dependencia metafísica de la criatura respecto a Dios es entonces más importante que su comienzo temporal. Sin duda, no se trata de negar la creación *ab initio temporis* [desde el inicio del tiempo], «sino de insistir en que el tiempo mismo es una criatura y que los orígenes temporales toman su significado de este origen ontológico más fundamental»[241]. En otras palabras, un comienzo temporal está subordinado a la distinción más fundamental entre el ser y el no-ser. Esto es así porque la cuestión del tiempo está subordinada a la cuestión del ser.

Como sabemos, la cuestión de la creación no es una cuestión del origen temporal del universo, sino «una cuestión de la estructura ontológica del mundo, no simplemente en el llamado Tiempo de Planck, sino en cada momento de su existencia»[242]. Simon Oliver aclara que «la creación *ex nihilo* –la doctrina de que la creación, en cada momento, procede de la nada– no privilegia ningún instante temporal *particular* que revele más claramente la naturaleza del cosmos como suspendido sobre el *nihil*»[243]. En cierto sentido, podemos decir que la creación trasciende el tiempo, no porque la creación esté fuera de los límites del tiempo rectilíneo, sino porque la creación, en su actualidad, abarca todos los momentos temporales. «Nuestro modo normal de pensar que limita el ser físico al flujo del tiempo» es erróneo. El tiempo debe verse «como perteneciente a las cosas, como desplegado desde arriba en referencia a lo que trasciende las cosas. El mundo

---

[240]   *Ibid.*, 43.

[241]   Hanby, *No God, No Science?*, 331n64. La afirmación de la creación *ab initio temporis* fue definida en el Concilio Lateranense IV en 1215: «Creemos firmemente y confesamos simplemente que el Dios verdadero es uno solo, eterno, inmenso e inmutable, incomprensible, omnipotente e inefable, *Padre e Hijo y Espíritu Santo* [...] un principio de todo, creador de todas las cosas visibles e invisibles, de las espirituales y de las corporales; quien por su propio poder omnipotente creó a la vez, desde el principio de los tiempos [*ab initio temporis*], cada criatura de la nada, espiritual y corporal, es decir, angélica y mundana, y finalmente la humana, constituida, por así decirlo, igualmente de espíritu y de cuerpo» (Heinrich Denzinger (ed.), *The Sources of Catholic Dogma*, (trans. Roy J. Deferrari), Herder, St. Louis, Missouri 1957, nro. 428). Más tarde, el papa Juan XXII condenó en 1329 como un error que «el mundo existía desde la eternidad» (*ibid.*, nro. 503). Finalmente, en 1870 el Concilio Vaticano I corroboró la enseñanza del Concilio Lateranense IV sobre el comienzo del tiempo (*ibid.*, nro. 1783).

[242]   Hanby, *No God, No Science?*, 324. «El origen, donde t = 0, representa el Big Bang, y el siguiente punto de referencia, justo a la derecha del borde izquierdo, es el tiempo de Planck, $5,391 \times 10^{-44}$ segundos después del Big Bang. La suposición convencional [...] es que nuestra física actual nos falla antes del tiempo de Planck [...] con el resultado de que el intervalo entre el Big Bang y el tiempo de Planck permanece envuelto en el misterio» (Michael Lockwood, *The Labyrinth of Time. Introducing the Universe*, Oxford University Press, Oxford 2005, 347).

[243]   Oliver, «Physics, Creation and Trinity», 191.

físico existe en el tiempo, pero no de forma reductiva: todos los seres reales
"sobresalen" ek-státicamente en la eternidad de Dios, que los hizo de la nada y
"continúa" haciéndolos»[244]. De esta forma, cada ser creado está de alguna manera fuera del tiempo y, sin embargo, en el tiempo[245]. Esto solo es posible porque,
como hemos visto, la eternidad es la idea primigenia del tiempo.

Los científicos modernos pasan por alto las ideas anteriores sobre el tiempo,
ya que lo entienden de forma mecanicista como «una serie lineal de "ahoras"
extrínsecos y contiguos entre sí y que se suceden densamente unos a otros en estrecha sucesión»[246]. Como defiende Hanby, el tiempo debe entenderse como una
especie de actualidad, que es una comprensión aristotélica del tiempo[247]. Solo si
afirmamos el tiempo como «un "ahora", una actualidad que actúa como un límite
que divide y une el pasado inexistente y el futuro inexistente», podemos afirmar
en cada ser «una unidad que trasciende su identidad puntual en cualquier instante dado» y, por tanto, afirmar también que «cada cosa es "eterna", o al menos
"supratemporal", en tanto que existe»[248]. Nótese que «"eterno" no significa aquí
"que dure mucho tiempo", sino indivisiblemente actual»[249]. Una cosa participa de
la eternidad por el mero hecho de existir. Esto es así porque la existencia es una
participación en la actualidad del ser que procede en última instancia de Dios. El
ahora del tiempo es una manera de participación en la plenitud de la actualidad
que es el ser.

Hanby señala que «la trascendencia indivisible del ser no se yuxtapone a la
historia como la inmovilidad al movimiento; más bien, es inherente al movimiento de la historia como su misma (aunque participada) actualidad. El ser y
la historia no son, pues, ni idénticos ni antitéticos»[250]. Sin embargo, la ciencia

---

[244]   D. C. SCHINDLER, «Historical Intelligibility», 42.
[245]   *«En la medida en que una cosa es un todo, y en esa medida representa algo esen-
        cialmente mayor que sus partes e irreductible a ellas, esa cosa trasciende el tiempo.
        Es importante ver la implicación: no es simplemente una parte de una sustancia (por
        ejemplo, la forma abstracta o la realidad "ideal" de la cosa) lo que trasciende el tiem-
        po, sino que cada sustancia individual debe trascender el tiempo precisamente en la
        medida en que la sustancia representa una unidad irreductible. Esto no significa que
        la cosa no exista en el tiempo, sino solo que su realidad temporal no es la totalidad de
        su realidad»* (*ibid.*, 38-39).
[246]   HANBY, *No God, No Science?*, 197.
[247]   Véanse *ibid.*, 277-279; *ibid.*, 339; véase ARISTÓTELES, *Física*, V, 11, 220a5-26; véase
        Charles de KONINCK, *The Hollow Universe*, Whidden Lectures 4, Oxford University
        Press, London 1960, 64-69.
[248]   HANBY, *No God, No Science?*, 339. Véase D. C. SCHINDLER, «Historical Intelligibility»,
        15-44.
[249]   HANBY, *No God, No Science?*, 365n14.
[250]   *Ibid.*, 346.

moderna identifica implícitamente el ser con la historia[251]. En consecuencia, la cosmología moderna es incapaz de discernir que la creación y el origen temporal del universo pertenecen a niveles diferentes, como se ha indicado anteriormente. La elección de los cosmólogos ateos «entre una intención divina para el mundo y el desarrollo del mundo en su propia libertad [...] es un falso dilema arraigado en nociones defectuosas de Dios, la creación y la causalidad»[252]. De hecho, la creación es la condición previa y necesaria para el origen temporal del universo, la evolución cósmica, «y de hecho para la historia como tal, porque es la condición previa para precisamente esa novedad y diferencia, así como la existencia supratemporal necesaria para que *haya* historia»[253].

En esta sección me he ocupado de los conceptos científicos erróneos sobre la creación. He defendido la afirmación de que la creación no es ni un cambio ni un acontecimiento en el tiempo. Esta sección forma parte de un capítulo que se ha dedicado a ofrecer una comprensión coherente de la creación, tanto desde el punto de vista teológico como metafísico. La doctrina de la creación, como doctrina de Dios y de la constitución metafísica del mundo, será útil en el próximo capítulo para mi crítica a la teología extrínseca que presupone la cosmología moderna.

---

[251]   Incluso reduciendo tácitamente el ser a la historia, la ciencia moderna sigue confiando (tanto del lado del sujeto como del objeto) en la unidad e interioridad autotrascendentes conferidas a las cosas por la forma y *esse*.

[252]   HANBY, *No God, No Science?*, 345.

[253]   *Ibid.*, 345-346.

3

El extrinsecismo teológico
de la cosmología
moderna

1. Introducción

En el capítulo anterior, ofrecí una comprensión verosímil de la creación, tanto desde el punto de vista teológico como metafísico. Expliqué que la doctrina de la creación *ex nihilo* es ante todo una doctrina de Dios. Como tal, la doctrina de la creación *ex nihilo* expresa principalmente el carácter absoluto de Dios como primer principio. La falta de coacción en Dios en el acto de la creación es una consecuencia inmediata de la plenitud del ser divino[1]. Recuérdese que por falta de coacción en Dios quiero decir que no hay nada, interno o externo, que obligue a Dios a crear, quitándole así la libertad. Como ya se ha dicho, la libertad divina no es independiente de la naturaleza de Dios. De hecho, la libertad divina está condicionada por la bondad, la belleza y la verdad de la propia naturaleza de Dios como amor trinitario. En consecuencia, la afirmación de que la libertad divina está ausente de presuposiciones es incorrecta. Ese tipo de libertad sería voluntarista y arbitraria. Como ya se ha explicado en el segundo capítulo, la

---

[1]   En el segundo capítulo señalé que, aunque el ser de Dios y la libertad de Dios deben ser ontológicamente convertibles, la cuestión de la aseidad absoluta de Dios es lógicamente la primera. Hacer del carácter absoluto de la libertad divina la cuestión central de la creación sería voluntarismo divino.

doctrina de la creación preserva la alteridad trascendente de Dios respecto al mundo. El ser de Dios y el ser del mundo son completamente diferentes. No son especies diferentes de un mismo género[2]. El ser de Dios es el *ipsum esse subsistens* y el ser del mundo (*esse commune*) es «la plenitud no subsistente y la perfección de toda la realidad […]. Así que Dios ya no puede ser considerado de ninguna manera como el ser de las cosas». Por eso, de manera radical, «Dios se sitúa sobre y por encima de todo ser cósmico, por encima de todo lo que puede calcularse o alcanzarse dentro de las estructuras, reales o ideales, del cosmos: él es, en efecto, "el Totalmente Otro"»[3]. La trascendencia radical de Dios es la condición necesaria para la íntima presencia divina en toda criatura, a través del don del ser (*esse*).

Como ya se sabe, la doctrina de la creación no solo expresa una imagen de Dios, sino también una imagen de la naturaleza. La doctrina de la creación no solo nos dice quién es Dios, sino también qué es el mundo. En otras palabras, la doctrina de la creación es simultáneamente una doctrina teológica de Dios y una doctrina metafísica de la constitución del mundo. Estas dos doctrinas, teológica y metafísica, son inseparables a causa de quién es Dios y qué es el ser, que es el fundamento de la relación entre teología y metafísica como formas de pensamiento. Como doctrina metafísica del mundo, la doctrina de la creación nos permite comprender a cada criatura tanto en su contingencia como en su radical peculiaridad. Hemos visto que cada ser es único, insustituible, un misterio sin fondo que se comunica a sí mismo por el mero hecho de existir, pero que no puede ser agotado por nuestra aprehensión. La peculiaridad de cada cosa particular no puede separarse de su unidad con el resto de las cosas, porque todas ellas comparten el mismo *esse commune*. Paradójicamente, el acto de ser de cada cosa es lo que la hace peculiar y, al mismo tiempo, universal (y por tanto inteligible). Ambos aspectos importantes de cada criatura, misterio sin fondo e inteligibilidad, se expresan en el concepto de forma. «Como expresión visible de una profundidad

---

[2]   «No podemos agrupar en un solo género a Dios y a todo lo demás, como si la palabra "ser" se aplicara a todos ellos precisamente en el mismo sentido, y luego elegir a Dios como el supremo. Pues si Dios es el Ser Supremo, en el sentido en que la teología cristiana utiliza el término, el "ser" aplicado a él no es un caso más de lo que significa el "ser" aplicado a cualquier otra cosa. Por lo tanto, lejos de ser solo un elemento, aunque el supremo, en una clase de seres, es la fuente de la que se deriva su ser; no está en su clase, sino por encima de ella […]. En términos técnicos, cuando aplicamos a Dios un término que normalmente se utiliza para otros seres, no lo estamos utilizando de modo unívoco, sino analógico, ya que no es solo un miembro de una clase con ellos, sino su base y arquetipo» (Eric L. MASCALL, *He Who Is. A Study in Traditional Theism*, Longmans, Green and Company, London 1943, 9).

[3]   BALTHASAR, *Glory of the Lord IV*, 393-394.

interior infinita, la forma es simultáneamente un principio de inteligibilidad, identidad *y* misterio a la vez»[4].

La doctrina de la creación *ex nihilo* expresa adecuadamente lo que es el acto de la creación. Ciertamente, no se trata de un «proceso de fabricación inmanente» ni de una «explicación mecánica que busque dar cuenta del "cómo" del mundo». Como vimos, la creación es el «don gratuito del ser que convoca a su propio destinatario»[5]. La creación consiste en la entrega no solicitada del ser a lo que no era nada, es decir, la entrega del mundo a sí mismo. Crear es hacer algo de la nada; es el paso del no-ser al ser.

La rica y profunda comprensión tanto de Dios como del mundo que proporciona la doctrina de la creación es el contrapunto necesario para criticar la teología extrínseca inherente a la cosmología moderna, que es el objetivo principal de este libro. Ya sabemos que el extrinsecismo adolece de imágenes falsas y reducidas de Dios y de la creación. Por eso, el extrinsecismo nunca asciende a una verdadera discusión sobre Dios y la creación. Como la ciencia moderna es extrínseca, sufre en su comprensión del mundo y en su autocomprensión de su naturaleza y límites propios. Por eso, la ciencia moderna tiene en última instancia una verdadera dimensión irrazonable, como veremos en este capítulo.

La cosmología moderna, como rama de la ciencia moderna, adopta sus presupuestos defectuosos: la superioridad epistemológica del método científico, la neutralidad de la ciencia y la relación extrínseca entre ciencia y metafísica. Estos presupuestos son evidentes en la propia diferenciación entre cosmología física y metafísica que ofrecen los científicos. Por un lado, la cosmología física estudia «el universo a través del cálculo, la observación y la experimentación científicos»[6]. Por otro lado,

«la cosmología metafísica describe el estudio filosófico de la cosmología. Aborda cuestiones sobre el universo que van más allá del alcance de la ciencia y formula conjeturas que (todavía) no se pueden comprobar mediante observación. Por ejemplo, ¿qué causó el Big Bang? ¿Existe un creador? ¿Cuál es, si lo hay, el "propósito" del universo? ¿Es nuestro universo solo uno de una gran cantidad, lo que representa un multiverso? A medida que aumenta nuestra comprensión científica del universo, algunos temas metafísicos pueden entrar en el ámbito de la cosmología física. Por ejemplo, antes del siglo XX, la existencia de "universos isla" separados era una cuestión conjetural. Ahora tenemos pruebas científicas sólidas de la existencia de otras galaxias. Es posible

---

[4]   HANBY, *No God, No Science?*, 385.
[5]   *Ibid.*, 284.
[6]   LIDDLE y LOVEDAY, *Oxford Companion to Cosmology*, 82.

que, en el futuro, lleguemos a comprender científicamente el origen del Big Bang»[7].

Obsérvese cómo la metafísica se sitúa fuera del ámbito científico. Dado que la verdad solo se obtiene a través del «cálculo, la observación y el experimento científicos», la metafísica solo puede hacer «conjeturas»[8]. Estas conjeturas solo pueden hacerse cuando no hay posibilidad de cálculo, observación y experimentación científicos. A medida que el método científico amplía su ámbito de aplicación a nuevas áreas de la realidad, que antes estaban asignadas a conjeturas metafísicas, la metafísica ha tenido que replegarse a un área más pequeña. Para los científicos, la ciencia es la verdadera metafísica, la primera ciencia, y la metafísica queda relegada a las afueras de la verdad. Esta metafísica deficiente va de la mano de una teología extrínseca, en la que Dios es un dios de los huecos, como mostraré en este capítulo.

La cosmología moderna es una rama de la física relativamente nueva, que comenzó a principios del siglo XX con la teoría de la relatividad general de Einstein y el descubrimiento de la expansión del universo por Edwin Hubble. La cosmología moderna se ocupa de cuestiones directamente relacionadas con el origen temporal del universo, cuestiones que los cosmólogos presumen muy pertinentes para la metafísica y la teología. Esto es así debido al positivismo inherente a la ciencia moderna. El positivismo «declara sin sentido la cuestión del ser»[9] y «da por sentada la facticidad bruta del ser»[10]. Como consecuencia, se acaba produciendo una confusión de los orígenes ontológicos y temporales. Nótese que, según la nomenclatura extrínseca de la ciencia moderna, las cuestiones de la cosmología moderna están en la frontera entre ciencia y teología y metafísica. Este hecho proporciona una excelente oportunidad para que los científicos expresen sus supuestos metafísicos y teológicos, especialmente cuando escriben libros y artículos de divulgación científica. Algunos de los científicos incluso se aventuran a hablar abiertamente de Dios y su participación en el universo. Aprovecharé estas publicaciones de divulgación científica sobre cosmología para descubrir y criticar la teología extrínseca implícita en ellas.

La cuestión del comienzo del universo es posiblemente la tarea más importante de la cosmología moderna, y tiene una importancia crucial en nuestra crítica al extrinsecismo teológico. La confirmación experimental de la expansión del

---

[7]   *Ibid.*
[8]   *Ibid.*
[9]   HANBY, *No God, No Science?*, 382.
[10]   *Ibid.*, 221.

universo en 1929 por parte de Hubble hizo pensar a los astrónomos en un comienzo del universo en expansión, cuando todo el universo estuvo concentrado en un único punto de densidad y temperatura infinitas[11]. El comienzo de la expansión, el momento del Big Bang, fue una singularidad matemática en el espacio-tiempo. En otras palabras, las leyes de la gravitación dejaron de funcionar en la singularidad inicial. No había forma de saber lo que ocurrió justo al comienzo. Para quienes sostenían supuestos teológicos extrínsecos, tanto teólogos como científicos, el hecho de un comienzo del universo que no podía ser descrito por las leyes físicas conocidas apuntaba a una intervención divina en la creación. Como señala el cosmólogo Alexander Vilenkin, «el comienzo del universo se parecía demasiado a una intervención divina; parecía que no había posibilidad de describirlo científicamente. Esto era algo en lo que científicos y teólogos parecían estar de acuerdo»[12].

La existencia de un comienzo en la teoría del Big Bang ha sido muy bien acogida por los teólogos y científicos extrínsecos como una oportunidad para proporcionar una prueba científica de la existencia de Dios. Por el contrario, el comienzo del universo, con su singularidad inicial, predicho por la teoría del Big Bang, es algo que rechazan los cosmólogos ateos para negar la existencia de Dios. Sostengo que tanto los teólogos como los cosmólogos comparten la misma teología extrínseca, en la que se pierde la trascendencia de Dios y, por lo tanto, se le reduce a un objeto dentro de un orden más amplio del ser que se da por sentado pero que nunca es pensado ni explicado por estos pensadores. Dios pertenece entonces al mismo orden que las criaturas. Dios deja de ser el *ipsum esse subsistens* para convertirse en un objeto, aunque extremadamente importante, que participa en el *esse commune*. Este Dios extrínseco está implícitamente encerrado en una relación antagónica con la naturaleza porque esos pensadores consideran que una intervención divina negaría la integridad de la naturaleza en cuanto naturaleza. Por lo tanto, a Dios no se le permite participar en el significado de la naturaleza. Dios no aporta nada a lo que sigue siendo una comprensión esencialmente mecanicista de la naturaleza. Porque el ser se da por supuesto, porque el ser no es una cuestión para esos pensadores extrínsecos, estos no entienden propiamente la creación como una cuestión del ser y de la nada. Para ellos, la creación es un acontecimiento natural que tiene lugar en el mundo, en competencia con otros acontecimientos naturales. Cuando los pensadores extrínsecos, tanto científicos como teólogos, niegan o afirman a

---

[11]　Utilizando la teoría de la gravitación de Einstein, el universo en expansión había sido predicho teóricamente por Lemaître en 1927.

[12]　Alexander VILENKIN, *Many Worlds in One. The Search for Other Universes*, Hill and Wang, New York 2007, 177.

Dios y a la creación, están negando o afirmando las mismas ideas defectuosas y extrínsecas de Dios y de la creación, y no se involucran completamente con el fondo de las cuestiones que consideran. En la primera parte de este capítulo, criticaré el extrinsecismo teológico presente en quienes utilizan el comienzo del universo como prueba de la existencia de Dios y en aquellos cosmólogos ateos que rechazan la singularidad inicial del comienzo para rechazar la existencia de Dios. Mostraré que, aunque los primeros y los segundos discrepan sobre la existencia de Dios, coinciden en sus presupuestos teológicos extrínsecos.

Aparte del comienzo del universo, hay otra cuestión cosmológica relevante en nuestro esfuerzo por criticar el extrinsecismo teológico. Se trata de la cuestión del principio antrópico. Este principio afirma que las constantes físicas[13] del universo han sido finamente ajustadas para la aparición de la humanidad[14]. Evidentemente, el orden que encontramos en la creación no es un hecho despreciable. Al fin y al cabo, puesto que no hay ser sin orden, la presencia de orden en la creación puede ser un indicio del diseño divino[15]. De hecho, «el teólogo cristiano tiene

---

[13]   Ejemplos de constantes físicas son la velocidad de la luz en el vacío, la carga eléctrica del electrón y la constante gravitatoria.

[14]   Este es, de hecho, el llamado principio antrópico *fuerte*. Se llama así para distinguirlo del principio antrópico *débil*. De acuerdo con el principio antrópico débil, «los valores observados de todas las magnitudes físicas y cosmológicas no son igualmente probables, sino que adoptan valores restringidos por el requisito de que existan lugares donde pueda evolucionar la vida basada en el carbono y por el requisito de que el universo sea lo suficientemente antiguo como para que ya lo haya hecho» (John D. BARROW y Frank J. TIPLER, *The Anthropic Cosmological Principle*, Oxford University Press, Oxford 1986, 16). John Barrow y Frank Tipler subrayan que el principio antrópico débil «no es en absoluto ni especulativo ni controvertido. Solo expresa el hecho de que aquellas propiedades del universo que somos capaces de discernir son autoseleccionadas por el hecho de que deben ser consistentes con nuestra propia evolución y existencia actual» (*ibid.*). [Nota de la edición española: John Barrow falleció el 26 de septiembre de 2020, después de la publicación de este libro en inglés (29 de noviembre de 2018)]. Los mismos físicos expresan el principio antrópico fuerte de esta manera: «El universo debe tener aquellas propiedades que permiten que la vida se desarrolle en él en algún momento de su historia» (*ibid.*, 21). El principio antrópico fuerte «está abierto a la crítica por no ser científico, ya que no es falsable. Normalmente, los cosmólogos evitan el principio antrópico fuerte» (LIDDLE y LOVEDAY, *Oxford Companion to Cosmology*, 17).

[15]   «Son necios por naturaleza todos los hombres que han ignorado a Dios y no han sido capaces de conocer al que es a partir de los bienes visibles, ni de reconocer al artífice fijándose en sus obras» (Sab 13,1 CEE); «Pues por la grandeza y hermosura de las criaturas se descubre por analogía a su creador» (Sab 13,5 CEE); «Dan vueltas a sus obras, las investigan y quedan seducidos por su apariencia, porque es hermoso lo que ven. Pero ni siquiera estos son excusables, porque, si fueron capaces de saber tanto que pudieron escudriñar el universo, ¿cómo no encontraron antes a su Señor?» (Sab 13,7-9 CEE).

razones para hablar por analogía del Dios trinitario como artífice y de las criaturas como artefactos divinos»[16]. Las Sagradas Escrituras y las fuentes patrísticas apoyan esta analogía[17]. El Aquinate también la aprobó[18]. Sin embargo, Dios no es un artífice o diseñador del mismo modo que los humanos[19]. A este respecto, Simon Gaine afirma que «a diferencia de los artífices humanos, que hacen su obra a partir de un material preexistente, Dios crea todo el ser de algo a partir de la nada, sin que se presuponga nada más»[20]. Además, Velde defiende que cuando

---

[16]   Simon F. GAINE, «God Is an Artificer. A Reply to Professor Edward Feser»: *Nova et Vetera* 14/2 (Spring 2016), 495.

[17]   *Ibid.*, 496-497. «La Carta a los Hebreos 11,10 nombra a Dios como "τεχνίτης"; en este caso, el artífice de la ciudad que esperaba Abrahán. Pero Dios es retratado en la Biblia no solo como artífice escatológico, sino como artífice protológico de la creación, por ejemplo, en los primeros capítulos del Génesis, donde en 2,7 Dios forma un hombre del polvo de la tierra, etc. La Escritura, además, no solo habla de que Dios creó por su verbo –Juan 1,3 dice que por medio del Verbo se hizo todo lo que se hizo–, sino que también habla en este sentido de la sabiduría divina. "Por la sabiduría el Señor fundó la tierra", dice Proverbios 3,19. Luego, en 8,30, la "Sabiduría" se presenta como una figura al lado de Dios en la creación, uniendo las cosas, armonizándolas, por así decirlo. Luego, en el libro de la Sabiduría 7,22, se nombra a la Sabiduría como una "τεχνίτης", donde el autor confiesa: "La Sabiduría, artífice de todas las cosas, me enseñó". Y en 8,5-6, encontramos: "¿Qué es más rico que la Sabiduría, que efectúa todas las cosas? Y si el entendimiento es eficaz, ¿quién más que ella es artífice de lo que existe?"» (*ibid.*, 496).

[18]   Estos son algunos ejemplos: «Dios, Que es el primer principio de todas las cosas, puede ser comparado con las cosas creadas como el arquitecto lo es con las cosas diseñadas [*ut artifex ad artificiata*]» (AQUINO, *Summa theologiae*, I, q. 27, a. 1, ad 3); «Porque el conocimiento de Dios es para todas las criaturas lo que el conocimiento del artífice es para las cosas hechas por su arte [*sicut scientia artificis se habet ad artificiata*]» (*ibid.*, I, q. 14, a. 8, co.); «Dios es la causa de las cosas por su intelecto y voluntad, así como el artesano es causa de las cosas hechas por su oficio [*sicut artifex rerum artificiatarum*]» (*ibid.*, I, q. 45, a. 6, co.). Además, el Aquinate entendió la creación como un arte divino: «La naturaleza no es otra cosa que un cierto tipo de arte, es decir, el arte divino [*natura nihil est aliud quam ratio cuiusdam artis, scilicet divinae*], impreso en las cosas, por el cual estas son movidas a un fin determinado» (Thomas AQUINAS, *Commentary on Aristotle's Physics*, [trans. Richard J. Blackwell, *et al.*], Aristotelian Commentary Series 1, Dumb Ox, Notre Dame, Indiana 1999, 134 (lib. 2, l. 14, n. 8)).

[19]   GAINE, «God Is an Artificer», 499. Para un estudio exhaustivo del Aquinate sobre las diferencias entre el arte divino y el humano, véanse Francis J. KOVACH, «Divine Art in Saint Thomas Aquinas», en *Arts Libéraux et Philosophie au Môyen Age. Actes du Quatrième Congrès International de Philosophie Médiévale*, Institut d'Études Médiévales, Montreal 1969, 665-670; Gregory T. DOOLAN, *Aquinas on the Divine Ideas as Exemplar Causes,* Catholic University of America Press, Washington, DC 2008, 223-228.

[20]   GAINE, «God Is an Artificer», 500. «Como un obrero creado [*artifex creatus*] hace una cosa de la materia, así Dios hace cosas de la nada [...], no como si esta nada fuera una parte de la sustancia de la cosa hecha, sino porque toda la sustancia de una cosa es producida por él sin que se presuponga nada más» (AQUINO, *Summa theologiae*, I, q. 41, a. 3, co.).

«un artífice humano produce una cosa, el ejercicio de su habilidad requiere una herramienta de naturaleza externa a él. Dios, por el contrario, ejerce su habilidad en virtud de su propia naturaleza. Tanto el *arte* de Dios como su naturaleza están implicados en su acción creadora»[21]. Como señala Gaine, «reconocer a Dios como artífice divino no tiene por qué significar confundir los objetos naturales con los artefactos humanos. Más bien, al igual que la teleología extrínseca en los artefactos humanos puede llevarnos a sus artífices humanos, la teleología intrínseca en los artefactos divinos puede llevarnos al artífice divino»[22]. Desafortunadamente, tanto los partidarios como los detractores del ajuste fino identifican la creación (objetos naturales) con el diseño (artefactos humanos). Esa identificación conlleva una concepción de Dios como diseñador divino que adolece de una teología extrínseca. Por un lado, los teólogos y científicos extrínsecos interpretan el ajuste fino como prueba de la existencia de un diseñador divino. Por otro lado, los cosmólogos ateos, teniendo en cuenta ese diseñador divino, se esfuerzan por ofrecer una alternativa a él desde el punto de vista científico. Una vez más, tanto los defensores de la existencia de Dios como los opositores comparten la misma teología extrínseca. Son como las dos caras de una misma moneda. En la segunda parte de este capítulo, trataré esta cuestión del universo finamente ajustado como una forma de criticar el extrinsecismo teológico presente en aquellos teólogos y científicos que defienden el argumento del diseño y en aquellos cosmólogos ateos que ofrecen una alternativa científica al principio antrópico.

Este capítulo, por tanto, tratará dos cuestiones cosmológicas principales, que son el comienzo del universo y el universo finamente ajustado. La imagen extrínseca de Dios será evidente cuando analice las contribuciones de quienes tratan estos dos temas cosmológicos principales, ya sea para defender la existencia de Dios o para negarla. El cosmólogo ateo Sean Carroll identifica nuestras dos principales cuestiones cosmológicas como las dos principales cuestiones cosmológicas que ofrecen una oportunidad para dar pruebas científicas de la existencia de Dios. Repasemos brevemente su razonamiento. Carroll explica que hay dos posibles situaciones que podrían ofrecer pruebas científicas de la acción divina en nuestro mundo. La primera situación ocurre cuando «hay algo que falta inherentemente en una descripción materialista de la naturaleza». Carroll describe al

---

[21]   VELDE, *Participation and Substantiality*, 103-104. «Por consiguiente, las formas de las cosas están en Dios de ambas maneras. Porque si bien su acción con respecto a las cosas proviene de su intelecto, no es sin la acción de la naturaleza. Pero mientras que aquí abajo el arte del artesano [*artificibus ars*] actúa en virtud de una naturaleza extraña que emplea como instrumento, como un fabricante de ladrillos utiliza el fuego para cocer sus ladrillos; en cambio el arte de Dios [*ars divina*] no emplea ninguna naturaleza extraña en su acción, sino que produce su efecto en virtud de su propia naturaleza» (AQUINO, *De Potentia Dei*, q. 7, a. 1, ad 8).

[22]   GAINE, «God Is an Artificer», 500.

Dios que está detrás de esta línea de razonamiento como un «Dios de los huecos»[23]. Las condiciones iniciales del Big Bang «no son en absoluto genéricas; la curvatura del espacio (en contraposición a la del espacio-tiempo) era extremadamente cercana a cero, y partes muy separadas del universo se expandían a velocidades casi idénticas»[24]. Carroll acepta francamente la incapacidad de la cosmología moderna para explicar el Big Bang[25]. La segunda situación posible que podría dar prueba científica de la acción divina en el universo ocurriría «si, al construir varios modelos para el universo, encontramos que la hipótesis de Dios explica más económicamente algunas de las características que encontramos en los fenómenos observados»[26]. La cosmología ofrece un excelente ejemplo para esta segunda situación con el argumento del diseño, que busca establecer científicamente «que ciertos aspectos del universo [… están] diseñados en lugar de ensamblados por casualidad»[27]. Según Sean Carroll, pues, hay dos conceptos principales en la cosmología que pueden aportar pruebas de la existencia de Dios: la singularidad inicial del Big Bang y el universo finamente ajustado. Como se ha indicado anteriormente, el propio acto de concebir una prueba científica de la existencia de Dios determina la comprensión de Dios. La imagen de Dios inherente a las pruebas cosmológicas de la existencia de Dios es una imagen extrínseca, como mostraré.

Por último, para el astrónomo agnóstico Robert Jastrow, nuestros dos principales temas cosmológicos eran los que tenían mayor significado teológico. Cuando se le pidió a Jastrow que identificara «los resultados de la ciencia que tienen relación con la visión religiosa de la realidad», dio una doble respuesta: «La evidencia del nacimiento abrupto del universo» y el hecho de que «el más mínimo cambio en cualquiera de las circunstancias del mundo natural, como la fuerza relativa de las fuerzas de la naturaleza o las propiedades de las partículas elementales, habría conducido a un universo en el que no podría haber ni la vida ni el hombre»[28]. Ahora que he establecido la importancia teológica de nuestros dos temas cosmológicos principales, comenzaré con el primero.

---

[23] Sean CARROLL, «Why (Almost All) Cosmologists Are Atheists»: *Faith and Philosophy* 22/5 (2005), 628. Nótese que el «Dios de los huecos» es en sí mismo necesario por una comprensión reductiva de la naturaleza, que se caracteriza por los enormes huecos en su descripción de la realidad. [Nota de la edición española: El «dios de los huecos» es también conocido como «dios de los agujeros», «dios tapa agujeros» y «dios de los vacíos». La acción del «dios de los huecos» está limitada a aquellos ámbitos de la realidad que no pueden ser descritos por el conocimiento científico].

[24] *Ibid.*, 629.

[25] *Ibid.*

[26] *Ibid.*, 631.

[27] *Ibid.*, 628.

[28] Robert JASTROW, «The Astronomer and God», en *The Intellectuals Speak out about God. A Handbook for the Christian Student in a Secular Society*, (ed. Roy A. Varghese), Regnery Gateway, Chicago 1984, 21.

2. El comienzo del universo como prueba científica de la existencia de Dios

Uno de los partidarios más notables del comienzo del universo como prueba de la existencia de Dios es el teólogo filosófico William L. Craig. Sus contribuciones más relevantes a nuestro tema son sus discusiones sobre el argumento cosmológico *kalam*[29]. En general, el argumento cosmológico indica «una familia de argumentos que busca demostrar la existencia de una *razón suficiente* o *causa primera* de la existencia del cosmos». Esta familia de argumentos «puede agruparse en tres tipos básicos: el argumento cosmológico *kalam* para una Causa Primera del comienzo del universo, el argumento cosmológico tomista para un Fundamento sustentador del Ser del mundo, y el argumento cosmológico leibniziano para una Razón Suficiente de por qué existe algo en lugar de la nada». El argumento cosmológico *kalam* «pretende mostrar que el universo tuvo un comienzo en algún momento del pasado finito y, puesto que algo no puede salir de la nada, debe tener por tanto una causa trascendente, que trajo el universo a la existencia»[30]. Craig expone el argumento cosmológico *kalam* de esta manera silogística:

---

[29]   «A la luz del papel central que desempeñó esta forma del argumento cosmológico [imposibilidad de una regresión temporal infinita de los eventos] en la teología islámica medieval, así como la contribución sustancial a su desarrollo por parte de sus defensores musulmanes medievales, utilizamos la palabra *"kalam"* para denominar esta versión del argumento. La palabra árabe para el discurso, *kalam*, fue utilizada por los pensadores musulmanes para denotar una declaración de doctrina teológica y, eventualmente, de cualquier posición intelectual o un argumento que apoyara dicha posición [...]. Finalmente, *kalam* se convirtió en el nombre de todo el movimiento dentro del pensamiento musulmán que podría describirse mejor como la escolástica islámica» (William L. CRAIG y James D. SINCLAIR, «The *Kalam* Cosmological Argument», en *The Blackwell Companion to Natural Theology*, (eds. William L. Craig, James P. Moreland), Wiley-Blackwell, Malden, Massachusetts 2012, 101-102).

[30]   William L. CRAIG, «The Cosmological Argument», en *The Rationality of Theism*, (eds. Paul Copan, Paul K. Moser), Routledge, London 2003, 112. Más adelante exploraré más a fondo las distinciones entre los argumentos cosmológicos *kalam* y tomista, haciendo hincapié en sus respectivos supuestos metafísicos. Para completar, presento aquí el argumento cosmológico leibniziano: «El polímata alemán Gottfried Wilhelm Leibniz, que da nombre a la tercera forma del argumento, trató de desarrollar una versión del argumento cosmológico de la contingencia sin los fundamentos metafísicos aristotélicos del argumento tomista. "La primera pregunta que debe hacerse con razón", escribió, "es esta: ¿Por qué hay algo en lugar de la nada?" [Gottfried W. LEIBNIZ, *Leibniz. Selections*, (ed. Philip P. Wiener), Charles Scribner's Sons, New York 1951, 527]. Leibniz pretendía que esta pregunta fuera realmente universal, no solo aplicable a las cosas finitas. Sobre la base de su Principio de Razón Suficiente, según el cual "ningún hecho puede ser real o existente, ninguna afirmación verdadera, a menos que haya una razón suficiente por la que sea así y no de otra manera" [*ibid.*, 539], Leibniz sostuvo que esta pregunta debe tener una respuesta. No basta con decir que el universo (o incluso Dios) existe simplemente como un hecho bruto. Debe haber una explicación [de] por qué existe. Continuó argumentando que la Razón Suficiente no puede encontrarse en ninguna cosa individual

«1.0. Todo lo que comienza a existir tiene una causa.

2.0. El universo comenzó a existir.

3.0. Por lo tanto, el universo tiene una causa»[31].

El teólogo filosófico sostiene que «los defensores clásicos del argumento [*kalam*] trataron de demostrar que el universo comenzó a existir sobre la base de argumentos filosóficos contra la existencia de una regresión temporal infinita de eventos pasados»[32]. Continúa afirmando que «el interés contemporáneo en el argumento surge en gran medida de las sorprendentes pruebas empíricas de la cosmología astrofísica sobre un comienzo del espacio y el tiempo»[33]. Craig cree firmemente que la astronomía y la astrofísica han proporcionado «pruebas empíricas provocativas de que el universo no es eterno en el pasado»[34]. Él piensa que la evidencia física de un comienzo del universo viene dada por dos hechos principales: la expansión del universo y la segunda ley de la termodinámica[35]. En cuanto a la expansión del universo, Craig sostiene que «el modelo cosmogónico estándar (Friedman-LeMaître-Robertson-Walker) del Big Bang implica que el

---

del universo, ni en el conjunto de tales cosas que componen el universo, ni en los estados anteriores del universo, aunque estos retrocedan infinitamente. Por lo tanto, debe existir un ser ultramundano que sea metafísicamente necesario en su existencia, es decir, que su inexistencia sea imposible. Este es la Razón Suficiente de su propia existencia, así como de la existencia de toda cosa contingente» (CRAIG, «The Cosmological Argument», 113-114).

[31] CRAIG y SINCLAIR, «The *Kalam* Cosmological Argument», 102. Más adelante explicaré la idea de comienzo que está detrás del argumento cosmológico *kalam* de Craig.

[32] CRAIG, «The Cosmological Argument», 112. «Uno de los argumentos tradicionales a favor de la finitud del pasado se basa en la imposibilidad de la existencia de un infinito actual. Puede formularse como sigue: 2.11. Un infinito actual no puede existir. 2.12. Una regresión temporal infinita de eventos es un infinito actual. 2.13. Por lo tanto, no puede existir una regresión temporal infinita de eventos» (CRAIG y SINCLAIR, «The *Kalam* Cosmological Argument», 103). «Un segundo argumento filosófico en apoyo de la premisa de que el universo comenzó a existir [es …] el argumento de la imposibilidad de la formación de un infinito actual por adición sucesiva. El argumento puede ser formulado simplemente como sigue: 2.21. Una colección formada por adición sucesiva no puede ser un infinito actual. 2.22. La serie temporal de eventos es una colección formada por adición sucesiva. 2.23. Por tanto, la serie temporal de eventos no puede ser un infinito actual» (*ibid.*, 117).

[33] CRAIG, «The Cosmological Argument», 112-113. «En la actualidad, el paradigma dominante de la cosmología es el Modelo Estándar del Big Bang, según el cual el universo espacio-temporal se originó *ex nihilo* hace unos 15 mil millones de años. Un origen *ex nihilo* como este parece pedir a gritos una causa trascendente» (*ibid.*, 113).

[34] CRAIG y SINCLAIR, «The Kalam Cosmological Argument», 125.

[35] Sean CARROLL y William L. CRAIG, «God and Cosmology. The Existence of God in Light of Contemporary Cosmology», en *God and Cosmology. William Lane Craig and Sean Carroll in Dialogue*, (ed. Robert B. Stewart), Grear-Heard Lectures, Fortress, Minneapolis 2016, 23. Esta sección del libro reproduce el debate entre Craig y Sean Carroll, celebrado en febrero de 2014 en el *Greer-Heard Point-Counterpoint Forum in Faith and Culture*.

universo no es infinito en el pasado, sino que tuvo un comienzo absoluto hace un tiempo finito»[36]. Aunque el modelo estándar ha sido modificado y se han propuesto otras opciones cosmológicas, Craig defiende que los teoremas de la singularidad presentados por Vilenkin y otros científicos hacen imposible que los modelos cosmológicos defendibles eviten un comienzo[37]. En cuanto a la segunda ley de la termodinámica, Craig argumenta que si el universo hubiera existido desde siempre, habría alcanzado el estado de muerte térmica termodinámica, un estado a partir del cual no hay energía disponible[38]. Obviamente, en nuestro universo hay energía disponible y, por tanto, el universo no ha existido desde siempre[39]. Al final, esta es la conclusión de Craig:

> «Así, tenemos una buena constatación, tanto de la expansión del universo como de la segunda ley de la termodinámica, de que el universo no es eterno en el pasado, sino que tuvo un comienzo temporal. Así, la segunda premisa del argumento cosmológico *kalam* recibe una confirmación significativa de la constatación de la cosmología contemporánea. Tenemos, pues, un buen argumento a favor de una causa trascendente del universo»[40].

Craig es el principal impulsor del argumento cosmológico *kalam*, y lo ha estado defendiendo durante décadas[41]. El jesuita Robert J. Spitzer es otro defensor del argumento cosmológico *kalam*, cuya principal contribución a este tema es

---

[36] *Ibid.*, 24-25.

[37] *Ibid.*, 25. «Una serie de notables teoremas de singularidad ha ido estrechando el cerco en torno a los modelos cosmogónicos empíricamente defendibles al demostrar que, en condiciones cada vez más generalizadas, un comienzo es inevitable. En 2003, Arvind Borde, Alan Guth y Alexander Vilenkin lograron demostrar que cualquier universo que se encuentre, en promedio, en un estado de expansión cósmica a lo largo de su historia no puede ser infinito en el pasado, sino que debe tener un comienzo. En 2012 Vilenkin demostró que los modelos cosmogónicos que no cumplen esta condición […] fracasan por otros motivos al evitar el comienzo del universo» (*ibid.*). Craig se refiere aquí a Arvind BORDE, *et al.*, «Inflationary Spacetimes Are Incomplete in Past Directions»: *Physical Review Letters* 90/15 (April 15, 2003), 151301/1-151301/4; y a Audrey MITHANI y Alexander VILENKIN, «Did the Universe Have a Beginning?», en *Gravitation, Astrophysics and Cosmology. Proceedings of the Xth International Conference on Gravitation, Astrophysics and Cosmology (ICGAC10). Quy Nhon, December 17-22, 2011*, (eds. Roland Triay, *et al.*), Gioi, Hanoi 2013, 173-177.

[38] CARROLL y CRAIG, «God and Cosmology», 29.

[39] Paul COPAN y William L. CRAIG, *Creation out of Nothing. A Biblical, Philosophical, and Scientific Exploration*, Baker Academic, Grand Rapids, Michigan 2004, 241.

[40] CARROLL y CRAIG, «God and Cosmology», 31-32.

[41] Craig tiene más de treinta publicaciones (libros y artículos) sobre el argumento cosmológico *kalam*. Para una lista detallada de publicaciones, véase https://www.reasonable-faith.org/william-lane-craig/. Entre sus publicaciones, su obra fundacional es William L. CRAIG, *The Kalām Cosmological Argument*, Barnes & Noble, New York 1979.

su libro *New Proofs for the Existence of God: Contributions of Contemporary Physics and Philosophy*[42]. En este libro, «Spitzer afirma que la física moderna refuerza el argumento cosmológico medieval *kalam* y nos muestra que el tiempo pasado del universo es finito»[43]. Esta es la propuesta del jesuita para el argumento cosmológico *kalam*:

> «(1) Si existe una probabilidad razonable de un comienzo del universo (antes del cual no había realidad física alguna), y (2) si es cierto *a priori* que "de la nada, solo viene la nada", entonces es razonablemente probable que el universo proceda de *algo* que *no* es la realidad física. A esto se le llama comúnmente "causa trascendente del universo (realidad física)" o "un creador del universo"»[44].

Spitzer explica que hay dos tipos de argumentos que sugieren un comienzo del universo: «a) Argumentos sobre la posible geometría del espacio-tiempo y b) argumentos basados en la Segunda Ley de la Termodinámica»[45]. Estos dos argumentos son básicamente los mismos que los dos propuestos por Craig[46]. Después de discutir los argumentos, Spitzer concluye que «la preponderancia de la evidencia cosmológica favorece un comienzo del universo (antes del cual no había realidad física alguna). Este comienzo de la realidad física marca el punto en el que nuestro universo comenzó a existir. Actualmente no existen alternativas verdaderamente satisfactorias a este comienzo de la realidad física»[47].

Los teólogos no son los únicos que defienden el comienzo del universo como prueba científica del acto de la creación y de la existencia de un creador. Algunos astrónomos apoyan las mismas ideas. Por ejemplo, Jastrow, fundador del Instituto Goddard de Estudios Espaciales de la NASA, pensaba que «la idea de un Big Bang [...] sugería un comienzo y una creación, y una creación sugería un

---

[42] Este libro recibió el Premio al Libro de la Asociación de Prensa Católica 2011 en el tema de Fe y Ciencia.

[43] William E. CARROLL, «Aquinas and Contemporary Cosmology. Creation and Beginnings»: *Science & Christian Belief* 24/1 (April 2012), 11.

[44] Robert J. SPITZER, *New Proofs for the Existence of God. Contributions of Contemporary Physics and Philosophy*, Eerdmans, Grand Rapids, Michigan 2010, 45. Spitzer da otra formulación del mismo argumento cosmológico *kalam*: «1) Cualquier universo debe tener un comienzo [...] 2) Cualquier universo no podría haber causado su propia existencia [...] 3) Algo que trasciende cada universo debe causar la existencia de ese universo» (*ibid.*, 211). Según el jesuita, «las tres deducciones anteriores son una reformulación de lo que William Lane Craig denomina el argumento *kalam*» (*ibid.*, 211n38). Como ya dije al hablar de Craig, más adelante explicaré la idea de comienzo que está detrás del argumento cosmológico *kalam* de Spitzer.

[45] *Ibid.*, 22.

[46] SPITZER, *New Proofs*, 24-43. Véase William CARROLL, «Aquinas and Contemporary Cosmology», 11.

[47] SPITZER, *New Proofs*, 43.

creador»[48]. Este científico también afirmó que «los astrónomos ahora se encuentran con que se han arrinconado a sí mismos porque han demostrado, por sus propios métodos, que el mundo comenzó abruptamente en un acto de creación en el cual se pueden rastrear las semillas de cada estrella, cada planeta, cada ser vivo en este cosmos y en la Tierra»[49].

Hasta ahora he descrito el modo en que teólogos y científicos utilizan el comienzo del universo como prueba científica de la existencia de una creación y, en consecuencia, de un creador. Este es el núcleo del argumento cosmológico *kalam*. Según se ha indicado anteriormente, este argumento es un tipo particular de argumento cosmológico. Para tener una mejor idea de lo que implica este argumento, lo contrastaré con el argumento cosmológico tomista[50]. Craig observa que «la formulación de Tomás de Aquino de un argumento desde la contingencia

---

[48]   Fred HEEREN y Robert JASTROW, *Evidence for God? Fred Heeren Interviews Today's Top Space Scientists,* VHS video. Show Me God - Part 1, Day Star Productions, Kansas City, Kansas 1997.

[49]   Bill DURBIN y Robert JASTROW, «A Scientist Caught between Two Faiths. Interview with Robert Jastrow»: *Christianity Today* 26/13 (August 6, 1982), 15.

[50]   Según Craig, «de las Cinco Vías [*Summa theologiae*, I, q. 2, a. 3] solo las tres primeras son argumentos cosmológicos. En cada una de las tres primeras pruebas, el Aquinate razona desde un dato particular de la experiencia en general (cambio, causalidad, seres contingentes) hasta un Ser último que es la causa de estos en el mundo […]. Cada una de estas tres vías es un argumento *a posteriori*» (William L. CRAIG, *The Cosmological Argument from Plato to Leibniz*, Barnes & Noble, New York 1980, 160). Cuando Craig se refiere al argumento cosmológico tomista (en singular), se refiere sobre todo a la tercera vía (la vía de la contingencia). Véanse ÍD., «The Cosmological Argument», 113; ÍD., *A Rabbi Looks at the Kalam Argument*, entrevista por Kevin Harris, *Reasonable Faith*, Podcast, última modificación 21 de marzo de 2013: https://www.reasonablefaith.org/media/reasonable-faith-podcast/a-rabbi-looks-at-the-kalam-argument/. Es muy interesante observar que Craig rechaza una interpretación metafísica del argumento cosmológico tomista y defiende una mera comprensión física. «Por lo tanto, la interpretación más probable de la primera vía parecería ser que el Aquinate ha seguido a Aristóteles, tal como él dice, al exponer una prueba física, a partir del movimiento, para un primer motor inmóvil» (ÍD., *Cosmological Argument from Plato*, 172). «Se ha argumentado que la tercera vía, al igual que la primera, tiene realmente un punto de partida "metafísico" en lugar de uno meramente físico, es decir, considera seres cuya esencia no implica su existencia. Pero tal interpretación ignora la segunda mitad de la tercera vía, así como los vínculos históricos con versiones árabes y judías anteriores. Hoy se reconoce generalmente que la primera parte de la tercera vía comienza considerando la posibilidad y la necesidad en términos puramente físicos» (*ibid.*, 183). Al final, el teólogo filosófico rechaza el argumento tomista por sus problemas con la comprensión de la contingencia: «La dificultad de apelar al argumento tomista, sin embargo, es que es muy difícil mostrar que las cosas son, de hecho, contingentes en el sentido especial requerido por el argumento. Ciertamente, las cosas son naturalmente contingentes en el sentido de que su existencia continua depende de una miríada de factores que incluyen las masas de las partículas y las fuerzas fundamentales, la temperatura, la presión, el nivel de entropía,

para la existencia de Dios [...] es un argumento bastante distinto del argumento *kalam*». Este último argumento asume «el tipo de serie causal temporalmente ordenada como el huevo y la gallina», y defiende la existencia de una primera causa en un sentido cronológico. En cambio, el argumento tomista habla «de un tipo muy particular de serie causal, una en la que las causas y los efectos no están ordenados linealmente en el tiempo, sino que están ordenados jerárquicamente en un momento determinado. Así, la causa que es primera no es cronológicamente primera, sino que es primera en el sentido de rango, como el general es el primero en la cadena de mando, digamos, pero no es temporalmente el primero»[51]. Ciertamente, esto remite a la distinción entre orígenes temporales y ontológicos. Esta distinción, y la prioridad del origen ontológico sobre el temporal, transforma el significado del origen temporal, haciendo que el tiempo no sea simplemente una serie lineal de instantes, sino una participación en la actualidad de la eternidad, como sugerí en el segundo capítulo. Según el Aquinate,

> «la forma más eficaz de demostrar que Dios existe es la suposición de que el mundo es eterno. Concedida esta suposición, que Dios existe es menos manifiesto. Porque, si el mundo y el movimiento tienen un primer comienzo, es evidente que hay que plantear alguna causa que explique este origen del mundo y del movimiento. Lo que llega a ser de nuevo debe tener su origen en alguna causa innovadora, ya que nada pasa por sí mismo de la potencia al acto, o del no-ser al ser»[52].

Por lo tanto, «el Aquinate no estaba en desacuerdo con que si el universo comenzó a existir entonces tenía que haber un creador trascendente [...]. Para el Aquinate el problema era que no creía que se pudiera demostrar con absoluta certeza [...] que el universo comenzó a existir»[53]. Como Tomás «no consideraba demostrativos los argumentos *kalam* sobre la finitud del pasado, argumentó a favor de la existencia de Dios sobre la suposición más difícil de la eternidad del mundo». En otras palabras, el Aquinate no presuponía un comienzo del universo.

---

etc., pero esta contingencia natural no basta para establecer la contingencia metafísica de las cosas en el sentido de que el ser debe añadirse continuamente a sus esencias para que no sean aniquiladas espontáneamente. De hecho, si el argumento de Tomás conduce en última instancia a un ser absolutamente simple cuya esencia es la existencia, entonces uno bien podría ser llevado a negar que los seres están metafísicamente compuestos de esencia y existencia si la idea de tal ser absolutamente simple resulta ser ininteligible» (ÍD., «The Cosmological Argument», 116).

[51] ÍD., *A Rabbi Looks*. «A veces es útil pensar en estas causas dispuestas verticalmente en lugar de horizontalmente. Si usted piensa en la serie causal temporal como dispuesta horizontalmente, lo que el Aquinate está pensando es en una serie causal que está dispuesta verticalmente y se remonta a un primer motor en el sentido de una fuente causal última, más alta y superior, de los efectos que usted observa» (*ibid.*).

[52] AQUINO, *Summa contra gentiles*, lib. 1, cap. 13, n. 30.

[53] CRAIG, *A Rabbi Looks*.

Sin embargo, sí presuponía que «toda cosa finita existente se compone de esencia y existencia y, por tanto, es radicalmente contingente». El Aquinate defendía que «la esencia está en potencia para el acto de ser, y, por lo tanto, sin el otorgamiento del ser, la esencia no sería ejemplificada. Por la misma razón, ninguna sustancia puede actualizarse a sí misma, pues para otorgarse el ser a sí misma tendría que ser ya actual. Una potencialidad pura no puede actualizarse a sí misma, sino que requiere alguna causa externa». Para Tomás, «no puede haber para nada causas intermedias del ser, [… pues] cualquier sustancia finita es sostenida en la existencia inmediatamente por el Fundamento del Ser». Este Ser «no requiere ninguna causa sustentadora» porque su esencia es su existencia. «En cierto sentido, este ser no tiene esencia; más bien es el puro acto de ser, no limitado por ninguna esencia. Es, como dice Tomás, *ipsum esse subsistens*, el acto de ser en sí mismo subsistente. Tomás identifica este ser con el Dios cuyo nombre fue revelado a Moisés como "Yo soy" (Ex 3,15)»[54]. Vemos, pues, que el argumento cosmológico tomista no depende de si el universo tiene un comienzo *ab initio temporis* o no. En cambio, el argumento cosmológico *kalam* se basa en el comienzo del universo. La diferencia entre el argumento tomista y el *kalam* apunta a una profunda diferencia en lo que cada uno considera que es la creación.

Es necesario notar que el argumento tomista no puede entenderse como autónomo o evidente por sí mismo. El argumento presupone obviamente la metafísica tomista, como la concepción del ser como acto, la distinción real y la contingencia del universo como una mezcla de potencia y acto.

> «Desde el principio […] Tomás ve el mundo en una perspectiva de causa/efecto. Más propiamente, tal vez, se basa, tácitamente, en la doctrina de que el mundo es creado. Las demostraciones de que "Dios existe" que ofrecerá son articulaciones de la presuposición ya aceptada de que el mundo tiene un creador, y no argumentos que parten de características de un mundo que aún no están identificadas como "efectos"»[55].

A diferencia del positivismo del argumento *kalam*[56], «las "pruebas teístas" de Tomás no parten de un mundo que "simplemente es" y del que hay que deducir su "causa". Por el contrario, la idea de "simplemente ser" le habría resultado ininteligible»[57]. El argumento tomista no pretende «convencer a los hipotéticos ateos de mente abierta» de la existencia de Dios, como hace el

[54]   ÍD., «The Cosmological Argument», 113.
[55]   Fergus KERR, *After Aquinas. Versions of Thomism*, Blackwell, Malden, Massachusetts 2002, 59.
[56]   El positivismo del argumento cosmológico *kalam* se discutirá más adelante.
[57]   KERR, *After Aquinas*, 68. Kerr opina sobre McDermott; véase Timothy MCDERMOTT, «Introduction», en Thomas Aquinas, *Summa theologiae. Vol. 2. Existence and Nature of God (Ia. 2-11)*, (trans. Timothy McDermott), Cambridge University Press, Cambridge,

argumento *kalam*, «sino profundizar y realzar el misterio del Dios oculto. De entrada, las "pruebas teístas" son la primera lección de la teología negativa de Tomás. Lejos de ser un ejercicio de apologética racionalista, el propósito de defender la existencia de Dios es proteger la trascendencia de Dios»[58]. Craig, actualmente el más ardiente defensor del argumento cosmológico *kalam*, es un apologeta racionalista. Adopta la mentalidad positivista de la ciencia moderna, por lo que rechaza la comprensión analógica del ser. Como positivista, defiende que «hay un concepto unívoco del ser que se aplica tanto a Dios como a las criaturas». Por lo tanto, como afirma Craig, «cuando decimos que Dios es o existe, estamos utilizando el término en el mismo sentido en el que decimos que un hombre es o existe». No es de extrañar que Craig califique la afirmación tomista de que «solo podemos hablar de Dios en términos analógicos» como «muy inquietante». Más aún, el teólogo filosófico piensa que «sin la univocidad de significado, nos quedamos con el agnosticismo sobre la naturaleza de Dios, capaces de decir solo lo que Dios no es, no lo que él es»[59]. Desde su perspectiva positivista, Craig solo puede interpretar la teología negativa del Aquinate como agnosticismo.

Después de contrastar el argumento cosmológico *kalam* y el tomista, es hora de explorar los términos clave del argumento cosmológico *kalam*. Los términos clave son *comienzo*, *causa* y *creación*. La exploración de estos términos clave nos ayudará a exponer las presuposiciones extrínsecas detrás de esos términos. Comencemos con la idea de *comienzo*. Recordemos que la primera premisa del argumento cosmológico *kalam*, según Craig, es esta: «todo lo que comienza a existir tiene una causa»[60]. El teólogo filosófico especifica la expresión «comenzar a existir» de esta manera:

«Al afirmar que el universo comenzó a existir, los defensores del argumento cosmológico *kalam* entienden "comenzar a existir" de la siguiente manera, donde "*x*" abarca cualquier entidad y "*t*" abarca tiempos, ya sean instantes o momentos:

A. *x* comienza a existir en *t* si y solo si *x* surge en *t*.

B. *x* surge en *t* si y solo si (i) *x* existe en *t*, y el mundo real no incluye ningún estado de cosas en el que *x* exista atemporalmente, (ii) *t* es o el primer momento en el que *x* existe o está separado de cualquier $t' < t$ en el que *x* existió por un

---

2006, xxiii.

[58] KERR, *After Aquinas*, 58.

[59] William L. CRAIG, «Is God a Being in the Same Sense That We Are?», *Reasonable Faith*, Question & Answer #276, última modificación 29 de julio de 2012: http://www.reasonablefaith.org/writings/question-answer/is-god-a-being-in-the-same-sense-that-we-are.

[60] ÍD., SINCLAIR, «The Kalam Cosmological Argument», 102.

intervalo durante el cual *x* no existe, y (iii) y la existencia de *x* en *t* es un hecho tenso»[61].

Como podemos ver, Craig entiende el comienzo en un sentido *temporal*. El teólogo filosófico reconoce que su «explicación de "*x* comienza a existir en *t*" deja abierta la cuestión de si hay tiempos anteriores a *t* o no»[62]. Cuando Craig afirma en la segunda premisa del argumento cosmológico *kalam* que «el universo comenzó a existir»[63], tiene en mente un comienzo temporal del universo en *t* = 0. Desde el punto de vista científico, Craig equipara que el universo tenga un comienzo con que el universo no sea eterno en el pasado[64]. El jesuita Spitzer también entiende el comienzo del universo en un sentido temporal. Para él, la afirmación de que el universo tiene un comienzo es lo mismo que la afirmación de que el tiempo tiene un comienzo[65]. La estrecha asociación entre comienzo y tiempo tiene consecuencias directas para su comprensión de la creación, como mostraré en un momento.

Pero primero, consideremos la idea de *causalidad* asumida por los partidarios del argumento cosmológico *kalam*. Craig declara que «el concepto unívoco de "causa"» que emplea en su argumentación «es el concepto de causalidad eficiente, es decir, algo que produce o trae a la existencia sus efectos. El hecho de que tal producción implique la transformación de materiales previamente existentes o la creación *ex nihilo* es completamente incidental»[66]. El hecho de que Craig considere como causa exclusivamente la causa eficiente es una clara indicación de su adhesión a los presupuestos de la ciencia moderna. Recuérdese que, en la ciencia moderna, «se considera que las causas eficientes son las únicas formas reales de causalidad y cualquier apelación a las nociones metafísicas de causalidad final o formal se considera como un intento filosóficamente ilegítimo de reintroducir el sobrenaturalismo por la puerta de atrás»[67]. La supuesta eliminación de la causalidad «metafísica» (final y formal) implica una nueva comprensión de la causalidad eficiente. Esta causalidad «dejó de entenderse como la comunicación de acto en la constitución de un ser, y pasó a entenderse, más bien, como la iniciación de

[61] William L. Craig, «J. Howard Sobel on the Kalam Cosmological Argument»: *Canadian Journal of Philosophy* 36/4 (December 2006), 582. [Nota de la edición española: Un hecho tenso es aquel referido a la teoría A del tiempo].
[62] Íd., «Graham Oppy on the Kalam Cosmological Argument»: *International Philosophical Quarterly* 51/3 (September 2011), 327.
[63] Íd., Sinclair, «The Kalam Cosmological Argument», 102.
[64] *Ibid.*, 125.
[65] Spitzer, *New Proofs*, 22.
[66] William L. Craig, «The Origin and Creation of the Universe. A Reply to Adolf Grünbaum»: *The British Journal for the Philosophy of Science* 43/2 (June 1992), 234-235.
[67] Chapp, *The God of Covenant*, 1.

un desplazamiento por impulso»[68]. La causalidad eficiente pasó a significar «una fuerza o impulso activo que iniciaba el cambio por transferencia de energía a otro, dando lugar a un desplazamiento de partículas en una nueva configuración y con un ritmo de movimiento acelerado o desacelerado entre las partículas»[69]. Aunque la ciencia moderna ha intentado eliminar la cuádruple causalidad aristotélica, esto es imposible de hacer. Como señala D. C. Schindler, las causas de Aristóteles no pueden ser rechazadas, sino solo transformadas: «La esencia de la revolución científica, vista específicamente en relación con la cuestión de la causalidad, no es que conserve solo algunas de las causas de Aristóteles y rechace otras, sino que las conserva *todas* en algún sentido aunque transforme radicalmente el significado de cada una [...]. Esta transformación no es arbitraria, sino que refleja un cambio en la comprensión del ser»[70]. Como vimos en el primer capítulo, el ser es reducido «de la actualidad a la pura facticidad»[71].

Spitzer es muy cauteloso en su definición de causalidad porque no quiere «limitar la noción [de causalidad] a un tipo particular de física (como la física newtoniana)». El jesuita quiere aplicar el concepto de causalidad «a toda estructura inteligible conocida (desde la teoría cuántica hasta la cosmología inflacionaria y más allá)». Siguiendo al filósofo y teólogo Bernard J. F. Lonergan, Spitzer describe la causalidad como «el cumplimiento de las condiciones de una realidad condicionada»[72]. Opina que «la dependencia de las condiciones es todo lo que hay que conocer para que la prueba [el argumento cosmológico *kalam*] funcione. El *tipo* de condición es absolutamente irrelevante para el *funcionamiento* de la prueba»[73]. También piensa que, a pesar de que «los filósofos y los científicos puedan seguir cambiando y ampliando sus puntos de vista sobre la causalidad»,

---

[68]   SCHMITZ, *The Gift*, 122.

[69]   ÍD., *The Texture of Being*, 34.

[70]   D. C. SCHINDLER, «Historical Intelligibility», 23.

[71]   HANBY, *No God, No Science?*, 250.

[72]   SPITZER, *New Proofs*, 154. Véase también el capítulo 4 del libro mencionado. En su definición de la causalidad, Spitzer afirma que «se recurrió a tres categorías que podían cubrir adecuadamente todo el rango de acción, interacción, interrelación y emisión de energía en la Teoría General de la Relatividad, la Teoría Cuántica, la cosmología cuántica, la teoría de cuerdas, etc. –a saber, "realidades condicionadas" (realidades que dependen del cumplimiento de condiciones de cualquier tipo para su existencia) y "condiciones" (cualquier realidad de la que depende una realidad condicionada para su existencia) y "realidad incondicionada" (una realidad que no depende de condiciones de ningún tipo para su existencia)–. Las realidades condicionadas y las condiciones pueden incluir variedades espacio-temporales, campos electromagnéticos, campos cuánticos, campos de plasma, posiciones en la variedad espacio-temporal, estructuras de complejos, monopolos magnéticos –literalmente cualquier realidad que no sea incondicionada–» (*ibid.*, 223).

[73]   *Ibid.*

la validez o inteligibilidad del argumento cosmológico *kalam* no se ve afectada. Para Spitzer, su definición de causalidad abarca «todas las manifestaciones particulares de la causalidad que la ciencia pueda aducir tanto ahora como en el futuro»[74]. Nótese lo estrechamente vinculada que está la definición de causalidad de Spitzer a la ciencia, y más concretamente a la física. No es de extrañar que el jesuita utilice los términos *fuerza* y *poder* en estrecha relación con el término *causa*, o incluso como sinónimos de este[75]. En el contexto del acto de la creación, el astrónomo Jastrow equiparó la causalidad con las fuerzas[76]. De hecho, la causalidad es entendida en la ciencia moderna en términos de fuerza y poder: «La causalidad misma deja de ser una cuestión de comunicación de forma entre la causa y el efecto, como lo había sido para Platón y Aristóteles, y se convierte en cambio en una producción de "poder", que no revela nada de la naturaleza de su fuente»[77]. De nuevo, esta transformación refleja un cambio en la comprensión del ser, que pasa de acto a hecho bruto.

Ahora que he explorado la comprensión de *comienzo* y *causa* para los defensores del argumento cosmológico *kalam*, puedo tratar su concepción de *creación*. Debido a que albergan una ontología mecanicista en la que el ser se da por sentado, solo pueden entender la creación como un acontecimiento mecánico, como comunican en sus escritos[78]. La creación también se explica como un comienzo temporal. Solo pueden entender la creación en un sentido temporal porque entienden el comienzo en un sentido temporal. Para Spitzer, la creación es «un comienzo [temporal …] antes del cual no hay tiempo»[79]. La vinculación

---

[74] *Ibid.*, 224.

[75] «*Poder* trascendente, creativo» (*ibid.*, 1); «Un *poder causal* que trasciende el espacio y el tiempo universales» (*ibid.*, 3); «Un *poder* creativo que trasciende la asimetría espacio-temporal universal» (*ibid.*, 105); «*Poder* creativo» (*ibid.*, 107); «Una *fuerza causal* fuera de la asimetría espacio-temporal universal» (*ibid.*, 215); «Una *poderosa fuerza* creativa trascendente» (ÍD., «Cosmology», *Magis God Wiki*, última modificación 26 de julio de 2011: http://magisgodwiki.org/index.php?title=Cosmology). Todos los énfasis son míos.

[76] «Los astrónomos ahora se encuentran con que se han arrinconado a sí mismos porque han demostrado, por sus propios métodos, que el mundo comenzó abruptamente en un acto de creación en el cual se pueden rastrear las semillas de cada estrella, cada planeta, cada ser vivo en este cosmos y en la Tierra. Y han descubierto que *todo esto ocurrió como un producto de fuerzas* que no pueden aspirar a descubrir» (DURBIN y JASTROW, «A Scientist Caught», 15; el énfasis es mío).

[77] HANBY, *No God, No Science?*, 110. Véase D. C. SCHINDLER «Historical Intelligibility». Véase también DODDS, *Unlocking Divine Action*, 50.

[78] Véanse CRAIG y SINCLAIR, «The Kalam Cosmological Argument», 175-176; *ibid.*, 193-194; *ibid.*, 196; SPITZER, *New Proofs*, 4; *ibid.*, 14; *ibid.*, 57-59; *ibid.*, 215; DURBIN y JASTROW, «A Scientist Caught», 15; *ibid.*, 18.

[79] SPITZER, *New Proofs*, 5. Además, Spitzer declara que «"creación" significa el cumplimiento último de las condiciones de una realidad condicionada. La palabra "último"

que hace Craig de la creación y el tiempo es muy significativa: «Un comienzo temporal es un elemento vital de la doctrina de la creación». Defiende explícitamente que «está claro que la noción de creación de los autores bíblicos no es una doctrina metafísica de dependencia ontológica, sino que implica la idea de un origen temporal de lo creado»[80]. Como vimos en el segundo capítulo, la creación es el paso del no-ser al ser. Como se señaló en ese capítulo, «la *creatio ex nihilo* no es principalmente una respuesta a la cuestión del origen temporal [...]. La *creatio ex nihilo* se refiere, en cambio, al origen ontológico último de la realidad; fundamentalmente, describe de forma muy escueta y sin adornos la *dependencia última* de todo respecto al Creador». Por tanto, la *creatio ex nihilo* «no se trata de un evento de creación, sino de una *relación* que todo lo que existe tiene con el Creador. Así que la *creatio ex nihilo* es también *creatio continua*, creación continuada»[81]. Dado que Craig entiende la creación como «un comienzo [temporal] absoluto de la existencia, [y] no [como] una transición [...] del no-ser al ser»[82], concluye que «la doctrina de la *creatio continuans* implica que en cada instante Dios crea un individuo completamente nuevo, numéricamente distinto de su predecesor cronológico». Esto no es otra cosa que ocasionalismo, «según el cual no existen individuos persistentes, por lo que la agencia personal y la identidad a lo largo del tiempo quedan excluidas». Craig no tiene otra opción que eliminar la idea de la creación continua de la creación misma. Para él, «es

---

se utiliza aquí para diferenciar la creación de una "causa próxima" (un cumplimiento próximo de las condiciones). Por ejemplo, la existencia y la estructura adecuada de las células de un gato es un cumplimiento próximo de las condiciones del gato. Alternativamente, "creación" se refiere al cumplimiento último de las condiciones del gato por parte de la única Realidad incondicionada» (*ibid.*, 140). Nótese que Spitzer no ve ninguna contradicción entre el evento de la creación y la conservación. Piensa que su definición de creación «incluye simplemente la posibilidad de que el Creador (la fuente, el poder o la actividad del cumplimiento último de las condiciones) cumpla continuamente las condiciones en última instancia y, por así decirlo, "mantenga o conserve" las realidades condicionadas en el ser» (*ibid.*, 142). Después veremos la opinión de Craig sobre el mismo tema de la creación y la conservación.

[80]   William L. CRAIG, «Creation and Conservation Once More»: *Religious Studies* 34/2 (May 1998), 180-181. Para el teólogo filosófico, la creación es un proceso de «causalidad eficiente en ausencia de causalidad material» (CRAIG y SINCLAIR, «The Kalam Cosmological Argument», 140n38). Nótese aquí de nuevo el énfasis en la causalidad eficiente. Es irónico que el biblicismo de Craig, sin la mediación de una metafísica de la creación adecuada que lo ayude en su interpretación, lo deje con un relato de la creación que cede el mundo al reduccionismo mecanicista de la ciencia.

[81]   William R. STOEGER, «The Big Bang, Quantum Cosmology and *Creatio ex Nihilo*», en *Creation and the God of Abraham*, (eds. David B. Burrell, *et al.*), Cambridge University Press, Cambridge 2010, 172.

[82]   James P. MORELAND y William L. CRAIG, *Philosophical Foundations for a Christian Worldview*, InterVarsity, Downers Grove, Illinois 2003, 556.

preferible, por tanto, tomar la "creación continua" como una forma de hablar y distinguir la creación de la conservación»[83]. En otras palabras, la conservación no se considera, propiamente hablando, como un tipo de creación[84]. De nuevo, esto es una consecuencia de considerar la creación como un evento temporal. La reducción de la creación a un comienzo temporal es en sí misma el resultado de la reducción metafísica del ser a la facticidad. Como Craig tiene una doctrina inadecuada de Dios y no tiene una metafísica de la participación, la creación se reduce en última instancia a un origen temporal y la creación continua (es decir, la participación) desaparece. Como resultado, afirmar la creación en los términos de Craig no nos enseñaría nada sobre la naturaleza más allá de lo que aprendemos de las ciencias físicas.

Evidentemente, los promotores del argumento cosmológico *kalam* no entienden correctamente la creación, porque la reducen a una mera cuestión de orígenes temporales. Piensan que la creación responde a «la cuestión de *cómo* llegó a existir el mundo»[85]. Sin embargo, «la doctrina de la creación no […] pretende explicar *cómo* llegó a existir el mundo en ningún sentido científico de la palabra "cómo". Más bien nos dice qué *es* el mundo. La cuestión de la creación es, por tanto, una cuestión de orígenes *ontológicos* más que temporales»[86], como ya señalé en el segundo capítulo. Solo cuando se tiene en cuenta la importancia del origen ontológico sobre el temporal se entiende adecuadamente la creación, y el científico puede así obtener un sentido más completo de lo que es la propia naturaleza. En cuanto a la prioridad ontológica, Tomás de Aquino afirmó que «el no-ser es anterior al ser en la cosa que se dice creada. No se trata de una prioridad de tiempo o de duración, de modo que lo que no existía antes sí existe después, sino de una prioridad de naturaleza, de modo que, si la cosa creada es dejada a sí misma, no existiría, porque solo tiene su ser a partir de la causalidad de la causa superior»[87]. En otras palabras, «la criatura es completamente dependiente, a lo largo de toda su duración, de la causalidad constante del Creador». La dependencia de la criatura «de la causa de su ser es precisamente la misma al comienzo de la duración de la criatura que a lo largo de toda su duración»[88]. Por lo tanto, «la creación no es simplemente un evento lejano; es la causa continua y completa de la existencia de lo que es»[89]. La relación continua de dependencia metafísica de la criatura respecto a Dios

---

[83]   *Ibid.*, 555.
[84]   CRAIG, «Creation and Conservation», 180.
[85]   HANBY, *No God, No Science?*, 5.
[86]   *Ibid.*, 324; véase Joseph RATZINGER, *In the Beginning*, 50.
[87]   AQUINO, *Scriptum super libros sententiarum*, lib. 2, d. 1, q. 1, a. 2, co.
[88]   BALDNER y CARROLL, «Analysis of Aquinas' Writings», 42.
[89]   *Ibid.*, 43.

es, pues, más fundamental que su comienzo temporal. Como se explicó en el segundo capítulo, un comienzo temporal está subordinado a la distinción más fundamental entre el ser y el no-ser. Esto es así porque la cuestión del tiempo está subordinada a la cuestión del ser[90]. De hecho, la creación es la condición previa necesaria para el origen temporal del universo, en particular, y para la historia, en general[91]. Sin embargo, la cosmología moderna es incapaz de discernir que la creación y el origen temporal del universo pertenecen a niveles diferentes, porque la ciencia moderna identifica el ser con la historia, como se indicó en el segundo capítulo. En consecuencia, la cosmología moderna sufre en su comprensión del mundo.

La creación no es un evento mecánico que tuvo lugar al comienzo del tiempo. Sin embargo, los partidarios del argumento cosmológico *kalam* entienden la creación como un evento, porque asumen la comprensión mecánica de la naturaleza inherente a la ciencia moderna, basada en una concepción positivista del ser. Estos partidarios entienden el Big Bang como el evento de la creación. Para Craig, «el modelo estándar del Big Bang [...] describe un universo que no es eterno en el pasado, sino que comenzó a existir hace un tiempo finito. Además, y esto merece ser destacado, el origen que postula es un origen absoluto *ex nihilo*. Pues no solo toda la materia y la energía, sino el espacio y el tiempo mismos, surgen en la singularidad cosmológica inicial»[92]. Por tanto, «el Big Bang representa de forma verosímil el evento de la creación»[93]. Para Spitzer, «la preponderancia de las pruebas cosmológicas favorece un comienzo del universo (antes del cual no había realidad física alguna). Este comienzo de la realidad física marca el punto en el que nuestro universo comenzó a existir»[94]. En cuanto a los científicos, es conveniente citar de nuevo aquí las palabras de Jastrow: «Los astrónomos ahora se encuentran con que se han arrinconado a sí mismos porque han demostrado, por sus propios métodos, que el mundo comenzó abruptamente en un acto de creación en el cual se pueden rastrear las semillas de cada estrella, cada planeta,

---

[90]   La diferenciación entre comienzo ontológico y temporal no pretende negar la creación *ab initio temporis* ni tampoco reducirla a una mera cuestión fideísta. La diferenciación pretende aclarar que el origen ontológico es una noción más básica que el origen temporal, y también que la distinción entre el ser y el no-ser dicta el significado del tiempo y del origen temporal. Ciertamente, el significado del tiempo no puede determinarse sin la metafísica, y siempre hay una metafísica ya en funcionamiento en cualquier concepción del tiempo.

[91]   HANBY, *No God, No Science?*, 345.

[92]   William L. CRAIG, «The Ultimate Question of Origins. God and the Beginning of the Universe»: *Astrophysics and Space Science* 269-270 (December 1, 1999), 725.

[93]   COPAN y CRAIG, *Creation out of Nothing*, 18.

[94]   SPITZER, *New Proofs*, 43.

cada ser vivo en este cosmos y en la Tierra»[95]. En resumen, los defensores del argumento cosmológico *kalam* interpretan la singularidad del modelo del Big Bang como el comienzo temporal absoluto del universo y el evento de la creación.

El jesuita y astrofísico William Stoeger señaló acertadamente que «los orígenes de los que puede ocuparse la ciencia son siempre lo que podríamos llamar "orígenes relativos", que son en verdad muy importantes [...]. Pero no son orígenes absolutos o últimos. Esto se debe a que [...] las ciencias naturales deben presuponer siempre la existencia de algo que estudiar y un orden o regularidad que caracterice el comportamiento de ese algo»[96]. Por tanto, «la cosmología y las demás ciencias no pueden revelar [... el evento de la creación] simplemente porque son incapaces de trascender la barrera entre la nada absoluta y alguna cosa, entre el caos absoluto y el orden». Las ciencias modernas, y en especial la cosmología, «no tienen acceso a lo que existe "antes" de la existencia y "antes" del orden, simplemente porque han supuesto tanto la existencia básica como el orden básico y no han cuestionado el fundamento de ninguno de ellos»[97]. La creación proporciona una explicación del «fundamento último de la existencia y el orden en el universo, y de la realidad en su conjunto»[98]. El teólogo William Carroll defiende con acierto que «la creación se refiere en primer lugar al origen del universo, no a su comienzo temporal». El origen del universo «afirma la completa y continua dependencia de todo lo que es con respecto a Dios como causa. Todo lo que es creado tiene su origen en Dios»[99].

La validez del argumento cosmológico *kalam* puede ponerse en duda por el hecho de que se basa en un comienzo temporal absoluto del universo. Como se ha indicado anteriormente, la ciencia moderna solo puede ocuparse de un comienzo relativo del universo porque la ciencia siempre presupone el ser. Sin embargo, no quiero centrarme en este punto. Mi énfasis está en el hecho de que el argumento cosmológico *kalam* no entiende realmente lo que es la creación. La creación no es el primer evento mecánico en una larga sucesión de eventos mecánicos porque, como ya se ha dicho, la creación es ante todo una cuestión de origen ontológico más que de origen temporal. La creación tampoco es un cambio, pues el cambio presupone el ser, y en la creación se produce todo el ser. La creación es realmente la dependencia última de todo lo que existe con respecto a Dios. En efecto, la

---

[95]   Durbin y Jastrow, «A Scientist Caught», 15.

[96]   William R. Stoeger, «The Origin of the Universe in Science and Religion», en *Cosmos, Bios, Theos. Scientists Reflect on Science, God, and the Origins of the Universe, Life, and Homo Sapiens*, (eds. Henry Margenau, Roy A. Varghese), Open Court, La Salle, Illinois 1992, 263.

[97]   *Ibid.*, 264.

[98]   Íd., «The Big Bang», 171.

[99]   William Carroll, «Aquinas and Contemporary Cosmology», 16.

creación es el sostenimiento del ser de toda criatura sobre el no-ser[100]. Los partidarios del argumento cosmológico *kalam* no consideran la cuestión de la creación como una cuestión del ser y la nada, porque dan por sentado el ser, y por tanto no consideran adecuadamente el ser en absoluto. En conclusión, el argumento cosmológico *kalam* no demuestra la creación, porque lo que el argumento pretende demostrar *no es lo que la creación es realmente*.

En el segundo capítulo expliqué que la doctrina de la creación es una doctrina teológica. La creación, como relación continua de dependencia metafísica del ser de toda criatura con respecto a Dios, está inexorablemente relacionada con Dios. Por lo tanto, los defensores del argumento cosmológico *kalam* no pueden captar adecuadamente la idea de un Dios creador porque no captan adecuadamente la idea de la creación. Cuando la creación se entiende como el primer evento mecánico en una larga sucesión de eventos mecánicos, el mundo se concibe como un mecanismo, y Dios se entiende también como la «primera causa eficiente en una secuencia temporal de causas eficientes»[101]. Dado que «toda la noción de causalidad se ha nivelado a una sola noción de agencia eficiente, la primera causa eficiente no puede evitar aparecer como una parte finita del cosmos»[102]. Al final, Dios se reduce a un objeto dentro de un orden más amplio del ser, que se da por sentado pero que nunca es pensado o explicado por los partidarios del argumento cosmológico *kalam*. Estos eruditos intentan ofrecer una prueba científica de la existencia de Dios. Sin embargo, lo que afirman no es el Dios cristiano, sino uno extrínseco.

Craig identifica al creador con «una "causa externa" del comienzo del universo»[103]. Del mismo modo, Spitzer asocia al «creador del universo» con «una causa trascendente del universo (realidad física)»[104], y con «un poder trascendente fuera del espacio y el tiempo físicos»[105]. Para Spitzer, «trascendente» significa

---

[100] «La creación *ex nihilo* –la doctrina de que la creación, en cada momento, procede de la nada– no privilegia ningún instante temporal particular que revele más claramente de la naturaleza del cosmos como suspendido sobre el *nihil*» (Simon OLIVER, «Trinity, Motion and Creation *ex Nihilo*», en *Creation and the God of Abraham*, (eds. David B. Burrell, *et al.*), Cambridge University Press, Cambridge 2010, 142); «Cuando la gente habla de Dios como creador, a menudo albergan imágenes absurdas. Relacionan la creación con la iniciación, cuando en realidad no tiene más que ver con el primer momento que con cualquier momento posterior» (Michael DUMMETT, *Thought and Reality*, Oxford University Press, Oxford 2006, 106).

[101] CHAPP, *The God of Covenant*, 88. Ese dios puede ser descrito también como «el primer motor en el sentido torpe de la primera ficha de dominó en una serie de fichas de dominó que caen» (*ibid.*).

[102] *Ibid.*, 2.

[103] CRAIG, «The Origin and Creation», 233.

[104] SPITZER, *New Proofs*, 45.

[105] ÍD., «Cosmology».

«independiente del universo y más allá de él»[106]. En consecuencia, estos teólogos sitúan a Dios «fuera» del universo. No obstante, no puedo decir simplemente que su imagen de Dios es extrínseca solo porque sitúan a Dios «fuera» del universo. Los términos «dentro» y «fuera» son metáforas espaciales que no son estrictamente aplicables a Dios. Es admisible, por analogía, hablar de Dios como fuera del mundo, pero solo si tenemos en cuenta que lo que entendemos por «fuera» hace al mismo tiempo que Dios sea radicalmente interior al mundo, y que ser radicalmente interior al mundo tiene que ver con lo que el mundo es. Es crucial destacar que la imagen de Dios inherente al argumento cosmológico *kalam* es extrínseca porque se pierde la alteridad trascendente de Dios con respecto al orden de la creación. Como ya se ha dicho, el ser de Dios y el ser del mundo son completamente diferentes. No son especies diferentes de un mismo género. El concepto de ser ha de entenderse de forma analógica y no de forma unívoca, como hace el extrinsecismo[107].

El concepto clásico de analogía intenta dar expresión a la trascendencia o alteridad de Dios con respecto al mundo. La idea de analogía subraya «la insuperabilidad de la *analogia entis*, la desemejanza cada vez mayor con respecto a Dios por muy grande que sea la semejanza con él»[108]. En la analogía, «la desemejanza sigue siendo infinitamente mayor que la semejanza, pero no hasta el punto de abolir la analogía y su lenguaje»[109]. Cuando se pierde la diferencia infinita entre Dios y el mundo, la analogía se convierte en un simple paralelismo entre dos seres, uno mayor y otro menor. Para los promotores del argumento cosmológico *kalam* que creen en Dios, este es la primera causa eficiente (la mayor) entre muchas causas eficientes (las menores). Por lo tanto, Dios es, al final, un ser particular (aunque muy importante) dentro del orden global del ser, que se describe en términos físicos, como poder y fuerza[110]. Como el ser no se entiende en términos analógicos, porque Dios no se describe como el *ipsum esse*

---

[106] *Ibid.*

[107] Recuérdese que Craig rechaza la comprensión analógica del ser a favor de la comprensión unívoca del ser.

[108] Balthasar, *Glory of the Lord V*, 548. Balthasar se refería aquí a esta enseñanza del Concilio de Letrán IV: «Entre el Creador y la criatura no se puede señalar una semejanza tan grande sin la necesidad de señalar una mayor disimilitud entre ellos [*Inter creatorem et creaturam non potest similitudo notari, quin inter eos maior sit dissimilitudo notanda*]» (Denzinger, *Sources of Catholic Dogma*, nro. 432).

[109] Benedict XVI, «The Regensburg Address», 170.

[110] «Un *poder* superinteligente, trascendente y creativo que está en el origen de nuestro universo» (Spitzer, *New Proofs*, 1); «Un *poder causal* que trasciende el espacio y el tiempo universales» (*ibid.*, 3); «Un *poder* creativo que trasciende la asimetría espacio-temporal universal» (*ibid.*, 105); «*Poder* creativo» (*ibid.*, 107); «Una *fuerza causal* fuera de la asimetría espacio-temporal universal» (*ibid.*, 215); «Una *poderosa fuerza* creativa trascendente» (Íd., «Cosmología»). Todos los énfasis son míos.

subsistens, el concepto de *nihil* no puede ser aprehendido adecuadamente. Por ejemplo, Craig dice que el *nihil* de la *creatio ex nihilo* es la singularidad inicial del modelo del Big Bang, que es un concepto matemático, un punto que tiene una densidad infinita[111]. De nuevo, el teólogo filosófico no es capaz de pensar adecuadamente sobre el *nihil* (que es entendido como algo, es decir, como un concepto matemático), porque no es capaz de pensar en la trascendencia de Dios de manera suficientemente radical y completa. En efecto, Craig considera que la idea tomista de Dios como *ipsum esse subsistens* es «simplemente ininteligible»[112], «enormemente inverosímil»[113], y «totalmente oscura»[114].

Cuando se pierde la trascendencia de Dios, la imagen de Dios se distorsiona. Como ejemplo, Craig afirma que Dios comienza a existir porque el universo comienza a existir. Según el teólogo filosófico, el ejercicio del «poder causal de Dios para que el universo sea creado [...] implica, por supuesto, un cambio intrínseco por parte de Dios que lo introduce en el tiempo en el momento de la creación. Por ello, debe ser temporal desde la creación, aunque sea atemporal sin la creación»[115]. Para Craig, Dios «entra en el tiempo en el momento de la creación en virtud de su relación causal con el universo temporal»[116]. Detrás de

---

[111]   William L. CRAIG, «Professor Mackie and the *Kalām* Cosmological Argument»: *Religious Studies* 20/3 (September 1984), 374; ÍD., «God and the Initial Cosmological Singularity. A Reply to Quentin Smith»: *Faith and Philosophy* 9/2 (April 1992), 241.

[112]   ÍD., «Divine Simplicity», *Reasonable Faith*, Question & Answer #111, última modificación 1 de junio de 2009: https://www.reasonablefaith.org/writings/question-answer/divine-simplicity/.

[113]   ÍD., *Proofs for God, Foreknowledge, and Scientism*, entrevista por Kevin Harris, *Reasonable Faith*, Podcast, última modificación 23 de octubre de 2012: https://www.reasonablefaith.org/media/reasonable-faith-podcast/proofs-for-god-foreknowlege-and-scientism/

[114]   ÍD., «The Cosmological Argument», 130n9. «Decir que Dios es su esencia parece convertir a Dios en una propiedad (o en una instancia de propiedad), lo que es incompatible con que sea un ser vivo y concreto. Además, si Dios no es distinto de su esencia, entonces Dios no puede conocer ni hacer nada distinto de lo que conoce y hace, en cuyo caso todo se vuelve necesario. Responder que Dios es perfectamente semejante en todos los mundos lógicamente posibles que podemos imaginar, pero que la contingencia es real porque Dios no tiene ninguna relación real con las cosas, es hacer que la existencia o inexistencia de las criaturas en varios mundos posibles sea independiente de Dios y totalmente misteriosa. Decir que la esencia de Dios es solo su existencia parece totalmente oscuro, ya que entonces no hay en el caso de Dios ninguna entidad que exista; solo hay el existir mismo sin ningún sujeto» (*ibid.*). Obviamente, se podría decir en respuesta a Craig que Dios no es *un* ser concreto vivo, porque no es una cosa entre las cosas.

[115]   ÍD., SINCLAIR, «The Kalam Cosmological Argument», 194n101. «Senor ha llamado a este modelo de eternidad divina "temporalismo accidental" (Senor, 1993)» (CRAIG, «Ultimate Question of Origins», 736n10). Véase Thomas D. SENOR, «Divine Temporality and Creation *ex Nihilo*»: *Faith and Philosophy* 10/1 (January 1993), 86-91.

[116]   CRAIG, SINCLAIR, «The Kalam Cosmological Argument», 196.

esta concepción errónea, hay una concepción mecánica del tiempo como una sucesión de instantes lineales. De acuerdo con esta noción, el Dios eterno se reduce a un Dios que ha existido durante mucho tiempo y que existirá indefinidamente en el futuro. En esta teología extrínseca, tiempo y eternidad se entienden como opuestos. Sin embargo, vimos en el segundo capítulo que la eternidad de Dios, entendida como actualidad indivisible, es la imagen primigenia del tiempo. La criatura participa de la eternidad por el mero hecho de existir. Esto es así porque la existencia es una participación en la actualidad del ser que, en última instancia, procede de Dios. El ahora del tiempo es una especie de participación en la plenitud de la actualidad que es el ser.

Dado que el extrinsecismo teológico es incapaz de comprender adecuadamente la trascendencia divina, tampoco puede entender la distinción entre causalidad primaria y secundaria. En este escenario extrínseco, la creación, entendida como un evento mecánico, se encuentra en una posición de rivalidad con los procesos naturales. Por esta razón, Craig y Spitzer sitúan a Dios en un lugar en el que no hay explicación científica disponible[117]. El argumento cosmológico *kalam* presupone que Dios solo puede actuar en el mundo iniciando la expansión del universo, que en última instancia está vacío de la presencia divina (como consecuencia de la pérdida de la trascendencia divina). El dios defendido por el argumento cosmológico *kalam* es un dios que tiene derecho a aparecer como explicación del comienzo del mundo natural, mientras no haya una explicación científica actual para el comienzo. Un dios situado en la frontera desconocida de la ciencia es un dios de los huecos[118]. El agnóstico Jastrow admitió la posibilidad de un creador como explicación del comienzo del universo[119] porque se aferraba «firmemente a

---

[117]   *Ibid.*, 193; *ibid.*, 196; SPITZER, *New Proofs*, 43.

[118]   Ernan McMullin señaló que «la apelación no es a un "hueco" en la explicación científica, sino a un orden diferente de explicación que deja intacta la explicación científica, que explora las condiciones de posibilidad de que haya cualquier tipo de explicación científica» (Ernan MCMULLIN, «Natural Science and Belief in a Creator. Historical Notes», en *Physics, Philosophy, and Theology. A Common Quest for Understanding*, [eds. Robert J. Russell, *et al.*], Vatican Observatory, Vatican City 1988, 74). La doctrina de la *creatio ex nihilo* deja intacta cualquier explicación científica, excepto las que niegan un comienzo absoluto del universo. «Respecto a la *creatio ex nihilo*, los teólogos pueden advertir que la teoría del Big Bang no contradice esta doctrina, con tal de que se pueda afirmar que la suposición de un inicio absoluto no es científicamente inadmisible» (INTERNATIONAL THEOLOGICAL COMMISSION, «Communion and Stewardship. Human Persons Created in the Image of God (2004)», en *Texts and Documents, 1986-2007*, [eds. Michael Sharkey, Thomas Weinandy], vol. 2, Ignatius, San Francisco 2009, párr. 67).

[119]   «No podemos decir por métodos científicos si el nacimiento del universo es obra de un Creador o de alguna fuerza fuera del dominio de la ciencia, o si es en cambio el producto de fuerzas físicas, es decir, una parte de la ley natural» (JASTROW, «The Astronomer and God», 19). Parece que para el astrónomo no hay diferencia entre un creador y una fuerza desconocida por la ciencia.

la opinión de que la ciencia no podrá descifrar la causa de la explosión cósmica siempre y cuando parezca que el universo era infinitamente caliente y denso en sus primeros momentos»[120]. Ese posible creador sería, de nuevo, un dios de los huecos.

La imagen extrínseca de Dios va de la mano de una relación extrínseca de la ciencia con la teología y la metafísica. Por ejemplo, Spitzer considera que «Dios no es un objeto o un fenómeno o una regularidad dentro del universo físico; por lo tanto, la ciencia no puede decir nada sobre Dios»[121]. No es capaz de darse cuenta de que la ciencia siempre presupone tácitamente una imagen de Dios, ya que la relación intrínseca del mundo con Dios se refleja en la relación intrínseca de la ciencia con la teología y la metafísica, como se expuso anteriormente en el primer capítulo. Un erudito extrínseco, ya sea teólogo o científico, defiende una ciencia que es neutral con respecto a la teología y la metafísica. Estas dos materias se sitúan fuera del ámbito del conocimiento científico. No es de extrañar que Spitzer declare: «Cuando hablamos de un comienzo (un punto anterior al cual no hay realidad física), nos situamos en el umbral de la física y la metafísica (más allá de la física)»[122]. En este asunto, Jastrow fue más explícito:

> «En este momento parece que la ciencia nunca podrá levantar el telón sobre el misterio de la creación. Para el científico que ha vivido de su fe en el poder de la razón, la historia termina como una pesadilla. Ha escalado las montañas de la ignorancia, está a punto de conquistar la cima más alta; cuando se lanza sobre la última roca, es recibido por un grupo de teólogos que han estado sentados allí durante siglos»[123].

Como ya se ha dicho, el extrinsecismo teológico no entiende correctamente la trascendencia de Dios, por lo que, al final, Dios se convierte en un agente externo que entra en competencia con los procesos naturales[124]. Al mismo tiempo, la creación deja de consistir en la generación del ser y se convierte en un mecanismo mundano. Vimos en el primer capítulo que los conceptos de Dios y de creación están intrínsecamente relacionados con la estructura metafísica de la realidad. Cuando se pierde la alteridad de Dios y cuando la creación deja de ser

---

[120]   *Ibid.*, 17.
[121]   Spitzer, *New Proofs*, 22.
[122]   *Ibid.*, 23.
[123]   Robert Jastrow, *God and the Astronomers*, Norton, New York 1978, 116.
[124]   «La creación debe pensarse, no según el modelo de un artesano que fabrica todo tipo de objetos, sino más bien según la forma en que el pensamiento es creativo» (Joseph Ratzinger, *Dogma and Preaching. Applying Christian Doctrine to Daily Life*, [ed. Michael J. Miller; trans. Michael J. Miller, Matthew J. O'Connell], Ignatius, San Francisco 2011², 140).

la transición del no-ser al ser, Dios y la creación no tienen ninguna relación con la constitución ontológica de la criatura. Por lo tanto, la teología no informa al mundo de manera esencial. De hecho, los conceptos defectuosos de la creación y de Dios no afectan a la comprensión mecánica de la naturaleza.

En esta sección me he ocupado de los teólogos que utilizan el argumento cosmológico *kalam* (basado en el comienzo del universo) para defender la existencia de Dios. También he mostrado que la imagen de Dios cuya existencia defienden es extrínseca. El problema del argumento cosmológico *kalam* no es la afirmación de que todo efecto debe tener una causa, ni siquiera que esto conduzca a Dios. El verdadero problema es el positivismo y el descuido de la cuestión del ser que están integrados en el argumento. Como hemos visto, los defensores del argumento *kalam* exhiben una comprensión reducida de la causalidad que solo requiere un objeto llamado Dios y, por lo tanto, son incapaces de comprender la naturaleza radical del carácter absoluto de Dios. Como resultado, solo pueden aprehender una imagen extrínseca de Dios.

Cuando los cosmólogos ateos niegan la existencia de Dios basándose en su ciencia, están asumiendo el mismo Dios extrínseco. A este respecto, Craig reconoce que Hawking aceptó el argumento cosmológico *kalam*: «Hawking afirma repetidamente que en el modelo clásico de Big Bang de la TGR del universo es inevitable una singularidad espacio-temporal inicial, y no discute que el origen del universo debe por tanto requerir una causa sobrenatural. Señala que se podría identificar el Big Bang como el instante en el que Dios creó el universo»[125]. Además, «desde el punto de vista de Hawking, [...] dado el modelo clásico del Big Bang, la inferencia a un creador o causa primera temporal parece natural e inobjetable»[126]. Cuando Hawking aceptaba el argumento cosmológico *kalam*, estaba aceptando la imagen extrínseca de Dios implícita en él. Esta imagen extrínseca es la que él rechazó utilizando su ciencia, como voy a mostrar en la siguiente sección. De hecho, la tarea de la próxima sección es explicar que el Dios rechazado por los cosmólogos ateos es el mismo que defienden los teólogos y científicos extrínsecos. Seguiré centrándome en el tema cosmológico del comienzo del universo.

---

[125]   William L. CRAIG, «"What Place, then, for a Creator?": Hawking on God and Creation»: *The British Journal for the Philosophy of Science* 41/4 (December 1, 1990), 477; Stephen W. HAWKING, *A Brief History of Time. From the Big Bang to Black Holes,* Bantam, New York 1988, 9. TGR significa Teoría General de la Relatividad.

[126]   CRAIG, «What Place for Creator?», 477.

3. Alternativas al comienzo del universo

La afirmación de que los cosmólogos ateos albergan una imagen extrínseca de Dios se evidencia en el hecho de que estos cosmólogos asocian inequívocamente el inexplicable comienzo del universo del modelo del Big Bang con un creador. Por ello, ofrecen diferentes modelos cosmológicos para evitar la singularidad inicial y, por tanto, al creador. El cosmólogo ateo Vilenkin explica que la singularidad inicial, también conocida como el Big Bang, es el punto «en el que dejan de funcionar las matemáticas de la relatividad general. En la singularidad, la materia se comprime hasta una densidad infinita, y las soluciones no pueden extenderse a épocas anteriores»[127]. Y esta es su conclusión:

> «Así, tomado literalmente, el Big Bang debe interpretarse como el comienzo del universo. ¿Fue la creación del mundo? ¿Podría ser que todo el universo comenzó en un evento singular hace un tiempo finito? Para la mayoría de los físicos esto era demasiado. Un arranque singular del universo parecía una intervención divina, para la cual pensaban que no debía haber lugar en la teoría física. Pero, aunque el "comienzo del mundo" era, y en gran medida sigue siendo, una fuente de incomodidad para la mayoría de los científicos, también tiene algunas ventajas que ofrecer»[128].

El comienzo del universo implícito en el modelo del Big Bang es una fuente de incomodidad para los científicos porque, como hemos visto, piensan que la singularidad inicial apunta inequívocamente a un creador. Como se señaló en el segundo capítulo, la elección de los cosmólogos ateos «entre una intención divina para el mundo y el desarrollo del mundo en su propia libertad […] es un falso dilema arraigado en nociones defectuosas de Dios, la creación y la causalidad»[129]. De las palabras de Vilenkin, podemos notar cómo la creación es malinterpretada como un evento dentro de la positividad del ser, si no de hecho en el tiempo, que aún no puede ser descrito completamente por la física debido a la singularidad del Big Bang. Ya sabemos que la cuestión de la creación no es fundamentalmente una cuestión del origen temporal del universo, sino más bien «una cuestión de la estructura ontológica del mundo […] en cada momento de su existencia»[130]. La cuestión clave es que un comienzo temporal siempre está precedido por un comienzo ontológico –no horizontalmente, en el tiempo, sino verticalmente, como una cuestión de existencia– que transforma lo que es un comienzo temporal. Sin

---

[127]   Vilenkin, *Many Worlds in One*, 24.
[128]   *Ibid.*
[129]   Hanby, *No God, No Science?*, 345.
[130]   *Ibid.*, 324.

embargo, los cosmólogos ateos reducen la creación a un mero comienzo temporal del mundo. A partir de las palabras de Vilenkin, podemos darnos cuenta de cómo Dios es concebido como la causa mecánica del comienzo del universo. Una causa que está fuera del alcance del conocimiento científico y cuya trascendencia se pierde por completo. Esto es así porque el ser se da por supuesto, y la analogía del ser se sustituye por un torpe paralelismo entre un mayor y un menor. Aunque este dios se sitúe fuera del ámbito de la ciencia, en última instancia es una causa entre las causas. Este dios de los huecos es el dios que evitan los cosmólogos ateos cuando proponen sus diferentes modelos cosmológicos. En esta sección, investigaré esos modelos cosmológicos como una forma de mostrar la teología extrínseca imbuida en ellos.

Antes de discutir los modelos cosmológicos que evitan la singularidad, es necesario explicar algunos conceptos cosmológicos que aparecerán en el resto del capítulo, especialmente en esta sección. Como se ha comentado anteriormente, el modelo del Big Bang es un modelo cosmológico en el que el universo se expande a partir de una singularidad inicial conocida como Big Bang. Este modelo, también conocido como modelo del Big Bang caliente, ha sido modificado en décadas pasadas para ajustarlo a las observaciones astronómicas. Las modificaciones introducidas son la materia oscura, que se añadió en la década de 1930, la inflación, que se añadió en la década de 1980, y la energía oscura, que se añadió en la década de 1990. El modelo del Big Bang modificado es lo que constituye el modelo inflacionario[131]. Este modelo supone que «justo después de la explosión, una pequeña región del universo sufrió un proceso dramático llamado inflación, durante el cual se expandió un gúgol (10^{100}) de veces o más en una billonésima parte de una trillonésima parte (10^{-30}) de segundo». Una vez finalizado el asombrosamente breve periodo de inflación, «la energía que causó la inflación se transformó en un gas denso de radiación caliente. El gas se enfrió y la expansión se ralentizó, permitiendo que los átomos y las moléculas se agruparan en galaxias y estrellas»[132]. Como la cantidad de materia luminosa, o materia normal, era insuficiente para explicar la formación de las galaxias, se introdujo en el modelo el concepto de materia oscura para proporcionar la atracción gravitatoria necesaria para que las galaxias se formaran y no se desintegraran una vez formadas[133]. El modelo inflacionario también supone que tras la formación de las galaxias, «9000 millones de años después del Big Bang, una fuerza misteriosa llamada energía oscura tomó el control y empezó a acelerar de nuevo la

---

[131]   Paul J. Steinhardt, Neil Turok, *Endless Universe. Beyond the Big Bang*, Doubleday, New York 2007, 6, 66.

[132]   *Ibid.*, 6.

[133]   Liddle y Loveday, *Oxford Companion to Cosmology*, 89.

expansión. En la imagen estándar, la expansión del universo se acelerará para siempre, convirtiendo todo el espacio en un vacío vasto y casi perfecto»[134].

Los científicos suelen sostener que la inflación es un proceso eterno. Andrei Linde, uno de los padres de la cosmología inflacionaria, afirma que «en lugar de ser una bola de fuego en expansión, el universo es un enorme fractal en crecimiento. Está formado por muchas bolas que se inflan y que producen nuevas bolas, que a su vez producen más bolas, *ad infinitum*»[135]. Este modelo se conoce como modelo inflacionario eterno o universo inflacionario autorregenerante. Según este modelo, «un universo inflacionario hace brotar otras burbujas inflacionarias que, a su vez, producen otras burbujas inflacionarias». En el escenario de la inflación eterna, «el universo en su conjunto es inmortal» y no hay «ningún final para la evolución de todo el universo»[136]. Linde observa que «la posibilidad de que el universo se recree eternamente a sí mismo en todas sus formas posibles no resuelve necesariamente el problema de la creación, sino que lo empuja hacia un pasado indefinido»[137]. Es necesario añadir una cosa más sobre la inflación.

---

[134]   Steinhardt y Turok, *Endless Universe*, 6. Es interesante señalar que la naturaleza de la materia oscura, «aparte de su influencia gravitatoria, [...] es desconocida» (Liddle y Loveday, *Oxford Companion to Cosmology*, 89). Esto parece hacer que la materia oscura se asemeje mucho a la materia ordinaria. De forma similar, «el término "energía oscura" cubre el hecho de que, aunque está bastante bien establecido que la expansión del universo se está acelerando, la causa de esto se desconoce actualmente» (*ibid.*, 86). Como se suele decir, los términos «materia oscura» y «energía oscura» son expresiones de nuestra ignorancia. La situación empeora cuando nos damos cuenta de que, según las recientes mediciones del satélite Planck, la materia y la energía oscuras suman el 95 % del contenido del universo. Según la colaboración Planck, la energía oscura constituye el 69 % del universo; la materia oscura, el 26 %; y la materia normal, solo el 5 % (Peter Ade, *et al.*, «Planck 2013 Results. XVI. Cosmological Parameters»: *Astronomy & Astrophysics* 571, A16 [November 2014], 10, tabla 2, columna *Planck+WP*). [Nota de la edición española: Los resultados cosmológicos iniciales del satélite Planck han sido corroborados por los resultados finales de la misión, publicados en 2020; véase Nabila Aghanim, *et al.*, «Planck 2018 Results. VI. Cosmological parameters»: *Astronomy & Astrophysics* 641, A6 (September 2020), 15, tabla 2, columna TT,TE,EE+lowE+ lensing+BAO]. Obsérvese que la física considera que la materia y la energía son equivalentes porque la materia puede convertirse en energía y viceversa. La famosa ecuación de Einstein expresa la equivalencia matemáticamente: $E=mc^2$, donde E es la energía, m es la masa y c es la velocidad de la luz. Por cierto, la naturaleza de la luz también es desconocida.

[135]   Andrei Linde, «The Self-Reproducing Inflationary Universe»: *Scientific American* 271/5 (November 1994), 48.

[136]   *Ibid.*, 54.

[137]   Íd., «The Universe, Life, and Consciousness», en *Science and the Spiritual Quest. New Essays by Leading Scientists*, (eds. W. Mark Richardson, *et al.*), Routledge, London 2002, 196. Ciertamente, el escenario de la inflación eterna no resuelve el problema de la creación, no porque haga retroceder la creación al pasado, sino porque reduce la creación a su primer instante temporal. El problema de la creación es el problema del *ser*

Esta tiene la propiedad de explicar el universo actual sin necesidad de tener que especificar las condiciones iniciales del universo. Esto es así porque «el objetivo de la inflación era evitar el tener que asumir unas condiciones iniciales finamente ajustadas cuando el universo surgió del Big Bang»[138]. En una sección posterior de este capítulo, exploraré más profundamente esta cuestión de la inflación y el ajuste fino.

Como ya se ha dicho, el objetivo de esta sección es revisar los modelos cosmológicos que tratan de evitar la singularidad inicial, como una forma de mostrar la teología extrínseca inherente a estos modelos. Comenzaré con el modelo cosmológico anticuado conocido como modelo de estado estacionario. Este modelo fue propuesto en 1948 por el astrónomo ateo Fred Hoyle, y también por Hermann Bondi y Thomas Gold, como una alternativa al modelo del Big Bang. Según el modelo de estado estacionario:

> «El universo siempre ha permanecido inalterado en sus rasgos generales, de modo que tiene más o menos el mismo aspecto en todos los lugares y en todo momento. Este punto de vista parece estar en flagrante contradicción con la expansión del universo: si las distancias entre las galaxias aumentan, ¿cómo puede permanecer el universo sin cambios? Para compensar la expansión, Hoyle y sus amigos postularon que la materia es creada continuamente a partir del vacío. Esta materia llena los vacíos abiertos por las galaxias que se alejan, de modo que las nuevas galaxias pueden formarse en sus lugares»[139].

El modelo de estado estacionario quería evitar la singularidad inicial del Big Bang. Hoyle opinaba que «la teoría del Big Bang requiere un origen reciente del universo que invita abiertamente al concepto de la creación»[140]. También «encontraba el Big Bang aborrecible porque él era vehementemente antirreligioso y pensaba que la imagen cosmológica era inquietantemente cercana al relato bíblico»[141]. El astrofísico admitió que el desarrollo del modelo de estado estacionario «buscaba evitar las dificultades conceptuales asociadas a un "origen" prescindiendo de su necesidad»[142]. A este respecto, Craig se pregunta: «Pero, ¿por qué un hombre que propone una teoría que requiere la generación continua de materia *ex nihilo* tiene dificultades conceptuales con el comienzo del universo a partir de

---

–por qué hay algo en lugar de la nada– y el problema de la *estructura* del ser –la novedad que caracteriza a cada ser existente–.

[138]   STEINHARDT, TUROK, *Endless Universe*, 95.
[139]   VILENKIN, *Many Worlds in One*, 27-28.
[140]   Fred HOYLE, *The Intelligent Universe*, Holt, Rinehart, and Winston, New York 1984, 237.
[141]   STEINHARDT, TUROK, *Endless Universe*, 179.
[142]   Fred HOYLE, «The Origin of the Universe»: *Quarterly Journal of the Royal Astronomical Society* 14 (1973), 278.

la nada?». Y esta es su propia respuesta: «Tengo la fuerte impresión de que se debe a que Hoyle, a diferencia de la gran mayoría de los científicos, se da cuenta de las implicaciones metafísicas y teológicas de tal comienzo, y retrocede ante estas implicaciones»[143]. Nótese aquí la confusión entre origen temporal y origen ontológico tanto para Craig, el teólogo filosófico, como para Hoyle, el ateo.

Al igual que Craig, Hoyle consideraba inevitable una conexión entre el comienzo del universo y la existencia de un creador. Tanto Craig como Hoyle comparten el razonamiento del argumento cosmológico *kalam* y la imagen extrínseca de Dios inherente a él. El primero lo utiliza para afirmar la existencia de Dios y el segundo para evitarla. Así es como Hoyle vio la conexión entre la singularidad inicial y un creador:

«El comienzo abrupto se considera *meta*físico, es decir, *fuera* de la física. Por tanto, se considera que las leyes físicas dejan de funcionar en $\tau = 0$, *y que lo hacen de forma inherente*. A muchos les parece que este proceso de pensamiento es muy satisfactorio porque entonces se puede introducir un "algo" fuera de la física en $\tau = 0$. Por una maniobra semántica, la palabra "algo" se sustituye entonces por "dios", excepto que la primera letra se convierte en mayúscula, Dios, para advertirnos que no debemos continuar con la investigación»[144].

Nótese que Hoyle pensaba que Dios es «algo», un ser en el orden inclusivo del ser. Aparentemente, este «algo» es un ser cuyo nombre debe comenzar con una letra mayúscula. Para el astrofísico, Dios aparecía al final de la cadena de cuestiones científicas. Sin embargo, Dios no es «un mecanismo para el ser del mundo». De hecho, Dios es el comienzo de las preguntas, no el final. Por eso «la existencia del mundo se vuelve casi *más* misteriosa cuando se admite a Dios que cuando se le niega»[145].

---

[143]   William L. CRAIG, Quentin SMITH, *Theism, Atheism, and Big Bang Cosmology*, Clarendon, Oxford 1995, 45.

[144]   Fred HOYLE, *Astronomy and Cosmology. A Modern Course*, W. H. Freeman, San Francisco 1975, 684-685.

[145]   Michael HANBY, «Trinity, Creation, and Aesthetic Subalternation», en *Love Alone Is Credible. Hans Urs von Balthasar as Interpreter of the Catholic Tradition*, (ed. David L. Schindler), vol. 1, Eerdmans, Grand Rapids, Michigan 2008, 51. «¿Por qué, en efecto, hay algo y no la nada? La pregunta queda abierta independientemente de que se afirme o se niegue la existencia de un ser absoluto. Si no hay un ser absoluto, ¿qué razón puede haber para que existan esas cosas finitas y efímeras en medio de la nada, cosas que nunca podrían sumarse al absoluto en su conjunto ni evolucionar hacia él? Pero, por otra parte, si existe un ser absoluto, y si este ser se basta a sí mismo, es casi más misterioso por qué debería existir algo más. Solo una filosofía de la libertad y del amor puede dar cuenta de nuestra existencia, pero solo si interpreta la esencia del ser finito en términos de amor» (Hans Urs von BALTHASAR, *Love Alone Is Credible*, [trans. David C. Schindler], Ignatius, San Francisco 2004, 143).

Es muy interesante observar cómo el propio Hoyle fue testigo de la inevitabilidad de que la ciencia tenga presupuestos teológicos, aunque los científicos traten de evitarlos: «Siempre he pensado que es curioso que, aunque la mayoría de los científicos afirman que evitan la religión, en realidad esta domina sus pensamientos más que los del clero»[146]. Recuérdese que, como se mostró en el primer capítulo, la ciencia y la teología están intrínsecamente relacionadas. Hoyle también reconoció que el deseo de algunos científicos de aceptar el Big Bang tenía una motivación teológica: «El apasionado frenesí con el que la cosmología del Big Bang se aferra al seno científico corporativo surge evidentemente de un apego profundamente arraigado a la primera página del Génesis, fundamentalismo religioso en su máxima expresión»[147].

El modelo de estado estacionario perdió su batalla contra el modelo del Big Bang cuando este último recibió confirmación experimental en 1965, con el descubrimiento del fondo cósmico de microondas. Este es «el vestigio de la radiación que queda de las primeras etapas del Big Bang caliente […], y es actualmente la forma más importante de comprender las propiedades del universo joven»[148]. El fondo cósmico de microondas «es una instantánea de la luz más antigua de nuestro universo, impresa en el cielo cuando el universo tenía solo 380 000 años»[149]. A pesar de la confirmación experimental del modelo del Big Bang, Hoyle defendió una versión modificada de su modelo de estado estacionario (el modelo de estado cuasiestacionario) hasta su muerte, en 2001[150]. Parece que sus convicciones teológicas eran más fuertes que su compromiso con la ciencia.

[146]   Fred Hoyle, «The Universe. Past and Present Reflections»: *Annual Review of Astronomy and Astrophysics* 20 (September 1982), 23.
[147]   *Ibid.*
[148]   Liddle y Loveday, *Oxford Companion to Cosmology*, 56.
[149]   ESA, Planck Collaboration, «Planck Reveals an Almost Perfect Universe», Max-Planck-Gesellschaft, última modificación 21 de marzo de 2013: http://www.mpg.de/7044245/. El fondo cósmico de microondas «muestra minúsculas fluctuaciones de temperatura que corresponden a regiones de densidades ligeramente diferentes, que representan las semillas de toda la estructura futura: las estrellas y las galaxias actuales» (*ibid.*).
[150]   La cosmología del estado cuasiestacionario (CECE) fue desarrollada por Fred Hoyle, Geoffrey R. Burbidge y Jayant V. Narlikar en la década de 1990 para sortear los problemas de la cosmología del estado estacionario. «En este modelo, un único evento de Big Bang se sustituye por una serie de *minibigbangs*: las fuentes de energía en los cuásares y los núcleos de galaxias activas son el resultado de minieventos de creación. Se puede pensar que un universo CECE experimenta una expansión a largo plazo, en estado estacionario, intercalada con oscilaciones a corto plazo» (Liddle y Loveday, *Oxford Companion to Cosmology*, 289). La teoría del estado estacionario estaba «conceptualmente fundada en el "principio cosmológico perfecto", es decir, el postulado de que el universo en sus características a gran escala no solo es homogéneo espacialmente sino también temporalmente» (Hans Halvorson y Helge Kragh, «Physical Cosmology», en *The Routledge Companion to Theism*, [eds. Charles Taliaferro, *et al.*], Routledge, New York 2013, 245). La CECE «no satisface el principio cosmológico perfecto, pero supone

En 1970 la singularidad del Big Bang recibió la confirmación teórica del teorema de singularidad de Penrose y Hawking[151]. Este teorema defendía que «debe haber habido una singularidad del Big Bang siempre que la relatividad general sea correcta y el universo contenga tanta materia como observamos»[152]. Hawking señaló la resistencia que generó su teorema de singularidad, en su mayoría no por razones científicas: «Hubo mucha oposición a nuestro trabajo, parcialmente por parte de los rusos debido a su creencia marxista en el determinismo científico, y parcialmente por parte de gente que sentía que toda la idea de las singularidades era repugnante y estropeaba la belleza de la teoría de Einstein. Sin embargo, no se puede en realidad discutir un teorema matemático»[153]. El cosmólogo también reconoció el agrado de los líderes religiosos por el teorema de singularidad: «Esto encantó a los líderes religiosos que creían en un acto de creación, porque aquí había una prueba científica»[154]. Obviamente, Hawking tenía en mente a los líderes religiosos que compartían con él la misma imagen extrínseca de Dios, como Craig o Spitzer.

Aunque el teorema de singularidad de Penrose y Hawking implicaba un comienzo para un universo en expansión, siguiendo la teoría de la relatividad general de Einstein, los cosmólogos, incluido el propio Hawking, encontraron una forma de evitar este teorema: una nueva teoría de la gravitación conocida como gravedad cuántica. Esta teoría pretendía conciliar la teoría de la relatividad general de Einstein (una teoría de la gravedad) y la mecánica cuántica (una teoría de lo microscópico)[155]. Los científicos afirmaban que, en el universo muy temprano, cuando era extremadamente pequeño y denso, la teoría de la gravedad de Einstein debería tener en cuenta los efectos de la mecánica cuántica. En otras palabras, la fuerza de la gravedad debería describirse como una fuerza cuántica en el universo

---

una escala temporal cósmica indefinida durante la cual la materia se crea continuamente. En este sentido es una alternativa a la teoría del Big Bang y su supuesta asociación con la creación divina» (*ibid.*, 246). Para más información sobre el CECE, véase Fred HO-YLE, *et al.*, *A Different Approach to Cosmology. From a Static Universe through the Big Bang towards Reality*, Cambridge University Press, Cambridge 2000, capítulos 15 y 16.

[151] Stephen W. HAWKING y Roger PENROSE, «The Singularities of Gravitational Collapse and Cosmology»: *Proceedings of the Royal Society of London. A. Mathematical and Physical Sciences* 314/1519 (January 27, 1970), 529-548.

[152] HAWKING, *Brief History of Time* (1988), 50.

[153] *Ibid.* Nótese cómo las matemáticas eran la última fuente de verdad para Hawking.

[154] ÍD., *The Universe in a Nutshell*, Bantam, New York 2001, 41.

[155] CRAIG y SINCLAIR, «The Kalam Cosmological Argument», 158. «El precepto básico de la mecánica cuántica es que la física a escala microscópica es de naturaleza probabilística. En lugar de tener una ubicación definida, un electrón existe en un estado en el que puede estar en cualquier número de posiciones diferentes, cada una con su propia probabilidad. Solo el acto de medición puede determinar dónde se encuentra realmente. Además, los objetos tienen propiedades complementarias que no pueden conocerse simultáneamente, como por ejemplo su posición y su velocidad. Esto se conoce como el Principio de Incertidumbre de Heisenberg» (LIDDLE y LOVEDAY, *Oxford Companion to Cosmology*, 242).

muy temprano. La teoría de la gravedad cuántica pretende describir esa fuerza cuántica[156]. La nueva teoría de la gravitación evitaría la singularidad inicial. Hawking reconoció que «todavía no tenemos una teoría completa y consistente que unifique la relatividad general y la mecánica cuántica, pero sí conocemos una serie de características que debería tener»[157]. En esta situación, «hay varias candidatas a teoría de la gravedad cuántica, pero no hay un consenso establecido sobre cuál sea probablemente la correcta»[158].

Los modelos cosmológicos actuales hacen uso de los diferentes enfoques de la gravedad cuántica para evitar la singularidad inicial. Los modelos cosmológicos que incorporan la gravedad cuántica «pueden dividirse en dos tipos: cosmologías del "comienzo", en las que hay un primer momento del tiempo, y cosmologías "eternas", en las que el tiempo se extiende hacia el pasado sin límite». Las cosmologías del comienzo «suelen intentar sustituir la singularidad del Big Bang de la relatividad general clásica por algún tipo de evento mecánico-cuántico [...]. Estos modelos imaginan que el espacio-tiempo es una aproximación clásica a algún tipo de estructura mecánica-cuántica. En particular, el tiempo puede ser solo una noción aproximada, útil en algunos regímenes, pero no en otros». Estas cosmologías sugieren que un «viaje mental hacia atrás en el tiempo acabará por llegar a un punto más allá del cual el concepto de "tiempo" ya no es aplicable»[159]. En esta sección, consideraré las dos principales cosmologías del comienzo: la propuesta sin límites de James Hartle y Stephen Hawking y el modelo de «creación de la nada» de Alexander Vilenkin[160]. Las cosmologías eternas utilizan una teoría de la gravedad cuántica para «sustituir la singularidad por una etapa de transición en un universo eterno»[161]. En esta sección, trataré la cosmología eterna más destacada: el universo cíclico, defendido por Paul Steinhardt y Neil Turok.

Comencemos ahora con el modelo sin límites de Hartle y Hawking para el universo[162]. Este modelo utiliza el concepto de espacio-tiempo. De acuerdo con

---

[156]   CRAIG y SINCLAIR, «The Kalam Cosmological Argument», 158.

[157]   HAWKING, *Brief History of Time* (1988), 61.

[158]   LIDDLE y LOVEDAY, *Oxford Companion to Cosmology*, 241.

[159]   Sean CARROLL, «Does the Universe Need God?», en *The Blackwell Companion to Science and Christianity*, (eds. Jim B. Stump, Alan G. Padgett), Blackwell, Malden, Massachusetts 2012, 188.

[160]   *Ibid.*

[161]   *Ibid.*, 189.

[162]   James B. HARTLE y Stephen W. HAWKING, «Wave Function of the Universe»: *Physical Review D* 28/12 (December 15, 1983), 2960-2975. «La condición sin límites es la afirmación de que las leyes de la física se cumplen en todas partes» (Stephen W. HAWKING, «The Beginning of the Universe», en *Primordial Nucleosynthesis and Evolution of the Early Universe. Proceedings of the International Conference «Primordial Nucleosynthesis and Evolution of Early Universe». Held in Tokyo, Japan, September 4-8, 1990,*

la teoría de la relatividad de Einstein, «no hay conceptos separados de espacio y tiempo […]. Por el contrario, el espacio y el tiempo deben estar unidos en una sola entidad, el espacio-tiempo […]. La geometría del espacio-tiempo está descrita por la métrica, que mide la distancia entre puntos espacio-temporales vecinos»[163]. La métrica del espacio-tiempo ordinario (también conocida como métrica lorentziana) viene dada por la siguiente fórmula: $ds^2 = -c^2dt^2+dx^2+dy^2+dz^2$, donde ds es la distancia entre dos puntos espacio-temporales, c es la velocidad de la luz, dt es la diferencia de tiempo, dx es la diferencia en la coordenada x, y lo mismo con el resto de coordenadas espaciales, y y z. El signo menos en la fórmula de la métrica lorentziana indica «el carácter especial en la dimensión del tiempo»[164]. El modelo sin límites utiliza el concepto de tiempo imaginario para «describir cómo la teoría cuántica da forma al tiempo y al espacio»[165]. Cambiando la coordenada del tiempo, t, por la coordenada del tiempo imaginario, τ (que se define como $\tau \equiv it$), en la fórmula de la métrica lorentziana, se obtiene que $ds^2 = +c^2d\tau^2+dx^2+dy^2+dz^2$. Esta es una métrica euclidiana, donde todas las coordenadas, temporales y espaciales, tienen el mismo signo positivo. En consecuencia, «una métrica euclidiana […] trata el tiempo igual que las dimensiones espaciales»[166]. Como dijo Hawking, «en el espacio-tiempo euclidiano no hay diferencia entre la dirección del tiempo y las direcciones del espacio. En cambio, en el espacio-tiempo real, en el que los eventos son designados por valores ordinarios y reales de la coordenada temporal, es fácil distinguir [entre el tiempo y el espacio]»[167]. El modelo sin límites utiliza una métrica euclidiana, que describiría la era de Planck, el período del universo anterior al tiempo de Planck, en el que los efectos cuánticos ya no son despreciables con respecto a los efectos gravitatorios[168]. De acuerdo con el modelo, «el universo

---

[eds. Katsuhiko Sato, Jean Audouze], *Astrophysics and Space Science Library* 169, Kluwer Academic, Dordrecht 1991, 135). Por lo tanto, si no hay límites, no hay una singularidad en el comienzo donde las leyes físicas dejen de funcionar.

[163] LIDDLE y LOVEDAY, *Oxford Companion to Cosmology*, 275.

[164] CRAIG y SINCLAIR, «The Kalam Cosmological Argument», 177-178.

[165] HAWKING, *Universe in a Nutshell*, 59. El tiempo imaginario «es un concepto matemático bien definido: el tiempo medido en los llamados números imaginarios» (*ibid.*). Los números imaginarios son números cuyo cuadrado es negativo. Los números imaginarios se representan por el producto de un número real por la unidad imaginaria i, que se define como la raíz cuadrada de -1. Desde el punto de vista científico, el concepto de tiempo imaginario es un «verdadero motivo de preocupación», porque «carece de cualquier asimetría o flecha del tiempo» (George JAROSZKIEWICZ, «Analysis of the Relationship between Real and Imaginary Time in Physics», en *The Nature of Time. Geometry, Physics, and Perception*, [eds. R. Buccheri, *et al.*], NATO Science Series 95, Kluwer Academic, Dordrecht 2003, 164).

[166] CRAIG y SINCLAIR, «The Kalam Cosmological Argument», 178; HARTLE y HAWKING, «Wave Function».

[167] HAWKING, *Brief History of Time* (1988), 134.

[168] Recuérdese que el tiempo de Planck es el tiempo extremadamente pequeño de 5,391× 10^{-44} segundos. Hawking consideró su «uso del tiempo imaginario y del espacio-tiempo

parece existir en un tiempo imaginario solo durante la era de Planck (es decir, en tiempos cercanos a 10^{-43} segundos y radios cercanos a 10^{-33} cm). Sin embargo, poco después, el universo ya no es un espacio euclidiano de cuatro dimensiones, sino que existe como un espacio-tiempo clásico TGR (lorentziano), con tres dimensiones espaciales y una dimensión temporal real»[169].

Según el modelo sin límites, el Big Bang deja de ser «un "borde" en el que el espacio-tiempo se topa con una pared; podría ser más bien como el Polo Norte, que es lo más al norte que se puede ir, sin representar realmente ningún tipo de límite físico del globo»[170]. En el modelo sin límites, «las condiciones de contorno del universo son que no tiene límites»[171]. De acuerdo con este modelo, «el tiempo deja de estar bien definido en el universo muy temprano [era de Planck] al igual que la dirección "norte" deja de estar bien definida en el Polo Norte de la tierra. Preguntar qué ocurre antes del Big Bang es como pedir un punto a un kilómetro al norte del Polo Norte». Sin duda, «la cantidad que medimos como tiempo tuvo un comienzo, pero eso no significa que el espacio-tiempo tenga un borde, al igual que la superficie de la tierra no tiene un borde en el Polo Norte»[172]. En otras palabras, «según la propuesta de Hartle y Hawking, el pasado del universo es

euclidiano como un mero recurso matemático (o truco) para calcular respuestas sobre el espacio-tiempo real» (*ibid.*, 134-135). Hawking también sugirió que «el llamado tiempo imaginario es realmente el tiempo real, y que lo que llamamos tiempo real es solo un producto de nuestra imaginación. En el tiempo real, el universo tiene un comienzo y un final en las singularidades que forman un límite del espacio-tiempo y en las que las leyes de la ciencia dejan de funcionar. Pero en el tiempo imaginario, no hay singularidades ni límites. Así que tal vez lo que llamamos tiempo imaginario es realmente más básico, y lo que llamamos real es solo una idea que inventamos para ayudarnos a describir lo que pensamos que es el universo» (*ibid.*, 139). A este respecto, Craig afirma sin rodeos: «No se me ocurre un ejemplo más flagrante de autoengaño que este. Uno emplea recursos matemáticos (trucos) tales como [...] cambiar el signo de la coordenada temporal para construir un modelo espacio-temporal, un modelo que es físicamente ininteligible, y luego reviste ese modelo de realidad y declara que el tiempo en el que vivimos es de hecho irreal» (CRAIG, «What Place for Creator?», 483). Aquí uno está tentado a preguntarse si Hawking se está entregando a la ciencia ficción con su invención del tiempo imaginario para evitar la eternidad y a Dios. La teología y la metafísica primitivas que acompañan a la cosmología de Hawking (y no solo a la suya) ocasionan un retorno al *mythos* sin *logos*.

[169] Robert J. DELTETE y Reed A. GUY, «Emerging from Imaginary Time»: *Synthese* 108/2 (August 1996), 189-190. Véase también Stephen W. HAWKING, «The Edge of Spacetime», en *The New Physics*, (ed. Paul C. W. Davies), Cambridge University Press, Cambridge 1988, 68.
[170] Sean CARROLL, «Why Cosmologists Are Atheists», 630.
[171] HAWKING, «The Edge of Spacetime», 68-69. Las condiciones de contorno son las condiciones en el límite, el borde o la singularidad (ÍD., *Brief History of Time* [1988], 148).
[172] ÍD., «The Edge of Spacetime», 69.

finito (como lo es en el modelo del Big Bang), pero, a diferencia de la evolución del Big Bang, es *ilimitado* (no hay singularidad, $t = 0$)»[173].

«En la teoría clásica de la gravedad, que se basa en el espacio-tiempo real, solo hay dos maneras posibles en las que el universo puede comportarse: o bien ha existido durante un tiempo infinito, o bien tuvo un comienzo en una singularidad en algún tiempo finito del pasado. En la teoría cuántica de la gravedad, en cambio, surge una tercera posibilidad. Dado que se utiliza un espacio-tiempo euclidiano, en el que la dirección del tiempo está al mismo nivel que la dirección del espacio, es posible que el espacio-tiempo tenga una extensión finita y, sin embargo, no tenga singularidades que formen un límite o borde. El espacio-tiempo sería como la superficie de la tierra, solo que con dos dimensiones más. La superficie de la tierra es finita en extensión, pero no tiene un límite o borde: si uno navega hacia el atardecer, no se caerá del borde ni se topará con una singularidad»[174].

Como ya se ha comentado, Hawking defendió que en el universo muy temprano hay «efectivamente cuatro dimensiones de espacio y ninguna de tiempo. Eso significa que cuando hablamos del "comienzo" del universo, estamos eludiendo la sutil cuestión de que, cuando miramos hacia atrás, hacia el universo muy temprano, ¡el tiempo tal y como lo conocemos no existe!»[175]. No hay $t = 0$ en el universo porque, a medida que se retrocede en el tiempo, la dimensión temporal desaparece, para convertirse en una dimensión espacial. La afirmación del carácter atemporal de la era de Planck es muy problemática, porque «el tiempo es una característica de la criatura, un signo de dependencia. Es creado *con* la criatura; al hacer que exista un mundo cambiante, Dios trae el tiempo»[176]. En este sentido, Agustín afirmó que «el tiempo y el mundo fueron creados simultáneamente»[177] y Joseph Ratzinger dice que «el ser *es* tiempo, no solo *tiene* tiempo»[178]. El carácter atemporal de la era de Planck también es problemático desde el punto de vista de la física. Por ejemplo, el movimiento no puede explicarse sin el tiempo[179].

---

[173]   Robert J. Russell, «Does Creation Have a Beginning?»: *Dialog. A Journal of Theology* 36/3 (Summer 1997), 181.

[174]   Hawking, *Brief History of Time* (1988), 135-136.

[175]   Hawking y Mlodinow, *The Grand Design*, 134.

[176]   Ernan McMullin, «Evolutionary Contingency and Cosmic Purpose», en *The Interplay between Scientific and Theological Worldviews (Part I),* (eds. Niels H. Gregersen, *et al.*), Studies in Science and Theology 5, Labor et Fides, Geneva 1999, 105.

[177]   Augustine, *The City of God. Against the Pagans*, (trans. Robert W. Dyson), Cambridge University Press, Cambridge 1998, 456 (XI, 6).

[178]   Ratzinger, *Dogma and Preaching*, 138.

[179]   En un esfuerzo por superar este problema, Heller sugiere que «una dinámica generalizada es posible incluso en ausencia de la noción habitual de tiempo [...]. Una de las características esenciales de esta generalización consiste en sustituir todos los elementos

Al afirmar que no existe una singularidad inicial en el universo, Hawking llegó a la conclusión teológica de que Dios es superfluo. Estas son sus famosas palabras:

> «La teoría cuántica de la gravedad ha abierto una nueva posibilidad, en la que no habría ningún límite para el espacio-tiempo y, por tanto, no sería necesario especificar el comportamiento en el límite. No habría ninguna singularidad en la que las leyes de la ciencia dejaran de funcionar y ningún borde del espacio-tiempo en el que hubiera que apelar a Dios o a alguna nueva ley para establecer las condiciones de contorno del espacio-tiempo. Se podría decir: "La condición de contorno del universo es que no tiene límites". El universo sería completamente autónomo y no se vería afectado por nada fuera de sí mismo. No sería creado ni destruido. Simplemente SERÍA»[180].

El párrafo anterior es muy revelador respecto al positivismo de Hawking hacia el ser. El hecho de que el universo no sea creado no es una *consecuencia* de la cosmología de Hawking, sino una de sus *premisas*. Como el filósofo y obispo Joseph Życiński señaló apropiadamente, el modelo sin límites «introduce tácitamente la tesis de que el universo existe»[181]. Cuando Hawking dijo que el universo

---

locales por sus homólogos globales (si es que existen)» (HELLER, «Cosmological Singularity», 681). Heller señala: «Los teólogos notarían ciertamente una analogía entre este proceso de generalización y la manera de formar conceptos referidos a Dios en la teología tradicional. Tengo en mente especialmente la llamada *via emminentiae*, un concepto que se conoce por el uso cotidiano [y] se le atribuye a Dios, pero solo después de haber sido purificado de todas las connotaciones negativas y después de que todas sus connotaciones positivas se hayan reforzado al máximo posible» (*ibid.*, 684n13). El sacerdote también afirma que «la física macroscópica es solo el resultado de un cierto "promedio" de lo que ocurre en el nivel fundamental no conmutativo». Es decir, lo que observamos en nuestro mundo cotidiano macroscópico es el promedio de lo que realmente sucede en el mundo microscópico probabilístico de la mecánica cuántica. En este escenario, Heller defiende que «el tiempo [ordinario] no es más que un epifenómeno de la existencia atemporal» (*ibid.*, 683). Por lo tanto, el tiempo no tendría un significado ontológico real. Para saber más sobre los problemas científicos del tiempo en la gravedad cuántica, véase Edward ANDERSON, «The Problem of Time in Quantum Gravity», en *Classical and Quantum Gravity. Theory, Analysis, and Applications*, (ed. Vincent R. Frignanni), Nova Science, Hauppauge, New York 2011, 213-256.

[180]   HAWKING, *Brief History of Time* (1988), 136.

[181]   ŻYCIŃSKI, «Metaphysics and Epistemology», 278. Este es el párrafo completo: «El modelo de Hawking y Hartle, en su versión original, también implica presupuestos metodológicos. Se trata, por ejemplo, del llamado procedimiento de normalización. Para determinar la función de onda del universo, los autores suponen que existe una probabilidad igual a 1 de tener una métrica en una superficie espacial tridimensional. Este procedimiento requiere al menos dos supuestos metodológicos: (1) Las analogías de la física cuántica pueden utilizarse a nivel cosmológico para describir el universo, que ha sido, por definición, el único y exclusivo objeto de su clase; (2) la normalización de la

simplemente ES, ignoró el misterio del ser y se dio permiso para dejar de pensar. Esto muestra la dimensión irrazonable del cientificismo. Como ferviente seguidor del cientificismo, Hawking dio por sentado el ser. Debido a su positivismo, la creación no fue considerada como una transición del no-ser al ser, sino como el primer proceso mecánico del universo, que podía ser explicado por la ciencia. Obviamente, este primer cambio presupone la existencia del universo. Hawking no pudo establecer ninguna relación entre la creación y el ser. Solo pudo razonar desde su punto de vista positivista, que lo cegó a la cuestión crucial de la creación, es decir, el ser. Por lo tanto, cuando este cosmólogo negaba la creación, no negaba lo que *realmente* es la creación, sino que solo negaba un cambio mecánico.

Según Hawking, Dios tenía un lugar como iniciador del universo mientras este tuviera un comienzo. Sin embargo, después de que la propuesta sin límites elimine un comienzo (recuérdese, en tiempo imaginario), no hay lugar para Dios:

> «Con el éxito de las teorías científicas en la descripción de los eventos, la mayoría de la gente ha llegado a creer que Dios permite que el universo evolucione según un conjunto de leyes y no interviene en el universo para quebrantar estas leyes. Sin embargo, las leyes no nos dicen cómo debería haber sido el universo cuando empezó: seguiría siendo Dios quien diera cuerda al mecanismo de relojería y eligiera cómo ponerlo en marcha. Mientras el universo tuviera un comienzo, podríamos suponer que tuvo un creador. Pero si el universo es realmente autónomo, sin límites ni bordes, no tendría ni comienzo ni fin: simplemente sería. ¿Qué lugar quedaría, entonces, para un creador?»[182].

Karl Giberson y Mariano Artigas afirmaron acertadamente que «Hawking confunde dos cuestiones diferentes, un universo sin bordes en el espacio y el tiempo; y un universo autónomo. Los relaciona sugiriendo que, si el universo no tiene bordes en el espacio y el tiempo, entonces es autónomo y no creado». Como ya se ha explicado, la creación no es fundamentalmente una cuestión de orígenes temporales, sino una cuestión de orígenes *ontológicos*. La creación se refiere en última instancia a una dependencia en el ser no solo al comienzo de la existencia de una criatura, sino a lo largo de toda su existencia. «El papel de Dios no se limita a los "comienzos" de las criaturas o a los "bordes espacio-temporales", por utilizar la terminología de Hawking. Dios es el único Ser "autónomo", que no depende de ningún otro ser, y es la fuente de todos los seres creados». Por lo tanto,

---

función de onda de los objetos cuánticos requiere que la integral de las probabilidades sobre todo el espacio debe arrojar una probabilidad igual a 1 en cualquier momento *t*. En dicha práctica de normalización, la propia suposición de que el resultado se establece en 1 introduce tácitamente la tesis de que el universo existe» (*ibid.*).

[182] HAWKING, *Brief History of Time* (1988), 140-141.

«afirmar que el universo es autosuficiente [no creado] porque no tiene límites en el espacio y el tiempo no tiene sentido»[183].

El Aquinate ya había abordado la cuestión de un mundo creado eterno. Defendió que no hay «contradicción entre estas dos ideas, que algo sea creado por Dios y que, sin embargo, siempre haya existido»[184]. Este es precisamente «el problema que Hawking cree que su obra ha creado»[185]. Un mundo creado eterno podría ser posible porque (1) «Dios produce efectos instantáneamente, no a través del movimiento, y por lo tanto no es necesario que él preceda a su efecto en la duración», y porque (2) la creación de la nada no requiere que el no-ser preceda *temporalmente* al ser. En otras palabras, «no hay necesidad de que la cosa primero sea nada y después sea algo»[186]. En consecuencia, Giberson y Artigas concluyeron que «el Aquinate rechazaría la confiada afirmación de Hawking de que una prueba de que el universo no tiene límites tendría "profundas implicaciones para el papel de Dios como Creador"»[187]. La afirmación de Tomás de Aquino de que el mundo seguiría siendo creación, incluso si fuera eterno, apunta a la distinción entre *esse* y *essentia*. Un mundo eterno solo existiría por participación en el ser de Dios porque todo *ens* (ser) es un compuesto de *esse* (ser) y *essentia* (esencia), aunque ese *ens* sea eterno. Dios es el único *ipsum esse subsistens*. Cuando confundimos, como hizo el positivista Hawking, *esse* y *essentia*, todo *ens* existe necesariamente y el mundo no tiene comienzo ni fin; simplemente existe, como afirmó Hawking[188]. La distinción entre *esse* y *essentia* solo tiene sentido si hay una diferencia entre el ser y la historia. En efecto, la distinción entre *esse* y *essentia* presupone tácitamente la mencionada diferencia entre el ser y la historia.

Como se ha señalado en el apartado anterior, el positivismo hacia el ser está estrechamente asociado a una imagen extrínseca de Dios. Este dios extrínseco es intrínseco al pensamiento del ateo Hawking. Como se ha mencionado antes, el positivista Hawking solo podía ver la mera facticidad bruta. Para él, no había diferencia entre el ser de Dios, *ipsum esse subsistens*, y el ser del mundo, *esse commune*. Pertenecían al mismo orden, al orden del ser positivista. Por lo tanto, la infinita trascendencia divina (y la íntima inmanencia divina) se perdieron, y Dios se convirtió en una causa mecánica entre las causas mecánicas. Para Hawking,

---

183   Giberson y Artigas, *Oracles of Science*, 105.
184   Thomas Aquinas, «On the Eternity of the World», en *Aquinas on Creation. Writings on the «Sentences» of Peter Lombard, Book 2, Distinction 1, Question 1*, (trans. Steven E. Baldner, William E. Carroll), Mediaeval Sources in Translation 35, Pontifical Institute of Mediaeval Studies, Toronto 1997, 115.
185   Giberson y Artigas, *Oracles of Science*, 106.
186   *Ibid.*; Aquinas, «Eternity of the World», 116-119.
187   Giberson y Artigas, *Oracles of Science*, 106. La cita interior es de Hawking, *Brief History of Time* (1988), 174.
188   *Ibid.*, 141.

Dios era una «causa eficiente que producía un efecto temporal absolutamente primero»[189]. La teología extrínseca de Hawking era incapaz de comprender adecuadamente la trascendencia divina. Por lo tanto, la distinción entre causalidad primaria y secundaria desapareció y la causalidad divina se encontró en una posición de rivalidad con los procesos naturales. En otras palabras, «Hawking pone a Dios y a la explicación científica en oposición: podemos usar uno u otro para explicar las cosas, pero no ambos»[190].

Para Hawking, Dios estaba confinado a las áreas que aún no eran comprendidas por la ciencia[191]. Este es claramente un dios de los huecos. El creador solo tiene cabida en el universo «cuando las ciencias naturales llegan a un límite en sus procedimientos explicativos, en la conocida manera característica del *deus ex machina*»[192]. Tras varios siglos de ciencia moderna, el último espacio concedido a Dios fue el comienzo del universo. Pero una vez que este comienzo es supuestamente entendido científicamente, no hay lugar para un creador. A este respecto, Hawking dijo: «A lo largo de los siglos muchos [...] creyeron que el universo tenía un comienzo, y lo utilizaron como argumento para la existencia de Dios. La constatación de que el tiempo se comporta como el espacio presenta una nueva alternativa. Esto [...] significa que el comienzo del universo fue regido por las leyes de la ciencia y no necesita ser puesto en marcha por ningún dios»[193]. Este dios de los huecos que es descartado es el mismo que defienden los partidarios del argumento cosmológico *kalam*.

Hawking, utilizando su modelo sin límites, concluyó que Dios era una hipótesis innecesaria. Sin embargo, esa afirmación no fue una conclusión que surgiera del modelo cosmológico; al contrario, fue su inspiración. Como explica el filósofo Phil Dowe, «toda la razón de ser del modelo sin límites es evitar la conclusión

---

[189]   CRAIG, «What Place for Creator?», 474.

[190]   GIBERSON y ARTIGAS, *Oracles of Science*, 104.

[191]   HAWKING, *Brief History of Time* (1988), 172. «El determinismo de Laplace era incompleto en dos sentidos. No decía cómo debían elegirse las leyes y no especificaba la configuración inicial del universo. Esto se dejaba en manos de Dios. Dios elegiría cómo empezó el universo y a qué leyes obedecería, pero no intervendría en el universo una vez iniciado. En efecto, Dios estaba confinado a las áreas que la ciencia del siglo XIX no comprendía» (*ibid.*).

[192]   ŻYCIŃSKI, «Metaphysics and Epistemology», 270. [Nota de la edición española: El término *deus ex machina* es una locución latina que significa literalmente «el dios [que baja] de la máquina». «En el teatro de la Antigüedad, [el término *deus ex machina* designaba al] personaje que representaba a una divinidad y que, mediante un mecanismo, descendía al escenario para resolver situaciones complicadas o trágicas». El término *deus ex machina* también designa a la «persona o cosa capaz de solucionar, sin dificultad aparente, todo tipo de situaciones» (*Diccionario de la lengua española*, s.v. «deus ex machina», actualización 2022)].

[193]   HAWKING y MLODINOW, *The Grand Design*, 135.

de que hay un Dios»[194]. Hawking abordó este asunto de forma muy directa en esta entrevista:

> «WEBER: ¿Por qué es tan importante que haya o no un borde en el espacio-tiempo?
>
> HAWKING: Evidentemente, es importante porque si hay un borde alguien tiene que decidir lo que debe ocurrir en el borde. Realmente tendrías que invocar a Dios.
>
> WEBER: ¿Por qué se deduce eso?
>
> HAWKING: Si quieres, sería una tautología. Podrías definir a Dios como el borde del universo, como el agente responsable de poner todo esto en movimiento.
>
> WEBER: Usted invoca a Dios porque necesitamos un principio explicativo para el borde.
>
> HAWKING: Sí, si quieres una teoría completa, entonces tendríamos que saber qué ocurre en el borde. Si no, no podemos resolver las ecuaciones»[195].

Hawking reconoció ciertamente el carácter hipotético de su modelo: «Me gustaría subrayar que esta idea de que el tiempo y el espacio deben ser finitos sin límites es solo una *propuesta*: no puede deducirse de ningún otro principio. Como cualquier otra teoría científica, puede plantearse inicialmente por razones estéticas o metafísicas, pero la verdadera prueba es si hace predicciones que concuerden con la observación». Y añadió que la confirmación experimental «es difícil de determinar en el caso de la gravedad cuántica»[196]. Hasta la fecha, no se ha producido ninguna confirmación experimental[197]. Sin embargo, Hawking trató

---

[194]   Phil Dowe, *Galileo, Darwin, and Hawking. The Interplay of Science, Reason, and Religion*, Eerdmans, Grand Rapids, Michigan 2005, 147.

[195]   Stephen W. Hawking y Renée Weber, «Interview with Stephen Hawking. If There's an Edge to the Universe, There Must Be a God», en Renée Weber, *Dialogues with Scientists and Sages. Search for Unity in Science and Mysticism*, Arkana, London 1990, 214.

[196]   Hawking, *Brief History of Time* (1988), 136-137.

[197]   «Los datos experimentales que arrojan luz sobre esta época cosmológica [época de Planck] han sido escasos o inexistentes hasta ahora [2015], pero los resultados recientes de la sonda WMAP han permitido a los científicos poner a prueba las hipótesis sobre la primera billonésima de segundo del universo (aunque la radiación cósmica de fondo de microondas observada por WMAP se originó cuando el universo ya tenía varios cientos de miles de años). Aunque este intervalo sigue siendo órdenes de magnitud mayor que el tiempo de Planck, otros experimentos que se están poniendo en marcha actualmente, incluida la sonda *Planck Surveyor*, prometen hacer retroceder aún más nuestro "reloj cósmico" para revelar bastante más sobre los primeros momentos de la historia de nuestro universo, y es de esperar que nos den alguna idea sobre la propia época de Planck. Los datos de los aceleradores de partículas también ofrecen una visión significativa del universo temprano. Los experimentos con el Acelerador Relativista de Iones Pesados han permitido a los físicos determinar que el plasma de quarks y gluones (una fase temprana de la materia) se comportaba más como un líquido que como un gas, y el Gran

el modelo sin límites como si fuera real, y concluyó categóricamente a partir de su modelo la afirmación teológica que hemos estado tratando hasta ahora: la ciencia ha hecho a Dios prescindible. Recordemos las palabras de Hawking: «La constatación de que el tiempo se comporta como el espacio [...] elimina la vieja objeción de que el universo tuvo un comienzo, pero también significa que el comienzo del universo fue regido por las leyes de la ciencia y no necesita ser puesto en marcha por ningún dios»[198]. El dios prescindible que Hawking tenía en mente era uno extrínseco. Este dios extrínseco es el mismo que afirman los partidarios del argumento cosmológico *kalam*. Cuando Hawking negaba tanto la creación como a Dios, no los estaba negando en absoluto, sino más bien «una proyección de su propia teoría [positivista], enraizada en un extrinsecismo teológico» que compartía «con sus oponentes»[199].

Hemos visto que el modelo sin límites de Hartle y Hawking pretende evitar la singularidad inicial predicha por la relatividad general. Otra forma de evitar la singularidad es la propuesta por Vilenkin, con su modelo de «creación de la nada». Como ya se ha comentado, ambos modelos cosmológicos son cosmologías del comienzo, que abogan por un comienzo del universo. Antes de discutir el modelo cosmológico de Vilenkin, es interesante señalar su esfuerzo por defender un comienzo del universo. Vilenkin, junto con Arvind Borde y Alan Guth, propuso en 2003 un teorema de singularidad que defiende que el universo debería tener un comienzo[200]. Más concretamente, el teorema de singularidad de Borde, Guth y Vilenkin concluye que «la inflación en el pasado sin un comienzo es imposible». Nótese que este teorema es más general que el teorema de singularidad de Penrose y Hawking. Como reconoce Vilenkin, «algo destacable del teorema es su amplio rango de aplicabilidad». Borde, Guth y Vilenkin «no hicieron ninguna

---

Colisionador de Hadrones del CERN investigará fases aún más tempranas de la materia, pero ningún acelerador (actual o previsto) será capaz de investigar directamente la escala de Planck» (Rupert W. ANDERSON, *The Cosmic Compendium. The Big Bang and the Early Universe*, Lulu, Morrisville, North Carolina 2015, 99). [Nota de la edición española: «La dificultad que tenemos en gravedad cuántica es que no podemos hacer experimentos. Las escalas de energía en las que trabajamos son muchísimo más altas que las que podemos producir en nuestros laboratorios. Para que te hagas una idea, las escalas más altas de energía que hemos conseguido en el laboratorio son las que se alcanzan en el LHC (Gran Colisionador de Hadrones por sus siglas en inglés) que es el mayor acelerador de partículas del mundo. En el LHC se han conseguido energías del orden del teraelectronvoltio o 10^{12} electronvoltios, pero cuando hablamos de gravedad cuántica las escalas de energía son del orden de 10^{16} teraelectronvoltios. Es decir, unos órdenes de magnitud muy superiores a los que podemos testar» (Mercedes MARTÍN-BENITO, «¿Qué novedades hay en la gravedad cuántica de lazos?»: *El País*, última modificación 9 de junio de 2021, https://loyol.ink/5nq0j)].

[198]   HAWKING y MLODINOW, *The Grand Design*, 135.
[199]   HANBY, *No God, No Science?*, 412n61.
[200]   BORDE *et al.*, «Inflationary Spacetimes».

suposición sobre el contenido material del universo». Ellos «ni siquiera asumieron que la gravedad se describe mediante las ecuaciones de Einstein». La única suposición que hicieron Borde, Guth y Vilenkin «fue que la tasa de expansión del universo nunca es inferior a algún valor no nulo, por pequeño que sea»[201]. Es importante observar que Vilenkin afirma que tanto el modelo de inflación eterna como el modelo cíclico, que veremos más adelante, caen dentro del rango general de aplicabilidad del teorema de singularidad de Borde, Guth y Vilenkin[202]. En otras palabras, el modelo de inflación eterna y el modelo cíclico, que es un ejemplo de cosmologías eternas, no pueden evitar un principio. Aunque Vilenkin piensa que la evidencia del comienzo es ineludible, no la considera una prueba de la existencia de Dios. Para el cosmólogo, «esta visión sería demasiado simplista»[203]. Veamos ahora su modelo cosmológico y la imagen extrínseca de Dios que lo sustenta.

Vilenkin propone un modelo cosmológico con un comienzo en el que el universo se crea de la nada. Esta creación de la nada es muy diferente de lo que ya hemos visto en el segundo capítulo. El mecanismo que explicaría la creación de la nada se llama efecto túnel. Según este fenómeno, una partícula tiene una probabilidad de atravesar una barrera energética. Se trata de un fenómeno predicho por la mecánica cuántica, pero prohibido en la mecánica clásica. «En la física clásica, o newtoniana, si pones una pelota en un vaso, no saldrá. Se quedará ahí para siempre. Pero en la mecánica cuántica, los objetos pueden atravesar un túnel. Si me siento aquí el tiempo suficiente, hay una cierta probabilidad de que atraviese esta pared, y entonces estaré en el pasillo. Por supuesto, la probabilidad es muy pequeña, pero es "no nula"»[204]. Esta extraña predicción de la mecánica cuántica se ha confirmado experimentalmente en la desintegración alfa, que es un tipo de desintegración radiactiva de los núcleos atómicos.

Vilenkin explica que el efecto túnel se produce desde un universo de tamaño cero, que él identifica con la «nada», hasta un universo de radio finito que comienza a inflarse. Por lo tanto, concluye, no hay necesidad de un universo inicial[205]. «El estado inicial previo al efecto túnel es un universo de radio nulo, es decir, ningún universo en absoluto. No hay materia ni espacio en este estado tan peculiar. Tampoco hay tiempo. El tiempo solo tiene sentido si algo está ocurriendo en el universo»[206]. Vilenkin reconoce que «el estado de la "nada" no puede

---

[201]   VILENKIN, *Many Worlds in One*, 175.
[202]   *Ibid.*, 173-175.
[203]   *Ibid.*, 177.
[204]   ÍD., *In the Beginning Was the Beginning*, entrevista por Jacqueline Mitchell, última modificación 29 de mayo de 2012: http://now.tufts.edu/articles/beginning-was-beginning
[205]   ÍD., *Many Worlds in One*, 180.
[206]   *Ibid.*, 180-181.

identificarse con la nada absoluta. El efecto túnel está descrito por las leyes de la mecánica cuántica y, por tanto, la "nada" debe estar sometida a estas leyes. Las leyes de la física deben haber existido, aunque no hubiera universo»[207]. Nótese que Vilenkin se refiere a la «nada» entre comillas porque la nada a la que se refiere es «la ausencia de materia, espacio y tiempo. Eso es lo más parecido a la nada que se puede conseguir, pero lo que sigue siendo necesario aquí son las leyes de la física. Por lo tanto, las leyes de la física deberían seguir existiendo, y definitivamente no son la nada»[208].

Curiosamente, Vilenkin distingue entre la «nada» y el vacío. Como ya se sabe, la «nada» es para este cosmólogo «un estado sin materia, sin espacio y sin tiempo»[209], pero sujeto a las leyes de la física. Por el contrario, el vacío tiene espacio y tiempo. Como afirma Vilenkin, «el vacío, o el espacio vacío, tiene energía y tensión, puede doblarse y deformarse, por lo que es incuestionablemente algo»[210]. El cosmólogo también reconoce que el vacío «es un objeto físico, dotado de densidad de energía y presión, y puede estar en varios estados diferentes. Los físicos de partículas se refieren a estos estados como diferentes vacíos. Las propiedades y los tipos de partículas elementales difieren de un vacío a otro»[211]. El estado primordial del modelo de Vilenkin no es el vacío, sino la «nada». Como resultado del efecto túnel, «un universo de tamaño finito, lleno de un falso vacío, surge de la nada ("se nuclea") e inmediatamente comienza a inflarse. El radio del universo recién nacido está determinado por la densidad de energía del vacío: cuanto mayor sea la densidad, menor será el radio»[212]. Por tanto, el vacío aparece de la «nada».

Según Vilenkin, la «nada» es más fundamental que el vacío. De hecho, critica el modelo cosmológico de Edward Tryon, que explica el universo como «una

---

[207] *Ibid.*, 181. Con su afirmación de que las leyes físicas deben haber existido sin un universo, Vilenkin parece implicar un orden trascendente del ser diferente de la realidad material. De ser así, parecería que el cosmólogo no puede dejar de recurrir a principios tácitos del ser que, por otra parte, están excluidos de su cosmología, principios que apuntan a un sentido más completo de la creación.

[208] Íd., *In the Beginning*.

[209] Íd., *Many Worlds in One*, 186.

[210] *Ibid.*, 185.

[211] Íd., «The Principle of Mediocrity»: *Astronomy & Geophysics* 52/5 (October 1, 2011), 5.33.

[212] Íd., *Many Worlds in One*, 181. El vacío verdadero es «el vacío de menor energía» (*ibid.*, 49). «Los vacíos de alta energía se llaman "falsos" porque, a diferencia de nuestro vacío verdadero, son inestables. Después de un breve período de tiempo, típicamente una pequeña fracción de segundo, un vacío falso decae, convirtiéndose en vacío verdadero, y su exceso de energía se libera en una bola de fuego de partículas elementales» (*ibid.*, 50).

fluctuación cuántica del vacío»[213]. Vilenkin afirma que el escenario de Tryon «no explica realmente el origen del universo. Una fluctuación cuántica del vacío supone que había un vacío de algún espacio preexistente. Y sabemos que el "vacío" es muy diferente de la "nada"»[214]. En este sentido, Vilenkin está de acuerdo con Guth, que dice: «Una propuesta de que el universo fue creado a partir del espacio vacío no es más fundamental que una propuesta de que el universo fue generado por un trozo de goma. Podría ser cierto, pero aun así habría que preguntarse de dónde vino el trozo de goma»[215]. Vilenkin tiene claro que el vacío es algo. Sin embargo, no tiene tan claro que su «nada» sea algo. Vilenkin cree que puede evitar la pregunta sobre el origen del estado anterior al túnel cuántico llamándolo «nada». Como no hay «nada», no es necesario retroceder en la secuencia de causalidad. La «nada» no necesita ser causada[216]. Además, no hay necesidad de un creador para explicar el comienzo del universo porque el túnel cuántico desde la «nada» no tiene causa.

> «Si no había nada antes de que surgiera el universo, ¿qué pudo causar el efecto túnel? Sorprendentemente, la respuesta es que no hace falta ninguna causa. En la física clásica, la causalidad dicta lo que ocurre de un momento a otro, pero en la mecánica cuántica el comportamiento de los objetos físicos es intrínsecamente imprevisible y algunos procesos cuánticos no tienen ninguna causa. Tomemos, por ejemplo, un átomo radiactivo. Tiene cierta probabilidad de desintegrarse, que es la misma de un minuto a otro. Al final, se desintegrará, pero no habrá nada que haga que se desintegre en ese momento concreto. La nucleación del universo también es un proceso cuántico y no requiere una causa»[217].

Como no hay necesidad de una causa, no hay necesidad de un creador. A este respecto, Vilenkin reconoce que «para muchos físicos [incluido él], el

---

[213]   *Ibid.*, 185; Edward P. TRYON, «Is the Universe a Vacuum Fluctuation?»: *Nature* 246 (December 1, 1973), 396. «El vacío es cualquier cosa menos aburrido o estático; es un lugar de actividad frenética. Los campos eléctricos, magnéticos y de otro tipo fluctúan constantemente a escala subatómica debido a imprevisibles sacudidas cuánticas. La geometría del espacio-tiempo también fluctúa, descansando en un frenesí de espuma espacial en la escala de la distancia de Planck. Además, el espacio está lleno de partículas *virtuales*, que surgen espontáneamente aquí y allá y desaparecen al instante. Las partículas virtuales son muy efímeras, porque viven de energía prestada. El préstamo de energía tiene que pagarse, y según el principio de incertidumbre de Heisenberg, cuanto mayor sea la energía prestada del vacío, más rápido tendrá que devolverse» (VILENKIN, *Many Worlds in One*, 184). La distancia de Planck es de $1,616 \times 10^{-35}$ m.

[214]   *Ibid.*, 185.

[215]   Alan H. GUTH, *The Inflationary Universe. The Quest for a New Theory of Cosmic Origins*, Addison-Wesley, Reading, Massachusetts 1997, 273.

[216]   VILENKIN, *In the Beginning*.

[217]   ÍD., *Many Worlds in One*, 181.

comienzo del universo es incómodo, porque sugiere que algo debe haber causado el comienzo, que debe haber alguna causa fuera del universo. De hecho, ahora tenemos modelos en los que eso no es necesario: el universo aparece espontáneamente, conforme a la mecánica cuántica»[218]. En última instancia, este es el propósito subyacente del modelo de Vilenkin: el rechazo de una causa externa del universo. Sin embargo, Vilenkin reconoce que su modelo de creación cuántica de la «nada» no puede ser el último paso en la explicación del universo. Aunque reconoce que la creación cuántica de la «nada» parece evitar la pregunta sobre el estado anterior al Big Bang, «la descripción de la creación del universo de la nada se da en términos de las leyes de la física [...]. Si las leyes describen la creación del universo, eso sugiere que estas existían antes del universo. La cuestión sobre la cual nadie tiene ni idea de cómo abordar es de dónde vienen estas leyes y por qué estas leyes en particular»[219].

Como no hay una respuesta de la ciencia para esta pregunta, eso significa para Vilenkin que se puede colocar a Dios allí, como origen de las leyes físicas. Tenemos de nuevo el dios de los huecos:

«Los modelos cosmológicos anteriores sugerían un creador que diseñaba y ajustaba meticulosamente el universo. Cada detalle de la física de partículas, cada constante de la naturaleza y todas las ondas primordiales tenían que estar bien ajustadas. Uno puede imaginar los volúmenes y volúmenes de especificaciones que el creador entregó a sus ayudantes para completar el trabajo. La nueva visión del mundo evoca una imagen diferente del creador. Después de pensarlo, se le ocurre un conjunto de ecuaciones para la teoría fundamental de la naturaleza. Con ello se inicia el proceso de la creación desenfrenada. No se necesitan más instrucciones: la teoría describe la nucleación cuántica de universos de la nada, el proceso de inflación eterna y la creación de regiones con todos los tipos posibles de física de partículas, *ad infinitum*. Cualquier miembro específico de este conjunto de universos es increíblemente complicado y se necesitaría una enorme cantidad de información para describirlo. Pero todo el conjunto puede codificarse en un conjunto de ecuaciones relativamente sencillo»[220].

Dios ha dejado de ser el iniciador del Big Bang porque este proceso es ahora comprendido por la ciencia. La única tarea que le queda es la de establecer las leyes físicas que describen el universo. Si el anterior dios deísta solo podía

---

[218]   ÍD., *In the Beginning*.
[219]   *Ibid*. Aquí podemos ver claramente cómo el cientificismo conduce al primitivismo metafísico y teológico. Este primitivismo hace imposible un verdadero diálogo entre ciencia y teología.
[220]   ÍD., *Many Worlds in One*, 200.

interactuar con el universo al comienzo, para ponerlo en marcha, en esta nueva teoría que ofrece la cosmología, Dios no tiene ninguna posibilidad de interactuar con el universo. Sin embargo, tiene una tarea, mínima, pero una tarea: elegir un conjunto de ecuaciones físicas. La existencia de ese dios de los huecos está garantizada mientras la ciencia no sea capaz de responder a la pregunta sobre el origen de las leyes físicas. Ese dios está a salvo en las afueras del ámbito científico.

¿Qué pasaría si no hubiera necesidad de elegir un conjunto de ecuaciones físicas para el universo? En este caso, la última tarea de Dios desaparecería. A este respecto, el cosmólogo Max Tegmark propone que hay tantos universos como conjuntos de ecuaciones físicas[221]. Vilenkin piensa que si la propuesta de Tegmark fuera correcta, esto «dejaría al creador por completo fuera de escena. La inflación le liberó de la tarea de establecer las condiciones iniciales del Big Bang, la cosmología cuántica le liberó de la tarea de crear el espacio y el tiempo y de poner en marcha la inflación, y ahora está siendo desalojado de su último refugio: la elección de la teoría fundamental de la naturaleza»[222]. Una vez más, Vilenkin está poniendo de manifiesto su presuposición teológica de un dios de los huecos cuya labor desaparece cuando la ciencia lo explica finalmente todo. Esa imagen de Dios está directamente relacionada con una comprensión de la teología y de la metafísica como algo que está fuera del ámbito de la verdad (científica). Estas son las palabras de Vilenkin: «Si afirmo que el universo termina abruptamente más allá del horizonte, o que está lleno de agua y habitado por peces dorados inteligentes, ¿cómo puede alguien demostrar que estoy

---

[221]   Véanse Max TEGMARK, «Parallel Universes»: *Scientific American* 288/5 (May 2003), 40-51; ÍD., *Our Mathematical Universe. My Quest for the Ultimate Nature of Reality*, Alfred A. Knopf, New York 2014. Esta multitud de universos, cada uno con diferentes ecuaciones físicas, es lo que Tegmark llama el «multiverso de nivel IV» (*ibid.*, 319-357). Estos son los cuatro niveles del multiverso descritos por Tegmark: «Nivel I: Otros volúmenes de Hubble tienen condiciones iniciales diferentes. Nivel II: Otras burbujas posteriores a la inflación pueden tener diferentes leyes físicas efectivas (constantes, dimensionalidad, contenido de partículas). Nivel III: Otras ramas de la función de onda cuántica no añaden nada cualitativamente nuevo. Nivel IV: Otras estructuras matemáticas tienen diferentes ecuaciones fundamentales de la física» (ÍD., «Parallel Universes», en *Science and Ultimate Reality. Quantum Theory, Cosmology, and Complexity*, (eds. John D. Barrow, *et al.*), Cambridge University Press, Cambridge 2004, 486).

[222]   VILENKIN, *Many Worlds in One*, 203. «La propuesta de Tegmark, sin embargo, se enfrenta a un problema formidable. El número de estructuras matemáticas aumenta con la complejidad creciente, lo que sugiere que las estructuras "típicas" deberían ser terriblemente grandes y engorrosas. Esto parece entrar en conflicto con la simplicidad y la belleza de las teorías que describen nuestro mundo. Parece, pues, que la seguridad del trabajo del Creador no corre peligro inmediato» (*ibid.*).

equivocado? Los cosmólogos, por tanto, se centran sobre todo en la parte observable del universo, dejando a los filósofos y teólogos la tarea de discutir sobre lo que hay más allá»[223]. Resulta irónico que Vilenkin apele a la observación para diferenciar la mecánica cuántica de la metafísica o la teología cuando reconoce que «la cosmología cuántica no está cerca de convertirse en una ciencia observacional. La disputa entre los diferentes enfoques [como el modelo sin límites de Hartle y Hawking y el modelo de túnel cuántico desde la nada de Vilenkin] se resolverá probablemente mediante consideraciones teóricas, no mediante datos observacionales»[224]. Además, «cualquier predicción que la cosmología cuántica pueda hacer sobre el estado inicial del universo no puede probarse observacionalmente»[225]. Como podemos ver, la propuesta de Vilenkin es científicamente irrazonable, hasta el punto de ser más ciencia ficción que ciencia real. En general, existe una verdadera incoherencia en la cosmología moderna porque está impregnada de cientificismo. El modelo de Vilenkin revela claramente una falta de comprensión del mundo y una falta de comprensión de la propia naturaleza de la ciencia y de sus límites.

Después de haber explorado el modelo propuesto por Vilenkin para explicar el comienzo del universo, puedo ofrecer dos elementos de crítica sobre el mismo. En primer lugar, la suposición positivista del cosmólogo es clara. Como es normal para los científicos, el ser se da por supuesto. No se reconoce el misterio del ser, por lo que se evade la reflexión metafísica rigurosa. En consecuencia, la propia ciencia está repleta de afirmaciones metafísicas y teológicas primitivas. En la mentalidad positivista, el ser de Dios, *ipsum esse subsistens*, y el ser del mundo, *esse commune*, pertenecen al mismo orden del ser fáctico. Por tanto, la infinita trascendencia divina (y la íntima inmanencia divina) se pierden, y Dios se convierte en una causa mecánica entre las causas mecánicas. Así, la causa divina se opone a las causas naturales, y el resultado es un dios de los huecos. Debido al positivismo, la creación no se comprende como el paso del *nihil* al ser[226], sino como un proceso mecánico descrito como un efecto túnel desde la nada.

En segundo lugar, la idea de la «nada» de Vilenkin es totalmente diferente de la idea metafísica de *nihil*, que es clave para la comprensión de la *creatio ex nihilo*. Como se ha dicho anteriormente, la «nada» de Vilenkin es definitivamente algo: un conjunto de leyes físicas, que introduce clandestinamente

---

[223] *Ibid.*, 5.

[224] *Ibid.*, 193.

[225] Íd., «Quantum Cosmology and Eternal Inflation», en *The Future of Theoretical Physics and Cosmology. Celebrating Stephen Hawking's Contributions to Physics*, (eds. Gary W. Gibbons, *et al.*), Cambridge University Press, Cambridge 2003, 662.

[226] A este respecto, Craig afirma que «Vilenkin no ha captado realmente lo radical que es el ser que proviene del no-ser» (William L. CRAIG, «Vilenkin's Cosmic Vision. A Review Essay of *Many Worlds in One*»: *Philosophia Christi* 11/1 [Summer 2009], 237).

consideraciones metafísicas por la puerta de atrás[227]. La imagen extrínseca de Dios que tiene el cosmólogo se correlaciona con su defectuosa idea de *nihil*. Vilenkin no piensa adecuadamente en la idea de *nihil* porque no piensa en la trascendencia e inmanencia de Dios de forma suficientemente radical. Como señala Hanby, «la dificultad para pensar en el *nihil* es en realidad el reverso de la dificultad para pensar en Dios solamente como *ipsum esse subsistens*»[228]. Solo cuando se entiende a Dios como el totalmente otro y, al mismo tiempo, el más íntimamente presente en toda criatura, se puede entender el concepto de *nihil* sin hipostasiarlo y percibir la creación de la nada como el don radical y total del universo a sí mismo. Por último, el concepto de causa es comprendido por Vilenkin de forma mecanicista, como «una sucesión temporal de acontecimientos previsibles»[229]. Como se ha señalado en el primer capítulo, las concepciones erróneas de Dios y de la creación están estrechamente relacionadas con una comprensión mecanicista de la naturaleza.

Mis dos puntos de crítica a Vilenkin (por sus ideas positivistas sobre el ser y la nada) tienen una conexión lógica. Dado que el ser se concibe como facticidad bruta, el cosmólogo no puede pensar adecuadamente en la nada. Solo puede entender la nada como algo positivo. Dado que el ser se da por sentado, no hay ninguna consideración de una transición del no-ser (nada) al ser o de principios metafísicos diferentes del tiempo; el ser siempre ha existido. Por tanto, Vilenkin no puede hablar de la nada sin hipostasiarla, sin convertir la nada en algo.

Ahora que me he ocupado de las cosmologías del comienzo, estudiemos el ejemplo más destacado de las cosmologías eternas, es decir, el modelo cíclico. Recordemos que las cosmologías eternas son aquellas que no tienen un comienzo del tiempo. Como ya se ha comentado, el modelo cíclico es el propuesto por Steinhardt y Turok. Estos cosmólogos utilizan la teoría de cuerdas para ofrecer un modelo cosmológico del universo que evita la singularidad inicial. Antes de explicar el modelo cíclico, es necesario hacer algunas aclaraciones sobre la teoría de cuerdas. Esta teoría intenta ofrecer «una descripción unificada de todas las partículas y de todas sus interacciones. Es el candidato más prometedor que hemos

---

[227]   Craig critica la «nada» de Vilenkin en su reseña del libro del cosmólogo *Many Worlds in One*: «Como ilustra el diagrama de Vilenkin en la misma página [p. 180], el efecto túnel es en cada punto una función de algo a algo. Para que el efecto túnel sea realmente de la nada, la función tendría que tener un solo término, el término posterior» (*ibid.*).

[228]   HANBY, *No God, No Science?*, 310.

[229]   William CARROLL, «Big Bang Cosmology», 63n12. «Existe una gran confusión en la interpretación filosófica de la mecánica cuántica: especialmente en lo que respecta al significado de la "relación de incertidumbre" de Heisenberg. Una cosa es afirmar que no somos capaces de proporcionar una medida matemática precisa tanto de la velocidad como de la posición de una partícula subatómica. Otra cosa es negar la realidad objetiva de la partícula o sostener que existe un reino de efectos "sin causa". Puede que no seamos capaces de predecir ciertos eventos, pero eso no significa que no tengan causa» (*ibid.*).

tenido para la teoría fundamental de la naturaleza. Según la teoría de cuerdas, las partículas como los electrones o los quarks, que parecen puntuales y que se creían elementales, son en realidad diminutos lazos de cuerda que vibran»[230]. La teoría de cuerdas «requiere que el espacio tenga nueve dimensiones en lugar de tres»[231]. Nuestro universo se caracteriza en la teoría de cuerdas como un mundo-brana, que es un volumen tridimensional que reside en el espacio de dimensión superior predicho por la teoría de cuerdas[232].

Steinhardt y Turok adoptan la representación del universo observable como un mundo-brana. En su modelo cíclico, ese mundo-brana «está separado por una pequeña separación, quizá de 10^{-30} centímetros, de un segundo "mundo-brana oculto"». Los dos cosmólogos continúan explicando que «todas las partículas y las fuerzas con las que estamos familiarizados, e incluso la propia luz, están confinadas en nuestro mundo-brana. Estamos atrapados como moscas en una tira adhesiva atrapamoscas, y nunca podemos atravesar la distancia hacia el mundo "oculto", que contiene un segundo conjunto de partículas y fuerzas con propiedades diferentes a las de nuestro mundo-brana»[233]. Steinhardt y Turok afirman que «el universo cíclico puede construirse a partir de dos mundos-brana atraídos por una fuerza similar a un muelle y que colisionan a intervalos regulares»[234]. En cada uno de los ciclos, «un big bang crea materia caliente y radiación, que se expanden y enfrían para formar las galaxias y las estrellas que se observan hoy en día. A continuación, la expansión del universo se acelera, haciendo que la materia se extienda tanto que el espacio se aproxima a un vacío casi perfecto. Finalmente, después de un billón de años aproximadamente, se produce un nuevo big bang y el ciclo comienza de nuevo»[235]. Steinhardt y Turok explican que el modelo cíclico puede acomodar infinitos ciclos en el pasado, sin necesidad de un comienzo[236]. Según Turok, «el Big Bang representa solo una etapa en un ciclo infinitamente repetido de expansión y contracción universal». El cosmólogo también opina que «ni el tiempo ni el universo tienen un comienzo o un final»[237].

El modelo cíclico no es el primero en afirmar la posibilidad de un universo eterno, pero tiene la gran ventaja de evitar el principal problema de los modelos

---

[230]   VILENKIN, *Many Worlds in One*, 156.
[231]   *Ibid.*, 159. Este problema se evita postulando que «las seis dimensiones adicionales están enrolladas o, como dicen los físicos, *compactadas*» (*ibid.*).
[232]   LIDDLE y LOVEDAY, *Oxford Companion to Cosmology*, 36.
[233]   STEINHARDT y TUROK, *Endless Universe*, 139.
[234]   *Ibid.*, 155.
[235]   *Ibid.*, 8-9.
[236]   *Ibid.*, 244. Recuérdese que esto está en clara contradicción con el teorema de singularidad de Borde, Guth y Vilenkin, que requiere un comienzo incluso para el modelo cíclico.
[237]   Neil TUROK, *Physicist Neil Turok. Big Bang Wasn't the Beginning*, entrevista por Brandon Keim, última modificación 19 de febrero de 2008: http://archive.wired.com/science/discoveries/news/2008/02/qa_turok.

de universo eterno: la muerte térmica[238]. Linde reconoce que el modelo cíclico es la mejor alternativa al modelo inflacionario[239], que es el modelo dominante entre los cosmólogos. Nótese que tanto la propuesta de Hartle y Hawking como la de Vilenkin asumen el modelo inflacionario. Para Steinhardt y Turok, «el paradigma inflacionario es fundamentalmente imposible de comprobar y, por tanto, carece de sentido científico»[240]. Aunque afirman que su modelo es científicamente comprobable[241], la única prueba observacional que proponen es una prueba basada en la detección de ondas gravitatorias cósmicas. Esta prueba permitiría determinar qué modelo (inflacionario o cíclico) es el correcto, ya que «los dos modelos ofrecen predicciones muy diferentes en cuanto a la producción de ondas gravitatorias cósmicas»[242]. Sin embargo, Steinhardt y Turok reconocen que es muy poco probable que se detecten ondas gravitatorias cósmicas, al menos «en un futuro previsible»[243].

---

[238] La muerte térmica es el estado del universo caracterizado por el equilibrio termodinámico. En este estado el universo ha alcanzado su máxima entropía y, por tanto, no hay energía disponible. «El problema de la muerte térmica también se evita, porque la cantidad de expansión en un ciclo es mayor que la cantidad de contracción, por lo que el volumen del universo aumenta después de cada ciclo. La entropía de nuestra región observable es ahora la misma que la entropía de una región similar en el ciclo anterior, pero la entropía de todo el universo ha aumentado, simplemente porque el volumen del universo es ahora mayor. A medida que pasa el tiempo, tanto la entropía como el volumen total crecen sin límite. El estado de máxima entropía nunca se alcanza, porque no hay máxima entropía» (VILENKIN, *Many Worlds in One*, 172).

[239] Andrei LINDE, «Inflationary Theory Versus the Ekpyrotic/Cyclic Scenario», en *The Future of Theoretical Physics and Cosmology. Celebrating Stephen Hawking's Contributions to Physics*, (eds. Gary W. Gibbons, *et al.*), Cambridge University Press, Cambridge 2003, 832.

[240] Paul J. STEINHARDT, «Big Bang Blunder Bursts the Multiverse Bubble»: *Nature* 510/7503 (June 5, 2014), 9.

[241] ÍD., Neil TUROK, «The Cyclic Model Simplified»: *New Astronomy Reviews* 49/2-6 (May 2005), 45.

[242] STEINHARDT y TUROK, *Endless Universe*, 197-198. «Las ondas gravitatorias son ondulaciones en el espacio-tiempo que se propagan como ondas a la velocidad de la luz» (LIDDLE y LOVEDAY, *Oxford Companion to Cosmology*, 151). Las ondas gravitatorias cósmicas son las ondas gravitatorias producidas durante el periodo de inflación, que se produjo justo después del Big Bang y duró una diminuta fracción de segundo.

[243] STEINHARDT y TUROK, *Endless Universe*, 222. En 2014, un grupo de científicos anunció la primera detección de ondas gravitatorias cósmicas. Max Tegmark elogió el descubrimiento como «la primera evidencia experimental de la gravedad cuántica» (Ron COWEN, «Telescope Captures View of Gravitational Waves»: *Nature* 507/7492 [March 20, 2014], 281-283; las palabras de Tegmark son citadas en la página 283). Sin embargo, unos meses después, el descubrimiento fue puesto en duda y finalmente rechazado científicamente (ÍD., «Gravitational Wave Discovery Faces Scrutiny»: *Nature News*, última modificación 16 de mayo de 2014: http://www.nature.com/news/gravitational-wave-discovery-faces-scrutiny-1.15248; ÍD., «Gravitational Waves Discovery Now Officially Dead»: *Nature News*, última modificación 30 de enero de 2015: http://www. nature.com/news/gravitational-waves-discovery-now-officially-dead-1.16830). El 11 de febrero de 2016, los físicos del Observatorio de Ondas Gravitatorias por Interferometría Láser (LIGO) anunciaron la

A lo anterior, tengo que añadir el hecho de que uno de los principales pilares del modelo cíclico es la teoría de cuerdas. Esta teoría es altamente hipotética y no existe ninguna confirmación observacional de la misma. «Más de veinte años [casi cuarenta años hasta ahora] de investigación intensiva por parte de miles de los mejores científicos del mundo, produciendo decenas de miles de artículos científicos, no han conducido a una sola predicción experimental comprobable de la teoría [de cuerdas]»[244]. Los cosmólogos George Ellis y Joe Silk describen la teoría de cuerdas como una teoría especulativa y que socava la ciencia porque «se basa en dimensiones adicionales que nunca podemos observar»[245]. Por lo tanto, la teoría de cuerdas no se puede probar y tiene que ser aceptada sobre todo por motivos fideístas. Esta teoría hipotética se acepta porque «se supone que es la

---

primera detección de ondas gravitatorias de la historia: «El 14 de septiembre de 2015, a las 09:50:45 UTC, los dos detectores del Observatorio de Ondas Gravitatorias por Interferometría Láser observaron simultáneamente una señal transitoria de ondas gravitatorias […]. Coincide con la forma de onda predicha por la relatividad general para la órbita espiral y la fusión de un par de agujeros negros y la relajación del agujero negro único resultante» (Benjamin P. Abbott, *et al.*, «Observation of Gravitational Waves from a Binary Black Hole Merger»: *Physical Review Letters* 116/6 [February 11, 2016], 061102/1). Las ondas gravitatorias detectadas proceden de la colisión de dos agujeros negros a unos 440 Mpc de nosotros (unos 1400 millones de años luz), y la fuente se denominó GW150914 (Íd., «Improved Analysis of GW150914 Using a Fully Spin-Precessing Waveform Model»: *Physical Review X* 6/4 [October 21, 2016], 041014/5; Íd., «Observation of Gravitational Waves»). Posteriormente, se han anunciado varias detecciones de ondas gravitatorias. [Nota de la edición española: «Estas fuentes de ondas gravitatorias que detecta LIGO provienen de la fusión de objetos compactos, como agujeros negros o estrellas de neutrones (https://www.ligo.org/detections.php). Estos objetos tienen típicamente un desplazamiento al rojo inferior a $z=1$, y tienen frecuencias características muy diferentes a las que se generan en el periodo inflacionario (ondas gravitatorias cósmicas). Una vez generadas estas ondas gravitatorias primordiales, se quedan rellenando el universo (al igual que la radiación). Cuando se formó el fondo cósmico de microondas (con un desplazamiento al rojo en torno $z=1100$), esas ondas gravitatorias primordiales estaban presentes, y dejaron su huella en los mapas de polarización del fondo cósmico de microondas. Esas señales son las que experimentos como BICEP2, QUIJOTE, Simons Observatory, CMB-S4 o futuros satélites (Litebird) están buscando o buscarán. Los modelos inflacionarios más comúnmente aceptados (basados en un único campo escalar) predicen una amplitud de la señal de ondas gravitatorias primordiales tal que, entre estos experimentos de polarización del fondo cósmico de microondas que se están desarrollando en tierra y los planeados para espacio, deberíamos ser capaces de tener una detección en la próxima década» (José A. Rubiño-Martín, correo electrónico al autor, 22 de junio de 2022)].

[244] Peter Woit, *Not Even Wrong. The Failure of String Theory and the Search for Unity in Physical Law*, Basic, New York 2006, 203. Véanse también Lee Smolin, *The Trouble with Physics. The Rise of String Theory, the Fall of a Science, and What Comes Next*, Houghton Mifflin, Boston 2006; Jim E. Baggott, *Farewell to Reality. How Modern Physics Has Betrayed the Search for Scientific Truth*, Pegasus, New York 2013.

[245] George F. Ellis y Joseph Silk, «Defend the Integrity of Physics»: *Nature* 516/7531 (December 18/25, 2014), 321.

"única opción disponible" capaz de unificar las cuatro fuerzas fundamentales»[246]. Sin embargo, esa suposición podría ser errónea. «Puede que no sea necesaria una teoría global de las cuatro fuerzas y de las partículas fundamentales si la gravedad, un efecto de la curvatura del espacio-tiempo, difiere de las fuerzas fuerte, débil y electromagnética que gobiernan las partículas»[247]. Según Ellis y Silk, [la teoría de cuerdas] «es un presagio de que podría existir dicha teoría unificada»[248].

La discusión anterior expone la imposibilidad de comprobar el modelo cíclico. De hecho, la ciencia actual no puede decir nada comprobable antes del tiempo de Planck[249]. Por consiguiente, no se puede afirmar científicamente lo que ocurrió en el Big Bang o incluso antes, debido a la falta de observación experimental que

---

[246]   *Ibid.* «La visión estándar de la física es que la Naturaleza tiene cuatro fuerzas fundamentales: el electromagnetismo, la gravedad y las fuerzas nucleares fuerte y débil. Estas fuerzas, también conocidas como interacciones, rigen la forma en que las partículas responden a la presencia de las demás. Aunque solo las dos primeras tienen un impacto directo en nuestra existencia cotidiana, la fuerza fuerte es responsable de mantener unidos los núcleos atómicos, y la fuerza débil de las reacciones nucleares, incluidas las que proporcionan energía al Sol. Por tanto, las cuatro fuerzas son vitales para nuestra existencia» (LIDDLE y LOVEDAY, *Oxford Companion to Cosmology*, 125).

[247]   ELLIS, SILK, «Defend the Integrity», 321.

[248]   *Ibid.*

[249]   Como ya se ha dicho, «los datos experimentales que arrojan luz sobre esta época cosmológica [época de Planck] han sido escasos o inexistentes hasta ahora [2015], pero los resultados recientes de la sonda WMAP han permitido a los científicos poner a prueba las hipótesis sobre la primera billonésima de segundo del universo (aunque la radiación cósmica de fondo de microondas observada por WMAP se originó cuando el universo ya tenía varios cientos de miles de años). Aunque este intervalo sigue siendo órdenes de magnitud mayor que el tiempo de Planck, otros experimentos que se están poniendo en marcha actualmente, incluida la sonda *Planck Surveyor*, prometen hacer retroceder aún más nuestro "reloj cósmico" para revelar bastante más sobre los primeros momentos de la historia de nuestro universo, y es de esperar que nos den alguna idea sobre la propia época de Planck. Los datos de los aceleradores de partículas también ofrecen una visión significativa del universo temprano. Los experimentos con el Acelerador Relativista de Iones Pesados han permitido a los físicos determinar que el plasma de quarks y gluones (una fase temprana de la materia) se comportaba más como un líquido que como un gas, y el Gran Colisionador de Hadrones del CERN investigará fases aún más tempranas de la materia, pero ningún acelerador (actual o previsto) será capaz de investigar directamente la escala de Planck» (Rupert ANDERSON, *The Cosmic Compendium*, 99). [Nota de la edición española: «La dificultad que tenemos en gravedad cuántica es que no podemos hacer experimentos. Las escalas de energía en las que trabajamos son muchísimo más altas que las que podemos producir en nuestros laboratorios. Para que te hagas una idea, las escalas más altas de energía que hemos conseguido en el laboratorio son las que se alcanzan en el LHC (Gran Colisionador de Hadrones por sus siglas en inglés) que es el mayor acelerador de partículas del mundo. En el LHC se han conseguido energías del orden del teraelectronvoltio o 10^{12} electronvoltios, pero cuando hablamos de gravedad cuántica las escalas de energía son del orden de 10^{16} teraelectronvoltios. Es decir, unos órdenes de magnitud muy superiores a los que podemos testar» (MARTÍN-BENITO, «¿Qué novedades hay?»].

puede ser obtenida, incluso con nuestra tecnología de última generación. El modelo cíclico es claramente especulativo; ofrece respuestas supuestamente científicas a preguntas a las que la ciencia actual no puede responder. De nuevo, tenemos un modelo cosmológico que es más ciencia ficción que ciencia real. La dimensión irrazonable de la cosmología moderna sigue apareciendo. El hueco en el conocimiento científico sobre el Big Bang es utilizado por los inventores del modelo cíclico para insertar y justificar su presuposición metafísica: un creador es innecesario. En otras palabras, el modelo cíclico es propuesto (al menos implícitamente) para sustituir a un creador. La estrategia subyacente del modelo puede describirse fácilmente con un término acuñado por el teólogo Connor Cunningham: *el diablo de los huecos*. La estrategia del diablo de los huecos consiste en seleccionar «de manera arbitraria y parroquial un subconjunto de la "ciencia actual" y luego [... forzarlo] a producir una metafísica que se acomode a la deflación radical de la realidad»[250]. Los científicos que utilizan el diablo de los huecos «miran la ciencia actual (o alguna muestra de ella) y extrapolan una posición metafísica. Esto es totalmente ilegítimo y le hace un gran daño a la ciencia»[251], porque «la ciencia debe entenderse como una disciplina abierta e interminable, que nunca extrae (o fuerza) conclusiones filosóficas, ya que esto sería emplear la misma lógica del Dios de los huecos (pero en nombre del "diablo")»[252]. El diablo «vive en los huecos, es decir, en las ausencias de los conceptos desterrados»[253].

---

[250]   CUNNINGHAM, *Darwin´s Pious Idea*, 50. «Parroquialmente, porque la ciencia es una actividad necesariamente abierta; por lo tanto, excluir los desarrollos futuros es, como mínimo, un error, y al serlo le hace un gran daño a la ciencia» (*ibid.*, 434n101). Tomaré el concepto *diablo de los huecos* como la imagen especular del concepto *dios de los huecos*. Nótese que Cunningham considera al dios de los huecos en última instancia como el diablo de los huecos. «Dawkins señalará, por ejemplo, una aparente imperfección en el mundo biológico; la ausencia de "perfección" le lleva a concluir que "Dios" está ausente. Lo mismo ocurre con los defensores del diseño inteligente, que señalan un hueco actual de la ciencia, o la incapacidad de un mecanismo para dar cuenta completa del mundo biológico, y concluyen que existe un diseñador. También en este caso el diablo está en los huecos, ya que, como hemos señalado antes, cualquier diseñador de este tipo es más homérico que abrahámico» (*ibid.*, 279); «El diseño inteligente es, por tanto, un término equivocado. Debería pedir no una inferencia al diseño, sino simplemente más trabajo científico» (*ibid.*, 277); «El llamado diseño inteligente es científicamente erróneo porque no es ciencia: la ciencia pide más ciencia, no religión (o ateísmo)» (*ibid.*, 278); «El problema del diseño inteligente es que él mismo es culpable de cientificismo: supone que la ciencia es el único criterio de verdad» (*ibid.*); «Porque la interpretación ultradarwinista de la selección natural es, en efecto, el dios del diseño inteligente, a quien los cristianos ortodoxos encontrarían diabólico» (*ibid.*, 280). La afirmación fundamental del movimiento del diseño inteligente es «que hay organismos vivos tan complejos que no podrían haber surgido por medio de la evolución, sino que deben haber sido diseñados por un ser inteligente» (COYNE, «Evolution and Intelligent Design», 717).

[251]   CUNNINGHAM, *Darwin´s Pious Idea*, 279.
[252]   *Ibid.*, 280.
[253]   *Ibid.*, 279.

Implícitamente, Steinhardt y Turok utilizan la estrategia del diablo de los huecos, también denominada *ateísmo de los huecos* por Cunningham en sus artículos y conferencias[254], para afirmar la inexistencia de un creador. Tratemos ahora esta cuestión. Los cosmólogos afirman claramente que su modelo cíclico evita «la característica más perturbadora del modelo inflacionario con diferencia, [...] la idea de que el tiempo tiene un "comienzo"»[255]. Reconocen que hoy en día muchos cosmólogos interpretan la singularidad inicial del modelo del Big Bang «como el comienzo del espacio y del tiempo». Sin embargo, su «modelo cíclico del universo desafía este punto de vista, sugiriendo que el Big Bang no fue el comienzo del tiempo, sino más bien una transición violenta entre dos etapas de la evolución cósmica, con un "antes" y un "después"»[256]. Los dos cosmólogos subrayan que, según su modelo, «el Big Bang no es el comienzo del espacio y el tiempo, sino más bien un evento que es, en principio, totalmente descriptible mediante leyes físicas»[257]. Una vez eliminada la necesidad de un comienzo, no hay necesidad de un creador. Este es el ateísmo de los huecos: Steinhardt y Turok utilizan un hueco en la ciencia (el comienzo) para proponer una teoría científica no comprobable que acomoda su ateísmo. El dios negado por el ateísmo de los huecos es, obviamente, el dios de los huecos.

Es importante señalar que el modelo cíclico presupone la existencia eterna del universo. A partir de esta eternidad, Steinhardt y Turok niegan la existencia de un creador. Es pertinente recordar aquí el argumento del Aquinate de que el mundo seguiría siendo una creación *incluso si fuera eterno*. Como ya se ha dicho, este argumento apunta a la distinción entre *esse* y *essentia*. Un mundo eterno solo existiría por participación en el ser de Dios, porque cada *ens* es un compuesto de *esse* y *essentia*, aunque ese *ens* sea eterno. Dios es el único

---

[254]   Cunningham, correo electrónico al autor, 6 de mayo de 2015.

[255]   Steinhardt, Turok, *Endless Universe*, 11. Otra motivación para el modelo cíclico es evitar «el carácter artificioso del modelo inflacionario y su fracaso, hasta ahora, para conectar con la física fundamental de forma sencilla» (*ibid.*). Para Steinhardt y Turok, «el extraño diseño de la historia inflacionaria es quizá un reflejo de la forma en que se desarrolló. Los cosmólogos llegaron a la versión actual "grapando" diferentes ideas introducidas a lo largo de un siglo: el modelo del Big Bang de la década de 1920, la materia oscura de la década de 1930, la teoría inflacionaria de la década de 1980 y la energía oscura, descubierta en la década de 1990. Ningún principio general explica cómo o por qué cualquiera de estas ideas requiere las otras. El Big Bang no conduce directamente a la inflación. La inflación no requiere la materia oscura. La materia oscura no requiere la energía oscura. Cada pieza ha sido añadida de forma independiente y debe ser cuidadosamente ajustada para que encaje [...]. En contraste con el modelo inflacionario, la historia cíclica tiene un principio general que vincula sus componentes: la evolución cósmica se repite infinitamente sin principio ni fin» (*ibid.*, 66-67).

[256]   *Ibid.*, 38.

[257]   *Ibid.*, 8.

ipsum esse subsistens. Sin embargo, los positivistas Steinhardt y Turok confunden *esse* y *essentia* y, por tanto, cada *ens* existe necesariamente y el mundo no tiene ni comienzo ni fin; simplemente existe a lo largo de diferentes ciclos. Como sabemos, el positivismo solo puede pensar en el ser como mera facticidad bruta. No hay diferencia entre el ser de Dios, *ipsum esse subsistens*, y el ser del mundo, *esse commune*. Pertenecen al mismo orden positivista del ser. Por lo tanto, la trascendencia divina (y, por consiguiente, la íntima inmanencia divina) desaparece y Dios se convierte en una causa mecánica entre las causas mecánicas. Más aún, la creación se entiende como un mecanismo en competencia con los procesos naturales, con Dios como iniciador extrínseco del proceso. No es de extrañar que Turok piense que el Big Bang es «un evento de la creación», y que, en el modelo cíclico, Dios solo podría tener cabida como «un policía para hacer cumplir las leyes de la física»[258]. Al final, tenemos de nuevo la misma imagen extrínseca de Dios, que hemos encontrado en los anteriores cosmólogos ateos.

En esta sección hemos visto diferentes intentos de la cosmología moderna para evitar la singularidad inicial del modelo inflacionario. Los diferentes modelos que hemos considerado utilizan ideas conjeturales (gravedad cuántica y teoría de cuerdas) que no se pueden comprobar. Como afirma Jim Baggott, «el comienzo mismo del universo (si es que esta es la palabra correcta) está fuera del alcance de la ciencia para el futuro próximo y, muy posiblemente, para todos los tiempos»[259]. Repetidamente he señalado el carácter irrazonable de los diferentes modelos cosmológicos propuestos. Son altamente especulativos y están más cerca de la ciencia ficción que de la ciencia bien hecha. Como ya se ha dicho, la cosmología moderna se resiente en su comprensión del mundo y en su autocomprensión. Los modelos cosmológicos de los que nos hemos ocupado utilizan el hueco en la ciencia sobre el comienzo del universo para evitar la singularidad inicial y, de este modo, desautorizar cualquier intervención divina. Los cosmólogos que proponen estos modelos presuponen una teología extrínseca que reduce a Dios a un objeto dentro del orden más comprensivo del ser. Este orden del ser se da por supuesto, pero los cosmólogos nunca lo explican. Como el ser se da por supuesto, no pueden comprender la principal preocupación de la creación: «la diferencia entre la nada y algo»[260]. Los cosmólogos solo ven la creación como *un acontecimiento mecánico que va de algo a otra cosa*.

Las explicaciones cosmológicas que hemos considerado malinterpretan a Dios y la creación de tal manera que, si tanto Dios existe como si no, no hay

---

[258] Turok, *Big Bang*.

[259] Jim E. Baggott, *Origins. The Scientific Story of Creation*, Oxford University Press, New York 2015, 12.

[260] Ratzinger, *Dogma and Preaching*, 133.

diferencia en lo que sigue siendo una comprensión esencialmente mecanicista de la naturaleza. Como ya se ha dicho, esta concepción mecanicista reduce drásticamente la descripción de la realidad y conlleva enormes huecos en su explicación del mundo. Conceptos clave para la comprensión de la naturaleza, como inmanencia, interioridad, unidad indivisible e inteligibilidad, quedan fuera de la consideración mecanicista de la naturaleza. Los presupuestos mecanicistas asumidos por estos cosmólogos les impiden ver sus propios conceptos erróneos. Los cosmólogos ateos utilizan el ateísmo de los huecos para negar la existencia de un dios extrínseco que es el mismo que defienden quienes utilizan el comienzo del universo como prueba de la existencia de Dios. Tanto los defensores como los detractores de la existencia de Dios comparten no solo una imagen extrínseca de Dios, sino también una concepción errónea de la creación. Estos eruditos no demuestran ni niegan la creación, porque lo que demuestran o niegan no tiene nada que ver con la cuestión de la creación. El enfoque mecanicista de la creación que sostienen esos estudiosos no es metafísicamente convincente, y tampoco comprende su propia naturaleza como pensamiento. Por ejemplo, una de las implicaciones del ateísmo de los huecos como imagen inversa del dios de los huecos es el hecho de que realmente no existe una «cosmología atea», excepto en el sentido poco interesante de que los cosmólogos en cuestión no creen en Dios[261]. Como se ha mostrado anteriormente, las cosmologías ateas están ampliamente impregnadas de pensamiento sobre Dios, y su concepto de Dios entra de forma determinante en sus cosmologías, por lo que se puede decir que estas dependen en cierto modo del Dios que niegan[262].

Además del comienzo del universo, hay una cuestión cosmológica muy importante que utilizan tanto los defensores de la existencia de Dios como sus oponentes. Se trata de la cuestión del ajuste fino del universo. Para algunos, el ajuste fino de las constantes físicas constituye una prueba de la existencia de Dios. Otros ofrecen alternativas científicas al ajuste fino para evitar cualquier conclusión teológica. Una vez más, ambos grupos comparten la misma teología extrínseca. En la parte restante de este capítulo, discutiré la cuestión cosmológica del ajuste fino del universo desde el punto de vista tanto de los defensores de la existencia de

---

[261]   «El "ateísmo" también es una forma de teología (incluso una forma de teología cristiana, históricamente hablando) en la medida en que requiere una concepción determinada de Dios que se rechaza» (HANBY, *No God, No Science?*, 13). «Incluso el rechazo del tema de Dios por parte del ateísmo es solo aparente, que en realidad representa una forma de preocupación del hombre por la cuestión de Dios, una forma que puede expresar una pasión particular sobre esta cuestión y que no pocas veces lo hace» (RATZINGER, *Introduction to Christianity*, 104).

[262]   «Todo ateísmo es parasitario del Dios que rechaza» (HANBY, *No God, No Science?*, 299).

Dios como de sus oponentes, con el fin de criticar la imagen extrínseca de Dios que todos ellos presuponen.

4. El universo finamente ajustado como prueba científica de la existencia de Dios

«El argumento del ajuste fino se basa en el hecho de que la vida terrestre es muy sensible a los valores de varias constantes físicas fundamentales. Si se produce el más mínimo cambio en cualquiera de ellas, la vida tal y como la conocemos no existiría. Las delicadas conexiones entre las constantes físicas y la vida se denominan *coincidencias antrópicas*»[263]. Estos son algunos ejemplos de coincidencias antrópicas:

«Si la atracción gravitatoria entre los protones en las estrellas no hubiera sido muchos órdenes de magnitud más débil que su repulsión eléctrica, las estrellas se habrían colapsado mucho antes de que los procesos nucleares pudieran construir la tabla periódica química a partir del hidrógeno y el deuterio iniciales. Además, las reacciones de síntesis de elementos en las estrellas dependen sensiblemente de las propiedades y abundancias de deuterio y helio producidas en el universo temprano. El deuterio no existiría si la diferencia de masa del neutrón y del protón estuviera ligeramente desviada de su valor real; los neutrones, inestables en estado libre, se almacenaron en el deuterio para su posterior uso en la construcción de los elementos. Las abundancias relativas existentes de hidrógeno y helio también implican un estrecho equilibrio de las fuerzas relativas de las fuerzas gravitatoria y nuclear débil. Una fuerza débil ligeramente más fuerte y el universo sería 100% hidrógeno, ya que todos los neutrones se habrían desintegrado antes de formar deuterio y helio. Una fuerza débil ligeramente más débil y tendríamos un universo 100% helio; en ese caso los neutrones no se habrían descompuesto ni habrían dejado el exceso de protones que formarían el hidrógeno. Ninguno de estos extremos habría permitido la existencia de estrellas y de la vida, tal y como la conocemos, basada en la química del carbono»[264].

---

[263] Victor J. STENGER, «Anthropic Design»: *The Skeptical Inquirer* 23/4 (August 1999), 41; Brandon CARTER, «Large Number Coincidences and the Anthropic Principle in Cosmology», en *Confrontation of Cosmological Theories with Observational Data*, (ed. Malcolm S. Longair), Symposium of the International Astronomical Union 63, Dordrecht-Reidel 1974, 291-298; BARROW y TIPLER, *The Anthropic Cosmological Principle*.

[264] STENGER, «Anthropic Design», 41. Como es sabido, los elementos químicos se definen por el número de protones en su núcleo, es decir, el número atómico. Todos los átomos de un mismo elemento químico tienen el mismo número atómico, pero pueden tener diferente número de neutrones en su núcleo. Los isótopos son átomos que tienen el mismo número atómico pero un número diferente de neutrones. El número atómico del hidrógeno es 1 y su isótopo más común no tiene neutrones. Su nombre es protio. El

El teólogo filosófico Craig utiliza el ajuste fino del universo para demostrar la existencia de un diseñador, que se identifica con Dios. Craig afirma que la ciencia ha descubierto que «la existencia de vida inteligente e interactiva depende de un equilibrio complejo y delicado de constantes y cantidades fundamentales, como la constante gravitatoria y la cantidad de entropía en el universo temprano, que están finamente ajustadas hasta un grado que es literalmente incomprensible»[265].

Este teólogo filosófico reconoce que «hay tres posibilidades debatidas en la literatura para explicar la presencia de este notable ajuste fino: necesidad física, azar o diseño»[266]. Craig considera que la primera alternativa, la necesidad física, «parece extraordinariamente inverosímil porque las constantes y las cantidades son independientes de las leyes de la naturaleza. Las leyes de la naturaleza son consistentes con una amplia variedad de valores para estas constantes y cantidades». En cuanto a la segunda alternativa, el azar, opina que «las probabilidades de que el universo no permita la vida son tan incomprensiblemente grandes que no pueden afrontarse razonablemente». Añade que «para rescatar la alternativa del azar, sus defensores se han visto obligados a adoptar la hipótesis de que existe una especie de "conjunto de mundos" o multiverso de universos ordenados aleatoriamente del cual nuestro universo no es más que una parte»[267]. La hipótesis del multiverso supone que todas las combinaciones posibles de las constantes físicas (incluidas las que permiten la aparición de la vida) se realizan en diferentes universos. Dado que todos los universos posibles llegan a existir, la vida aparecerá en algunos universos[268]. Craig descarta la solución del multiverso debido al problema del Cerebro de Boltzmann[269]. Dado que «el ajuste fino no se

---

deuterio es un isótopo del hidrógeno que tiene un neutrón. Cuando Stenger se refiere al hidrógeno, se refiere al protio. El helio es un elemento químico cuyo número atómico es 2.

[265]   CARROLL y CRAIG, «God and Cosmology», 32.

[266]   *Ibid.*

[267]   *Ibid.*, 33.

[268]   Andrei LINDE, «Inflation, Quantum Cosmology and the Anthropic Principle», en *Science and Ultimate Reality. Quantum Theory, Cosmology, and Complexity*, (eds. John D. Barrow, *et al.*), Cambridge University Press, Cambridge 2004, 453. Discutiré más ampliamente la teoría del multiverso, que trata de evitar un diseñador divino, en la siguiente sección. Aquí solo me interesa describir las opiniones de Craig sobre esa teoría.

[269]   CARROLL y CRAIG, «God and Cosmology», 34-35. «Para ser observable, *no* es necesario que todo el universo esté finamente ajustado para nuestra existencia. De hecho, es mucho más probable que una fluctuación aleatoria de masa-energía produzca un universo dominado por observadores del tipo Cerebro de Boltzmann que uno dominado por observadores ordinarios como nosotros. En otras palabras, el efecto de autoselección de los observadores es explicativamente vacuo. Como ha señalado Robin Collins, lo que hay que explicar no es solo la vida inteligente, sino los agentes inteligentes, encarnados

debe verosímilmente a una necesidad física o al azar»[270], Craig deduce que «el ajuste fino del universo se debe al [...] diseño»[271]. Según él, «es casi innegable que la existencia de Dios es mucho más probable dadas las pruebas que tenemos del comienzo del universo y del ajuste fino del universo. Por lo tanto, la cosmología contemporánea confirma fuertemente el teísmo»[272].

El jesuita Spitzer también defiende el ajuste fino del universo como prueba de la existencia de Dios. Solo ve dos explicaciones posibles para el ajuste fino de las constantes físicas del universo: «1) Un Intelecto diseñador sobrenatural», o «2) una multiplicidad de universos»[273]. Spitzer examina las «tres principales propuestas para la hipótesis de los universos múltiples de las últimas cuatro décadas»[274], y piensa que

«estas propuestas están sujetas a dos o más de los siguientes tres problemas que mitigan su probabilidad razonable:

a. Ir en contra del *canon de parsimonia* o la "navaja de Ockham".

b. Ser *altamente teóricas* (y probablemente lo seguirán siendo en un futuro indefinido).

c. Tener problemas importantes de viabilidad y consistencia con la observación cosmológica»[275].

---

e interactivos como nosotros. La apelación a un efecto de autoselección del observador no consigue nada porque no hay ninguna razón para pensar que la mayoría de los mundos observables o los mundos observables más probables son mundos en los que existe ese tipo de observador. De hecho, parece que lo contrario es cierto: la mayoría de los mundos observables serán mundos del tipo Cerebro de Boltzmann. Como es de suponer que no somos Cerebros de Boltzmann, este hecho descarta en gran medida un Conjunto de Mundos naturalista o una hipótesis de multiverso» (*ibid.*). Craig hace referencia al próximo libro de Collins *The Well-Tempered Universe*. Un observador del tipo Cerebro de Boltzmann es un cerebro en un universo vacío, capaz de observar su mundo vacío (William L. CRAIG, «Invasion of the Boltzmann Brains»: *Reasonable Faith*, Question & Answer #285, última modificación 30 de septiembre de 2012: https://www.reasonablefaith.org/ writings/question-answer/invasion-of-the-boltz-mann-brains/).

[270] CARROLL y CRAIG, «God and Cosmology», 35.

[271] *Ibid.*, 36 (figura 11).

[272] *Ibid.*, 66.

[273] SPITZER, *New Proofs*, 50-51. Como ya he dicho, discutiré la teoría del multiverso en la siguiente sección. Aquí solo me interesa describir las opiniones de Spitzer sobre esa teoría.

[274] *Ibid.*, 68. Las «tres principales propuestas de la hipótesis de los universos múltiples» discutidas por Spitzer son «la hipótesis de los Múltiples Mundos Cuánticos de Everett y De Witt», «el Multiverso Caótico Inflacionario de Linde» y «el Paisaje de la Teoría de Cuerdas» (*ibid.*). La primera propuesta se corresponde con el multiverso de nivel III de Tegmark y la segunda y tercera con el multiverso de nivel II de Tegmark (véase TEGMARK, *Our Mathematical Universe*).

[275] SPITZER, *New Proofs*, 68.

El jesuita concluye que hay «una debilidad inherente a la hipótesis del multiverso (en general) que hace que la explicación sobrenatural (basada en la evidencia de un comienzo del universo) sea *más probable* que la alternativa naturalista»[276].

También hay algunos científicos que ven en el universo finamente ajustado una prueba de la existencia de un diseñador inteligente, que en algunos casos se identifica con Dios. Recordemos que el astrofísico Hoyle rechazó el modelo del Big Bang por sus implicaciones teológicas. Sin embargo, no pudo evitar ver un superintelecto en el diseño del universo. Para él estaba claro que algunas propiedades de los átomos estaban finamente ajustadas: «Una interpretación de los hechos [la notable relación del nivel de energía de 7,65 MeV en el núcleo del ^{12}C con el nivel de 7,12 MeV en el ^{16}O] desde el sentido común sugiere que un superintelecto ha manipulado la física, así como la química y la biología, y que no hay fuerzas ciegas de las que merezca la pena hablar en la naturaleza»[277]. También estaba claro para Hoyle que la vida no era el resultado del azar sino de un diseño inteligente:

> «La diferencia entre una ordenación inteligente, ya sea de palabras, de frutas en cajas, de aminoácidos o del cubo de Rubik, y una mera combinación aleatoria puede ser fantásticamente grande, incluso tan grande como un número que llenaría con sus ceros todo el volumen de las obras de Shakespeare. Así pues, si se procede directamente y sin rodeos en este asunto, sin dejarse desviar por el miedo a incurrir en la ira de la opinión científica, se llega a la conclusión de que los biomateriales, con su sorprendente medida u orden, deben ser el resultado de un diseño inteligente. Ninguna otra posibilidad en la que haya podido pensar al reflexionar sobre esta cuestión durante mucho tiempo me parece que tenga una posibilidad tan alta de ser cierta»[278].

Como ya se ha dicho, el astrofísico Jastrow utilizó la singularidad del Big Bang para considerar una causalidad divina al comienzo del universo. El

---

[276] *Ibid.*, 73.

[277] HOYLE, «The Universe», 16. «¿No te dirías a ti mismo, en cualquier lenguaje que utilicen los intelectos supercalculadores: "Algún intelecto supercalculador debe haber diseñado las propiedades del átomo de carbono, de lo contrario, la probabilidad de que yo encuentre un átomo así a través de las fuerzas ciegas de la naturaleza sería inferior a una parte en 10^{40000}"? Por supuesto que sí, y si fueras un superintelecto sensato concluirías que el átomo de carbono es algo fijado» (*ibid.*).

[278] ÍD., *Evolution from Space (the Omni Lecture) and Other Papers on the Origin of Life*, Enslow, Hillside, New Jersey 1982, 27-28. «En lugar de aceptar una probabilidad inferior a 1 entre 10^{40000} de que la vida haya surgido a través de las fuerzas "ciegas" de la naturaleza, parece mejor suponer que el origen de la vida fue un acto intelectual deliberado. Por "mejor" quiero decir que es menos probable equivocarse» (ÍD., «The Universe», 14).

astrofísico también ponderó el principio antrópico como prueba científica de la existencia de un Dios diseñador: «El principio antrópico es el desarrollo más interesante junto a la prueba de la creación, y es aún *más* interesante porque parece decir que la propia ciencia ha probado, como un hecho cierto, que este universo fue hecho, fue diseñado, para que el hombre viviera en él. Es un resultado muy teísta»[279]. Más tarde, Jastrow profundizó en su valoración al afirmar que el principio antrópico «es el resultado más teísta que ha obtenido la ciencia, en mi opinión»[280]. Aunque Jastrow se consideraba agnóstico, reconoció que la idea de que alguien creara el universo provenía de sus propios conocimientos científicos[281].

Hay más ejemplos explícitos de físicos que infieren la existencia de Dios a partir del ajuste fino del universo. Bastará con mencionar dos de ellos. Según Paul Davies, «el aparente "ajuste fino" de las leyes de la naturaleza, necesario para que la vida consciente evolucione en el universo, conlleva entonces la clara implicación de que Dios ha diseñado el universo para permitir que surjan esa vida y esa conciencia»[282]. Más explícito aún es Tony Rothman:

> «No hay un gran paso del PAF [Principio Antrópico Fuerte] al argumento del diseño: dice que el universo fue hecho de forma muy precisa, y si fuera ligeramente diferente, el hombre no estaría aquí. Por lo tanto, alguien debe haberlo hecho. Incluso mientras escribo estas palabras mi pluma se resiste, porque como físico del siglo XX sé que el último paso es un salto de fe, no una conclusión lógica. Ante el orden y la belleza del universo y las extrañas coincidencias de la naturaleza, es muy tentador dar un salto de fe de la ciencia a la religión. Estoy seguro de que muchos físicos quieren hacerlo. Solo me gustaría que lo admitieran»[283].

Rothman destaca el orden y la belleza del universo. Este orden y belleza del universo es algo evidente para cualquier intelecto sin prejuicios. No es casualidad que los conceptos de *universo* y *cosmos* sean intercambiables. «La palabra cosmos, que primitivamente [...] indicaba una idea de orden y armonía, fue adoptada posteriormente en el lenguaje científico, donde se aplicó gradualmente al orden observado en los movimientos de los cuerpos celestes, a todo el universo

---

279   DURBIN y JASTROW, «A Scientist Caught», 17. Pensar lo contrario requiere un inmenso grado de abstracción.

280   JASTROW, «The Astronomer and God», 22.

281   DURBIN y JASTROW, «A Scientist Caught», 18.

282   Paul C. W. DAVIES, *The Mind of God. The Scientific Basis for a Rational World*, Simon & Schuster, New York 1992, 213.

283   Tony ROTHMAN, «A "What You See Is What You Beget" Theory»: *Discover* 8/5 (May 1987), 99.

y, finalmente, al mundo en el que esta armonía se reflejaba para nosotros»[284]. El científico agnóstico Carl Sagan, conocido internacionalmente por su serie documental de televisión de la década de 1980 titulada *Cosmos*, reflexionó sobre la importancia de la idea de orden asociada a esa palabra: «*Cosmos* es una palabra griega que designa el orden del universo. Es, en cierto modo, lo contrario de *caos*. Implica la profunda interconexión de todas las cosas. Transmite asombro por la forma intrincada y sutil en la que el universo está compuesto»[285]. El naturalista Alexander von Humboldt sostenía que la palabra cosmos no solo transmite el orden del mundo, sino también su belleza[286]. De hecho, «κόσμος, en la definición más antigua, y al mismo tiempo más precisa, de la palabra, significaba *ornamento* (como adorno para un hombre, una mujer o un caballo); tomado en sentido figurado por εὐταξία, implicaba el orden o adorno de un discurso». Más tarde, «fue Pitágoras quien utilizó por primera vez la palabra para designar el orden del universo, y el universo mismo»[287].

De nuevo, el orden y la belleza que encontramos en el mundo no es un hecho despreciable. A este respecto, Balthasar dijo que «sin ninguna duda, el mundo fenoménico contiene por todas partes un orden objetivo que no es impuesto por el hombre, y por tanto una belleza; a aquel se le confirma repetidamente la legitimidad de la premisa de que hay en la Naturaleza un ordenamiento objetivo de las cosas mayor del que había reconocido hasta entonces»[288]. El orden y la belleza objetivos del mundo son algo incuestionable porque no hay ser sin orden y belleza. De hecho, la presencia del orden y la belleza puede ser una verdadera fuente de «genuino asombro filosófico ante la cuestión del Ser»[289] y un poderoso indicador de lo divino. Sin embargo, los anteriores defensores del ajuste fino del universo como prueba de la existencia de Dios, tanto teólogos como científicos, no se «asombran del hecho de que haya algo en lugar de la nada»[290]. Solo se admiran «de que todo aparezca tan maravillosa y "bellamente" ordenado dentro de la necesidad del Ser»[291]. Esto se debe a que consideran al «Ser [como …] idéntico a la necesidad de ser»[292].

---

[284] Alexander von HUMBOLDT, *Cosmos. A Sketch of a Physical Description of the Universe*, (trans. Elise C. Otté), vol. 1 (5 vols.), Harper & Brothers, New York 1856, 68.

[285] SAGAN, *Cosmos*, 18.

[286] Laura D. WALLS, *The Passage to Cosmos. Alexander von Humboldt and the Shaping of America*, University of Chicago Press, Chicago 2009, 220-221. Véase HUMBOLDT, *Cosmos*.

[287] HUMBOLDT, *Cosmos*, 69.

[288] BALTHASAR, *Glory of the Lord V*, 613.

[289] HANBY, *No God, No Science?*, 152.

[290] BALTHASAR, *Glory of the Lord V*, 613.

[291] *Ibid.*, 613-614.

[292] *Ibid.*, 613. Véanse las secciones anteriores de este capítulo sobre el positivismo de Craig, Spitzer, Jastrow y Hoyle.

La validación científica de la existencia de Dios, en este caso utilizando el ajuste fino del universo, conlleva el positivismo inherente a la ciencia moderna, porque considera a Dios como un ser entre los seres. Debido a su positivismo, los defensores del ajuste fino del universo confunden creación y diseño. Como se ha dicho repetidamente, la creación es la generación del ser a partir de la nada. En cambio, *el diseño es la reordenación del ser que ya está dado*. En otras palabras, el diseño presupone la existencia del ser y, por tanto, no se cuestiona el mismo ser. La fusión de la creación y el diseño conlleva los problemas del extrinsecismo: una imagen extrínseca de Dios e, inevitablemente, una imagen extrínseca de la naturaleza. Como consecuencia, nunca se produce una verdadera discusión sobre Dios y la creación, y por tanto es imposible un diálogo genuino y fructífero.

El argumento del universo finamente ajustado utiliza «el modelo de un diseñador divino como [... su] paradigma predeterminado para el orden en el mundo natural»[293]. Sin embargo, como afirmó el Aquinate, «la voluntad divina no elimina la contingencia de las cosas, ni impone una necesidad absoluta a las cosas»[294]. El diseñador divino supuestamente demostrado por el universo finamente ajustado no es el Dios cristiano, sino una «noción atrofiada y deformada de la divinidad»[295]. En este asunto, Życiński se preguntó: «¿Debemos reconocer la existencia del Diseñador divino cuando reconocemos este diseño cósmico?». Y esta es su respuesta: «Mi respuesta es negativa cuando por Diseñador divino entendemos al Dios del teísmo clásico concebido como Persona omnipotente. Estoy de acuerdo con John Leslie en que para explicar la naturaleza del diseño cósmico uno puede hacer referencia a una fuerza o a una forma de energía que impone estructuras racionales a los procesos físicos»[296]. El argumento del diseño «no es un argumento a favor del Dios cristiano; es, en el mejor de los casos, un argumento a favor de un arquitecto cósmico en un sentido deísta, o incluso de varios arquitectos de este tipo»[297].

Estoy de acuerdo con el físico ateo Victor Stenger en su valoración de la imagen de Dios que resulta cuando se utilizan las coincidencias antrópicas como prueba de Dios: «El argumento del ajuste fino y otros argumentos recientes sobre el diseño inteligente son versiones modernas del razonamiento del dios de los huecos, en el que se considera que un Dios es necesario siempre que la ciencia

---

[293] CUNNINGHAM, *Darwin's Pious Idea*, 278.
[294] AQUINO, *Summa contra gentiles*, lib. 1, cap. 85, n. 1.
[295] CUNNINGHAM, *Darwin's Pious Idea*, 278.
[296] Joseph M. ŻYCIŃSKI, «The Weak Anthropic Principle and the Design Argument»: *Zygon* 31/1 (March 1, 1996), 128. Véase John LESLIE, *Universes*, Routledge, London 1989, 165-174.
[297] HALVORSON, KRAGH, «Physical Cosmology», 250.

no haya explicado completamente algún fenómeno»[298]. De hecho, «los científicos consideran que el ajuste fino es una señal de que una teoría actual es defectuosa o incompleta»[299]. Podría ocurrir que «los ajustes finos que crees que existen podrían desaparecer una vez que entiendas mejor el universo. Podrían ser solo aparentes»[300]. En esa situación, el Dios diseñador sería innecesario. Al final, Dios está a merced de los resultados científicos porque se ha convertido simplemente en un ser entre los seres, aunque sea uno inmenso.

En última instancia, la imagen de Dios que comparten los partidarios del principio antrópico como prueba de Dios es la de un «creador sentado en el panel de control del universo y girando diferentes mandos para ajustar el valor de las constantes»[301]. «Si el creador hubiera ajustado los mandos de forma ligeramente distinta, el universo sería un lugar sorprendentemente diferente. Y lo más probable es que ni nosotros, ni ningún otro ser vivo, estuviéramos aquí para admirarlo»[302]. Nótese cómo el universo se concibe como una máquina cuyos mandos son ajustados al principio por alguien externo a él. La naturaleza se convierte en una realidad muda sin interioridad real, es decir, en un *artificio*. Sin interioridad, el artefacto carece de toda finalidad inmanente. El propósito teleológico se reduce a una intencionalidad consciente y esa intencionalidad se transfiere «a un artífice externo que vuelve a imponer sus propósitos (leyes) a una naturaleza inerte»[303]. Como señala Hanby, «la relación de un diseñador con su artefacto [... es] la relación de un agente finito externamente yuxtapuesto a otro». El diseñador divino «no es responsable de todo el ser del artefacto ni es inmanente a él como fuente de su ser. Una vez hecho, el artefacto no depende de su creador»[304]. El papel del

---

[298]   Victor J. STENGER, «Is the Universe Fine-Tuned for Us?», en *Why Intelligent Design Fails. A Scientific Critique of the New Creationism*, (eds. Matt Young, Taner Edis), Rutgers University Press, New Brunswick, New Jersey 2004, 184.

[299]   STEINHARDT y TUROK, *Endless Universe*, 232.

[300]   CARROLL y CRAIG, «God and Cosmology», 49-50. «La versión fuerte del principio antrópico [...] es filosóficamente deficiente porque se basa en gran medida en un enorme hueco del conocimiento científico actual. Si se basa únicamente en la actual incapacidad científica para explicar el carácter estrechamente ligado del cosmos, entonces padece todas las debilidades de una especie de remedio filosófico del "dios de los huecos". Y debe esperar en la historia de la ciencia el desarrollo de teorías más adecuadas que puedan o no incorporar un principio antrópico» (Christopher F. MOONEY, «The Anthropic Principle in Cosmology and Theology»: *Horizons* 21/1 [March 1994], 124).

[301]   VILENKIN, *Many Worlds in One*, 128-129. Vilenkin se refiere aquí a Craig J. HOGAN, «Quarks, Electrons and Atoms in Closely Related Universes», en *Universe or Multiverse?* (ed. Bernard Carr), Cambridge University Press, Cambridge 2007, 223.

[302]   VILENKIN, *Many Worlds in One*, 130.

[303]   HANBY, *No God, No Science?*, 163.

[304]   *Ibid.*, 166.

diseñador divino es establecer las condiciones iniciales del universo dando valores extremadamente ajustados a las constantes físicas. Una vez ajustados los valores, el diseñador no interactúa con el universo. De hecho, el diseñador divino no es inmanente al artefacto ni trascendente a él. Como se ha explicado anteriormente, la trascendencia divina y la inmanencia divina están intrínsecamente relacionadas. El diseñador divino, la imagen de Dios implícita en el argumento del diseño, es un dios extrínseco. Este dios extrínseco es una «reducción de Dios de Creador trascendente (y trinitario) a artesano finito (y unitario) extrínsecamente yuxtapuesto a sus productos»[305]. Esta reducción de Dios implica una correlativa «reducción de la naturaleza al arte»[306]. Podemos notar aquí que el argumento del diseño, tal como lo desarrollan los mencionados defensores del ajuste fino del universo, no contribuye mucho a cambiar las imágenes defectuosas de Dios y de la naturaleza que conlleva la ciencia moderna. Dios sigue siendo un artífice cósmico entendido en sentido deísta, y por tanto la naturaleza sigue siendo un artefacto mecánico.

Existen interesantes conexiones entre el principio antrópico y el argumento teleológico de Paley a favor de la existencia de Dios, expuesto en su libro de 1802 *Teología natural*. En este libro, Paley «imagina cómo el hecho de encontrar un reloj tirado al lado de un camino conduciría naturalmente a suponer que este reloj fue *diseñado por alguien* en lugar de aparecer allí por pura casualidad». Del mismo modo, sabiendo que «el universo tiene un diseño mucho más complejo que un reloj», el «hallazgo» del universo llevaría a la conclusión de que «alguien (Dios) debería haberlo diseñado»[307]. Además, Craig, uno de los defensores de las coincidencias antrópicas como prueba de la existencia de Dios, afirma que la evidencia científica del ajuste fino en el universo es «para el argumento del diseño en el siglo XX lo que la *Teología natural* de Paley fue en el XIX, a saber, un compendio de los datos de la ciencia contemporánea que apuntan a un diseño en la naturaleza inexplicable en términos naturales y que, por tanto, apuntan al Diseñador divino»[308]. Nótese cómo Craig sitúa a Dios en el área desconocida por la ciencia.

Formalmente, el argumento del diseño que utiliza el ajuste fino de las constantes físicas es el mismo que el argumento teleológico de Paley. El teólogo inglés concebía a las criaturas como artefactos, y «transformó la creación en

---

[305]   *Ibid.*, 152.

[306]   *Ibid.*, 128.

[307]   Jesse J. Thomas, «Transcendence and Sentience in Science and Religion»: *Journal of Interdisciplinary Studies* 24/1-2 (2012), 166. Véase también Hanby, *No God, No Science?*, 154.

[308]   William L. Craig, «Barrow and Tipler on the Anthropic Principle vs. Divine Design»: *The British Journal for the Philosophy of Science* 39/3 (September 1988), 393. La evidencia científica a la que se refiere Craig es la ofrecida en Barrow y Tipler, *The Anthropic Cosmological Principle*.

manufactura, concibiendo a Dios no como la fuente interior del acto de ser de la criatura, sino como un objeto extrínseco dentro de una positividad del ser reducido a la facticidad bruta, que impone sus diseños a la materia cuya característica "esencial" es carecer de ellos». Toda criatura deja «de ser un *per se unum* para convertirse en un objeto yuxtapuesto al mundo y en competencia con él. Esto se evidencia por el hecho de que Paley [...] consideraba el "diseño" sobrenatural y las "explicaciones naturales" como alternativas mutuamente excluyentes»[309]. La teología extrínseca y la ontología mecanicista de Paley no son otra cosa que los presupuestos teológicos y ontológicos defectuosos inherentes a la ciencia moderna[310]. Irónicamente, los mismos presupuestos presentes en quienes utilizan el principio antrópico para dar pruebas de la existencia de Dios están también presentes en quienes, en un intento de rechazar cualquier implicación teológica, encuentran alternativas científicas al principio antrópico.

Del mismo modo que existe un acuerdo entre el movimiento del diseño inteligente y el neodarwinismo a nivel ontológico y teológico[311], también existe un acuerdo ontológico y teológico entre los partidarios del argumento del diseño y los que ofrecen explicaciones científicas para evitar un diseñador cosmológico. Como veremos en la siguiente sección, la imagen de Dios inherente a quienes utilizan el ajuste fino de las constantes físicas para ofrecer pruebas de la existencia de Dios es la misma imagen de Dios inherente a quienes ofrecen explicaciones alternativas al ajuste fino para excluir cualquier intervención divina en la naturaleza. Tanto los partidarios como los detractores de un diseñador cosmológico comparten la misma imagen extrínseca de Dios porque ambos asumen los presupuestos teológicos de la ciencia moderna.

---

[309] HANBY, *No God, No Science?*, 196.

[310] *Ibid.*, 152.

[311] «El aparente desacuerdo entre el darwinismo y el diseño inteligente» es «traicionado por un acuerdo mucho más básico en el nivel ontológico» (*ibid.*, 181n77). «La apariencia de un desacuerdo fundamental entre el diseño inteligente y el neodarwinismo es, de hecho, una ilusión, ya que lo que los une es más profundo que lo que los separa, y lo que los une son ciertos compromisos metafísicos e incluso teológicos profundamente defectuosos que fundamentan la ciencia» (HANBY, «Much Ado about Nothing. Metaphysics and the Misleading Debate between Intelligent Design and Neo-Darwininan Biology», artículo presentado en el encuentro *Evolution. Science, Ideology, Reason and Faith*, Union Theological Seminary, New York, 31 de mayo de 2006, última modificación 5 de enero de 2009: http://www.crossroadsnyc.com/files/EvolutionHanby.pdf); «El diseño inteligente está ostensiblemente a favor del "Dios" truncado permitido por la ciencia moderna; los darwinistas militantes están en contra» (*ibid.*); «Tanto la biología darwiniana como el diseño inteligente [...] nos ofrecen imágenes especulares de la misma metafísica defectuosa y teología defectuosa, de modo que la naturaleza se convierte en un artificio, los organismos son meras máquinas, la creación es simplemente causalidad, y Dios bien podría ser un alienígena espacial» (*ibid.*).

5. Alternativas al universo finamente ajustado

Las condiciones iniciales del universo temprano son una de las principales evidencias de un universo finamente ajustado. En el modelo del Big Bang caliente, «no hubo tiempo suficiente en el universo temprano para que el calor fluyera de una región a otra. Esto significa que el estado inicial del universo tendría que haber tenido exactamente la misma temperatura en todas partes para explicar el hecho de que el fondo de microondas tenga la misma temperatura en todas las direcciones en las que miramos»[312]. Además, «la tasa inicial de expansión también tendría que haber sido elegida de forma muy precisa para que la tasa de expansión siguiera estando tan cerca de la tasa crítica necesaria para evitar el recolapso»[313]. Otra propiedad del universo finamente ajustada es su planitud[314]. «Mientras que las observaciones indican que el universo tiene una geometría que es plana o muy cercana a la plana, la cosmología estándar del Big Bang caliente [...] indica que la geometría plana es inestable y que solo elecciones muy especiales de las condiciones iniciales del universo pueden conducir a un universo actual que coincida con nuestras observaciones»[315].

Según Hawking, estas consideraciones mostraban que «el estado inicial del universo debía haber sido elegido con sumo cuidado si el modelo del Big Bang caliente era correcto desde el principio de los tiempos». A partir de todo esto, concluyó que «sería muy difícil explicar por qué el universo debería haber comenzado de esta manera, excepto como el acto de un Dios que tenía la intención de crear seres como nosotros»[316]. Una vez más, Hawking estaba recurriendo al dios de los huecos. Se podía recurrir a Dios como explicación porque la ciencia era incapaz de explicar algo. Sin embargo, Hawking se refirió inmediatamente a la inflación como la forma de evitar una conclusión teísta. Para él, la inflación era «un intento de encontrar un modelo de universo en el que muchas configuraciones iniciales diferentes podrían haber evolucionado hasta llegar a algo parecido al universo actual»[317]. De este modo, no es necesario justificar un ajuste de las condiciones iniciales. Linde, uno de los padres de la cosmología inflacionaria,

---

[312] HAWKING, *Brief History of Time* (1988), 126-127. Esto es conocido como el «problema del horizonte» (véase LIDDLE y LOVEDAY, *Oxford Companion to Cosmology*, 162).

[313] HAWKING, *Brief History of Time* (1988), 127.

[314] «Einstein nos enseñó que el espacio-tiempo no es plano, sino curvo. Debido a esta curvatura, los cuerpos parecen atraerse entre sí por la fuerza que llamamos gravedad. Sin embargo, resulta que el espacio de nuestro universo, si se observa a escalas de distancia suficientemente grandes, es en promedio asombrosamente plano» (Stephen M. BARR, «Anthropic Coincidences»: *First Things* 114 (June 1, 2001), 19).

[315] LIDDLE y LOVEDAY, *Oxford Companion to Cosmology*, 122.

[316] HAWKING, *Brief History of Time* (1988), 127.

[317] *Ibid.*, 127.

reconoce que «la teoría inflacionaria nos proporciona una posibilidad única de construir una teoría en gran medida independiente de cualquier suposición sobre la singularidad inicial»[318]. A pesar de que la inflación se asume como normativa en los modelos cosmológicos actuales, Steinhardt señala que «el paradigma inflacionario es tan flexible que es inmune a las pruebas experimentales y observacionales»[319]. En cualquier caso, como admiten Steinhardt y Turok, «todo el sentido de la inflación era evitar tener que suponer unas condiciones iniciales muy ajustadas cuando el universo surgió del Big Bang»[320].

Es muy interesante observar que Vilenkin considera la teoría de la inflación similar, en cierto modo, a la teoría darwiniana de la evolución. «Ambas teorías proponían una explicación para algo que antes se creía imposible de explicar. El ámbito de la investigación científica se amplió así sustancialmente. En ambos casos, la explicación era muy convincente, y nunca se han sugerido alternativas verosímiles»[321]. De nuevo, otro científico invoca la inflación para negar a Dios como explicación. Tenemos aquí otro ejemplo de ateísmo de los huecos. El dios negado es un dios de los huecos. De nuevo, la creación se malinterpreta como diseño y Dios como un diseñador finito, ni trascendente ni inmanente al universo. En otras palabras, Dios se convierte en un dios extrínseco. Este es el mismo dios rechazado por Darwin y el mismo dios afirmado por Paley. Como señala Hanby, «Darwin asume básicamente la teología de Paley en forma negativa, haciendo así que los supuestos teológicos y ontológicos de la teología de Paley sean endémicos de la posterior tradición darwiniana»[322]. Esos supuestos teológicos y ontológicos defectuosos están presentes no solo en la tradición darwiniana, sino en todos los que adoptan los supuestos de la ciencia moderna, en particular los defensores del principio antrópico como prueba de la existencia de Dios y los científicos que invocan la inflación para evitar unas condiciones iniciales cuidadosamente ajustadas.

---

[318] Linde, «Inflationary Theory», 826-827.

[319] Steinhardt, «Big Bang Blunder», 9. «En primer lugar, la inflación está impulsada por un hipotético campo escalar, el inflatón, que tiene propiedades que pueden ajustarse para producir efectivamente cualquier resultado. En segundo lugar, la inflación no termina con un universo con propiedades uniformes, sino que conduce casi inevitablemente a un multiverso con un número infinito de burbujas, en el que las propiedades cósmicas y físicas varían de una burbuja a otra. La parte del multiverso que observamos corresponde a una porción de una sola de esas burbujas. Al examinar todas las burbujas posibles del multiverso, todo lo que puede ocurrir físicamente ocurre un número infinito de veces. Ningún experimento puede descartar una teoría que permita todos los resultados posibles. Por lo tanto, el paradigma de la inflación no es falsable» (ibid.).

[320] Steinhardt y Turok, *Endless Universe*, 95.

[321] Vilenkin, *Many Worlds in One*, 67.

[322] Hanby, *No God, No Science?*, 4.

En resumen, detrás de la decisión de evitar las condiciones iniciales finamente ajustadas del universo, hay un deseo de evitar un hueco en el conocimiento científico, que proporcionaría pruebas de la existencia de un diseñador externo identificado con Dios. Hay, pues, una clara intención de rechazar a Dios como explicación. El dios rechazado por los científicos inflacionistas es un dios extrínseco, un dios de los huecos y un dios deísta. En definitiva, el dios rechazado por los científicos, debido a su conocimiento cientificista, es el dios que presupone la ciencia moderna.

Además de la inflación, los cosmólogos proponen un multiverso como forma de evitar las constantes físicas finamente ajustadas de nuestro universo. El multiverso consiste en una multitud de universos completamente desconectados (también conocidos como burbujas) en los que las constantes físicas toman valores diferentes[323]. «Los observadores inteligentes solo existen en esas raras burbujas en las que, por pura casualidad, las constantes resultan ser las adecuadas para que la vida evolucione. El resto del multiverso sigue siendo estéril, pero nadie está allí para quejarse de ello»[324]. El multiverso es una consecuencia de la inflación y la teoría de cuerdas. Como se ha visto antes, la inflación produce universos capaces de reproducir otros universos. «Un universo inflacionario engendra otras burbujas inflacionarias, que a su vez producen otras burbujas inflacionarias»[325]. Las burbujas o universos inflacionarios producen «un multiverso con un número infinito de burbujas, en el que las propiedades cósmicas y físicas varían de una burbuja a otra [...]. Al examinar todas las burbujas posibles del multiverso, todo lo que puede suceder físicamente sucede un número infinito de veces»[326]. Recuérdese que el

---

[323] TEGMARK, «Parallel Universes (2004)», 467-468.

[324] VILENKIN, «The Principle of Mediocrity», 5.34.

[325] LINDE, «Self-Reproducing Inflationary Universe», 54.

[326] STEINHARDT, «Big Bang Blunder», 9. Este multiverso es lo que Tegmark llama el «multiverso de nivel II». Véase TEGMARK, *Our Mathematical Universe*, 119-153. Inicialmente, Hawking era un defensor de la idea convencional del multiverso. En este sentido, afirmó que la «idea del multiverso no es una noción inventada para dar cuenta del milagro del ajuste fino. Es una consecuencia de la condición sin límites, así como de muchas otras teorías de la cosmología moderna» (HAWKING y MLODINOW, *The Grand Design*, 164). Hawking reconoció que «la teoría habitual de la inflación eterna predice que globalmente nuestro universo es como un fractal infinito, con un mosaico de diferentes universos de bolsillo, separados por un océano que se infla» (Stephen W. HAWKING, Entrevista, 2017, en Sarah Collins, «Taming the Multiverse. Stephen Hawking's Final Theory about the Big Bang»: *University of Cambridge, Research, News*, última modificación 2 de mayo de 2018: https://loyol.ink/patr7). Sin embargo, el astrofísico matizó su posición sobre la idea del multiverso en un artículo póstumo. En ese artículo, Hawking (y Thomas Hertog) propusieron un modelo cosmológico que «implica una reducción significativa del multiverso a un conjunto mucho más limitado de universos posibles» (HAWKING y HERTOG, «A Smooth Exit from Eternal

núcleo del argumento del diseño es la probabilidad extremadamente pequeña de tener un universo finamente ajustado por azar. Esto se considera un indicador de un diseñador. Al proponer infinitos universos, cada universo posible se realiza por azar, incluso el improbable universo finamente ajustado. Por lo tanto, se elimina la necesidad de un diseñador.

La idea de un multiverso es una idea muy controvertida, incluso entre los científicos, debido a la imposibilidad de su comprobación. En este sentido, Steinhardt y Turok señalan que el multiverso «no es ni predictivo ni verificable»[327]. Además, el obispo Życiński afirmó que «no solo no hay confirmación empírica [de un multiverso], sino que de hecho no puede haberla, ya que se supone que los mundos vecinos son causalmente inconexos y, por tanto, inaccesibles a la observación directa»[328]. También denunció el concepto de un multiverso como «contrario a los principios básicos de la metodología científica popperiana»[329]. Incluso Vilenkin, uno de los promotores de la hipótesis del multiverso, reconoce que «no hay ni un ápice de evidencia que apoye esta hipótesis. Peor aún, no parece posible confirmarla ni refutarla *jamás*»[330]. Sin embargo, hay científicos que defienden la teoría del multiverso como una consecuencia inevitable de las teorías cosmológicas actuales: «Dada la inflación y el paisaje de la teoría de cuerdas (u otros mecanismos dinámicos equivalentes), se produce un multiverso, te guste o no»[331]. Los cosmólogos George Ellis y Joseph Silk se quejan de que la idea de un multiverso no es «robusta, y mucho menos comprobable» porque «se basa en la teoría de cuerdas, que todavía no ha sido verificada, y en mecanismos especulativos que hacen realidad una física diferente en universos hermanos diferentes»[332]. Por último, Ellis declara enérgicamente que «la teoría del multiverso

---

Inflation?»: *Journal of High Energy Physics* 2018/4 [April 2018], 147/10). El modelo cosmológico de Hawking no reduce el multiverso «a un único universo, pero [... implica] una reducción significativa del multiverso, a un conjunto mucho más reducido de universos posibles» (HAWKING, Entrevista).

327   STEINHARDT y TUROK, *Endless Universe*, 231.

328   ŻYCIŃSKI, «Weak Anthropic Principle», 126.

329   *Ibid.*, 127. «Karl Popper propuso el famoso criterio de "falsabilidad": Una teoría es científica si hace predicciones claras que pueden ser falsificadas sin ambigüedades» (Sean CARROLL, «Falsifiability», en *This Idea Must Die. Scientific Theories That Are Blocking Progress*, [ed. John Brockman], Edge Question, Harper Perennial, New York 2015, 124).

330   VILENKIN, *Many Worlds in One*, 134.

331   Sean CARROLL, «Does the Universe?», 191. «El paisaje de cuerdas es el conjunto de posibles leyes físicas que podrían surgir dentro de la teoría de supercuerdas» (LIDDLE y LOVEDAY, *Oxford Companion to Cosmology*, 290). Nótese que la *teoría de supercuerdas* es el término técnico para la teoría de cuerdas.

332   ELLIS y SILK, «Defend the Integrity», 322.

no puede hacer ninguna predicción comprobable porque no puede explicar nada en absoluto»[333].

La falta de comprobación de la teoría del multiverso preocupa a los científicos que la defienden. Estos científicos intentan matizar la máxima científica de la falsabilidad. Por ejemplo, el cosmólogo Sean Carroll afirma que «el criterio de falsabilidad apunta a algo verdadero e importante de la ciencia, pero es un instrumento tosco en una situación que exige sutileza y precisión»[334]. El cosmólogo reconoce que «en el mundo real, la interacción entre teoría y experimento no es tan sencilla. Una teoría científica se juzga en última instancia por su capacidad para dar cuenta de los datos». Carroll admite que «no podemos (por lo que sabemos) observar directamente otras partes del multiverso. Pero su existencia tiene un efecto dramático en cómo explicamos los datos en la parte del multiverso que sí observamos»[335]. A este respecto, el jesuita Stoeger proporcionó

> «un criterio para probar las teorías que implican la existencia de un multiverso. Si tal teoría explica con éxito varios aspectos de lo que vemos y medimos en nuestro universo, y sigue proporcionando una base segura para una mayor comprensión cosmológica, entonces eso apoya firmemente la existencia de tales universos, aunque nunca podamos detectarlos directamente. Este criterio puede resumirse como: ¿lleva el multiverso a una mayor inteligibilidad de la realidad que nos rodea?»[336].

Es muy interesante observar cómo la idea de un multiverso es defendida por los científicos a pesar de su falta de confirmación experimental. Uno se inclina a pensar que la motivación detrás de la incesante defensa de la idea del multiverso es rechazar al dios diseñador asociado con el principio antrópico. A este respecto, Hanby afirma que «el verdadero propósito» de la hipótesis del multiverso es «proporcionar consuelo a los ateos»[337]. El paleontólogo Simon Conway Morris describe la teoría del multiverso como una «cláusula de escape» para los ateos:

> «La *creatio ex nihilo* puede ser una vergüenza, pero solo es un obstáculo potencial; como ya se ha señalado, dado que está más allá del discurso científico, los científicos no tienen nada que aportar. Aun así, ningún científico puede evitar estar inmerso en un marco metafísico (aunque sea ostensiblemente nihilista o

---

[333] George F. ELLIS, «Opposing the Multiverse»: *Astronomy & Geophysics* 49/2 (April 1, 2008), 2.35.

[334] Sean CARROLL, «Falsifiability», 125.

[335] *Ibid.*, 126.

[336] William R. STOEGER, «Are Anthropic Arguments, Involving Multiverses and Beyond, Legitimate?», en *Universe or Multiverse?*, (ed. Bernard Carr), Cambridge University Press, Cambridge 2007, 450.

[337] HANBY, *No God, No Science?*, 51.

solipsista), y no es de extrañar que las aparentes peculiaridades de nuestro universo (famosas por el aparente "ajuste fino" de las constantes físicas) agudicen el deseo de encontrar una "cláusula de escape" del siniestro sentido de un mundo diseñado para que lo habitemos y comprendamos. No es de extrañar, por tanto, que muchos científicos consideren que lo mejor es apelar a los multiversos, generados sin fin, sin comienzo último y sin final concebible»[338].

El concepto de multiverso es un concepto *metafísico* y los cosmólogos no comprenden su significado correcto. Por ejemplo, Vilenkin señala que «los filósofos suelen definir el universo como "todo lo que existe". Entonces, por supuesto, no puede haber otros universos. Los físicos no suelen utilizar el término en este sentido más amplio y se refieren a espacios-tiempos completamente inconexos y autónomos como universos separados»[339]. La aclaración de Vilenkin muestra su confusión metafísica. No puede haber universos no relacionados porque, si alguna vez existieran, «pertenecerían al único orden del ser (y de la causalidad) y, por tanto, no serían realmente universos alternativos, sino simplemente partes hasta ahora desconocidas del único universo»[340]. En otras palabras, si *existieran* otros universos alternativos, tendrían que pertenecer al orden más básico del ser y, por tanto, formar parte del único universo. Evidentemente, el universo es uno debido a la unidad del ser-como-acto[341]. La idea de un multiverso propone la existencia sin sentido de diferentes órdenes del ser que están de alguna manera fuera del único orden del ser. «La posibilidad misma de "*otros* mundos" señala una cierta pérdida de reconocimiento de que el mundo no es fundamentalmente una colección de *cosas* a las que siempre podrían añadirse otras colecciones semejantes, sino una unidad de ser (*esse commune*) que incluiría por definición cualquier adición posterior, incluso cuando el intercambio entre ellas fuera inexistente o imposible»[342].

La noción de multiverso traiciona el positivismo de la ciencia. El ser se reduce de acto a facticidad positiva. Este enfoque positivista hace que la cuestión del acto de ser quede fuera de la visión científica. Por lo tanto, la cuestión de la creación no se entiende correctamente y se comprende erróneamente como un acontecimiento mecánico. El positivismo reduce el universo a un conjunto de entidades y la unidad del universo a «una unidad de agregación»[343]. La idea de un multiverso solo es inteligible dentro del positivismo que, al dar por supuesto

---

[338]   Simon CONWAY MORRIS, «What is Written into Creation?», en *Creation and the God of Abraham*, (eds. David B. Burrell, *et al.*), Cambridge University Press, Cambridge 2010, 176.

[339]   VILENKIN, *Many Worlds in One*, 133.

[340]   HANBY, *No God, No Science?*, 44-45n83.

[341]   *Ibid.*, 107.

[342]   *Ibid.*, 109.

[343]   *Ibid.*

el ser, reduce el universo a un conjunto de cosas. En esta comprensión, la cuestión se convierte en cuántos conjuntos hay. Pero la unidad del universo es fundamentalmente una unidad del ser, la unidad del ser-como-acto, y, en consecuencia, el multiverso es, en última instancia, ininteligible. Sinceramente, la propuesta del multiverso es más ciencia ficción que ciencia real. La dimensión irrazonable de la cosmología moderna sigue apareciendo.

Debido a su positivismo, los defensores de un multiverso no pueden pensar en Dios como *ipsum esse subsistens*. Él se convierte en «un objeto finito yuxtapuesto al mundo y en competencia con él»[344]. Esta imagen extrínseca de Dios está intrínsecamente relacionada con la imagen del universo como una colección de piezas sin relación entre sí. Una vez que Dios deja de ser la plenitud del ser, convirtiéndose en un mero diseñador externo, el universo pierde su unidad interior y se convierte en un agregado artificial. Más aún, la creación no tiene nada que ver con la transición del no-ser al ser ni con la estructura ontológica del mundo, y se convierte en mero diseño. En definitiva, la imagen de dios rechazada por los partidarios de la teoría del multiverso es la misma aceptada por los defensores del argumento del diseño basado en las coincidencias antrópicas. Esto no es una coincidencia, sino la consecuencia de que ambos tienen los mismos presupuestos teológicos y ontológicos.

Aunque los defensores de la hipótesis del multiverso rechazan a Dios, al que conciben como un diseñador extrínseco, otorgan el puesto de «creador» a diseñadores alienígenas. Según Guth, uno de los padres de la teoría inflacionaria, «las leyes de la física permiten, en principio, que una civilización tecnológica suficientemente avanzada pudiera crear un universo, o más de un universo»[345]. Linde explica que «uno puede necesitar tener solo un miligramo de materia en un estado de expansión exponencial similar al del vacío, y entonces el proceso de autorreproducción creará a partir de esta materia no un universo, ¡sino infinitos!»[346]. Además, opina que «no podemos descartar la posibilidad de que nuestro propio universo haya sido creado en un laboratorio por alguien de otro universo que simplemente tenía ganas de hacerlo». Y concluye que, «a tenor de las pruebas, nuestro universo no fue creado por un ser divino, sino por un físico *hacker*»[347]. El astrofísico John Gribbin defiende «la posibilidad de que nuestro universo fuera

344 *Ibid.*, 334.
345 John GRIBBIN, *In Search of the Multiverse. Parallel Worlds, Hidden Dimensions, and the Ultimate Quest for the Frontiers of Reality*, Wiley, Hoboken, New Jersey 2010, 193. Gribbin se refiere aquí a GUTH, *The Inflationary Universe*, 253-270.
346 LINDE, «Universe, Life, and Consciousness», 196.
347 Andrei LINDE, *The Big Lab Experiment. Was Our Universe Created by Design?*, entrevista por Jim Holt, última modificación 19 de mayo de 2004: https://slate.com/culture/2004/05/the-creation-of-the-universe.html

hecho deliberadamente por uno o varios miembros de una civilización tecnológi-camente avanzada en otra parte del multiverso». Gribbin aclara que esos diseña-dores «pueden haber sido responsables del Big Bang; pero esto sigue significando que la evolución por selección natural y todos los demás procesos que produjeron nuestro planeta y la vida en él han estado en funcionamiento en nuestro universo desde el Big Bang, sin necesidad de una intervención exterior»[348]. Las propues-tas mencionadas sobre los diseñadores del universo son sorprendentemente poco serias desde el punto de vista tanto de la metafísica como de la teología. Además, estas propuestas se apartan claramente del método científico. En definitiva, estas propuestas son irrazonables.

Los diseñadores del universo propuestos por los cosmólogos ateos son funda-mentalmente la misma realidad que el dios extrínseco que rechazan. Estos diseña-dores no son ni trascendentes ni inmanentes al universo. Son *seres finitos*, aunque superiores a nosotros. Además, son *externos* a nuestro universo y solo intervienen al comienzo de este. Su único cometido es poner en marcha el universo. Dado que el resto del desarrollo del universo se explica por la ciencia, no hay necesidad de que sigan existiendo diseñadores. Como señala Gribbin, «no hay necesidad de un diseñador inteligente para explicar cómo llegamos a ser como somos, dadas las leyes de la física que operan en nuestro universo»[349]. En este sentido, el diseñador se utiliza para cubrir los huecos científicos, aquellas áreas no explicadas por la ciencia[350]. Podemos ver que el papel atribuido a los diseñadores externos es el mismo que el atribuido al dios extrínseco rechazado por los ateos. En definitiva, son la misma cosa. Cuando los teólogos y los físicos defienden la existencia de Dios utilizando el argumento del diseño, están promoviendo una imagen de Dios similar a los diseñadores alienígenas[351].

El cosmólogo ateo Sean Carroll ataca el argumento del diseño basado en el universo finamente ajustado afirmando que «hay muchas características de las leyes de la naturaleza que no parecen delicadamente ajustadas en absoluto, sino que parecen completamente irrelevantes para la existencia de la vida». Para Carroll, «el ejemplo más obvio es la enorme inmensidad del universo; difícilmente

---

[348]   GRIBBIN, *In Search of Multiverse*, 195.

[349]   *Ibid.*, 197.

[350]   Algunos de los huecos son creados por aquello que una explicación científica reductiva de la naturaleza ignora, por ejemplo, el acto de teorizar científicamente.

[351]   Para esos teólogos y físicos, parece no importar si el diseñador de nuestro universo es Dios o un diseñador inteligente de otro universo. «A los discípulos contemporáneos de Paley en la denominada escuela del diseño inteligente parece serles indiferente que el diseñador sea Dios o uno de los alienígenas de Francis Crick» (HANBY, *No God, No Science?*, 178n51). Véase Francis H. C. CRICK y Leslie E. ORGEL, «Directed Pansper-mia»: *Icarus* 19/3 (July 1973), 341-346.

parecería necesario hacer tantas galaxias solo para que la vida pudiera surgir en un solo planeta alrededor de una sola estrella». El ateo incluso se pregunta: «¿Por qué los componentes de la naturaleza muestran esta duplicación sin sentido, si las leyes de la naturaleza fueron construidas pensando en la vida?»[352]. Los comentarios de Carroll muestran lo lejos que está este científico de entender a Dios como la fuente inagotable del ser. Dado que Carroll solo puede entender a Dios como un diseñador externo, no puede comprender «el grandioso exceso representado por [...] los cientos de miles de millones de galaxias del universo»[353], o «por qué Dios haría mucho más ajuste fino del estado del universo de lo que parece haber sido necesario»[354]. El grandioso exceso del universo solo puede entenderse cuando el universo deja de ser un artificio y se convierte en «la representación epifánica y sacramental de Dios»[355]. La naturaleza solo puede entenderse adecuadamente cuando se entiende adecuadamente a Dios. En otras palabras, cuando se concibe mal a Dios (como diseñador extrínseco), la naturaleza es inevitablemente mal entendida (como un artefacto)[356].

En este capítulo he criticado la imagen extrínseca de Dios que tienen tanto los teólogos como los científicos que utilizan evidencias científicas, como el comienzo del universo o las características finamente ajustadas de las constantes físicas, ya sea para afirmar la existencia de Dios o para negarla. A pesar del claro desacuerdo entre los científicos ateos, por un lado, y los teólogos extrínsecos y los científicos teístas, por otro lado, respecto a la existencia de Dios, todos comparten la misma imagen extrínseca de Dios. Según esa imagen, Dios es «un sujeto finito dentro de la positividad del ser que impone sus diseños a sus objetos pasivos». Este dios no es «el Dios creador del cristianismo, íntima e interiormente presente en las criaturas como fuente de su ser porque las trasciende infinitamente

---

[352]   Sean Carroll, «Why Cosmologists Are Atheists», 633.

[353]   Íd., «Does the Universe?», 192.

[354]   *Ibid.*, 193.

[355]   Chapp, *The God of Covenant*, 214. Véase Alexander Schmemann, *For the Life of the World. Sacraments and Orthodoxy*, St. Vladimir's Seminary, Crestwood, New York 2005.

[356]   En este asunto, Balthasar se preguntó: «¿Cómo puede ser que alguien que es ciego al Ser no sea ciego a Dios?» (Hans Urs von Balthasar, *My Work. In Retrospect*, [trans. Brian McNeil, *et al.*], Ignatius, San Francisco 1993, 85). Como se mencionó anteriormente, este teólogo caracterizó el positivismo como una «ceguera enfermiza» ante el valor primordial del ser. Para él, el positivismo «surge de considerar que la realidad no plantea preguntas, que está "simplemente ahí", pues la frase "lo dado" ya dice demasiado, ya que no hay nadie que "lo dé". De hecho, la única pregunta que surge es: "¿Qué podemos hacer con este material?". Cuando los hombres están ciegos a preguntas más profundas, esto significa la muerte de la filosofía y, aún más, la muerte de la teología» (Balthasar, *Theo-Drama II*, 286).

[..., sino] un artesano»[357]. Este artesano es «la cosa hipotética fuera o más allá de la naturaleza que puede haber puesto en movimiento el universo»[358]. Debido al positivismo, este dios es entendido como una cosa entre otras cosas. Por lo tanto, este dios extrínseco está en competencia con los procesos naturales y la creación se concibe erróneamente como un evento mecánico en rivalidad con los procesos naturales. Cuando se trata de la creación, no se considera en absoluto la creación como la transición del no-ser al ser. El ser se da por sentado e, inevitablemente, la naturaleza se vacía de interioridad y se convierte en un artefacto mudo. El extrinsecismo teológico inherente a la cosmología moderna no es adecuado al significado de Dios y de la creación. En consecuencia, tanto los teólogos como los científicos que utilizan la cosmología moderna, ya sea para afirmar la existencia de Dios o para negarla, nunca llegan a un verdadero debate ni a una verdadera comprensión sobre Dios y la creación.

Por último, quisiera señalar que el propósito de revelar y criticar la teología extrínseca inherente a la cosmología moderna no es simplemente recuperar la teología denunciando la deficiente imagen de Dios implícita en la cosmología moderna. El propósito es también señalar que no existe una cosmología verdaderamente atea, porque un concepto de Dios siempre está en la base de todas estas teorías cosmológicas. El hecho de que algunos de los cosmólogos en cuestión no crean en una imagen defectuosa de Dios o construyan sus cosmologías de manera que lo hagan obsoleto no viene al caso. La cuestión es más bien esta: dada la imposibilidad de prescindir de Dios en el pensamiento, cabría esperar que los cosmólogos ateos pensaran y escribieran sobre Dios de forma más responsable. Esta es la condición esencial para cualquier diálogo genuino entre ciencia y teología.

---

[357]   Hanby, *No God, No Science?*, 128.
[358]   Íd., «Much Ado about Nothing».

Conclusión

¿Es posible una cosmología sin Dios? Tras lo expuesto en este libro, podemos concluir que no es posible, puesto que toda descripción física del universo implica una determinada concepción del universo material y una idea concreta de Dios. Así se ha puesto de manifiesto tanto en los científicos que utilizan evidencias cosmológicas para afirmar la existencia de Dios, como en los científicos que utilizan las mismas evidencias cosmológicas para negar la existencia de Dios. Unos y otros tienen una misma idea de Dios, que es, como se ha mostrado, una idea extrínseca del mismo. Pero el hecho de presuponer una determinada idea de Dios no es algo reservado a aquellos científicos que hablan explícitamente de Dios, sino que es algo que atañe a todo científico. Y es que pretender una ciencia libre de presupuestos teológicos es algo llamado al fracaso, porque ciencia, metafísica y teología están intrínsecamente relacionadas. Por mucho que se nieguen los presupuestos metafísicos y teológicos de la ciencia, estos siempre acaban apareciendo de una manera u otra. Así se ha puesto de manifiesto al estudiar diversos cosmólogos ateos. Aunque estos afirman la existencia de una ciencia neutral, sus presupuestos metafísicos y teológicos acaban apareciendo en sus escritos de divulgación científica.

La afirmación de los presupuestos metafísicos y teológicos de la ciencia no implica que la metafísica y la teología dicten a la ciencia cómo realizar su trabajo. Paradójicamente, el reconocimiento de estos presupuestos libera a la ciencia de ser una metafísica y una teología, para que pueda ser lo que realmente es: una ciencia, con su autonomía para investigar las realidades temporales. Pero esa autonomía no debe entenderse de manera absoluta, afirmando la existencia de una ciencia neutral, independiente de presupuestos metafísicos y teológicos. El hecho de que el científico no reconozca estos presupuestos no significa que no los tenga. De hecho, hemos visto como la afirmación de una ciencia neutral implica presupuestos metafísicos y teológicos deficientes. Para que el diálogo entre ciencia y teología sea fructífero es necesario que se expliciten los presupuestos metafísicos y teológicos de la ciencia. Solo así la ciencia podrá depurarse de sus presupuestos metafísicos y teológicos deficientes y solo así la teología podrá ser liberada de imposiciones cientificistas. Solo así el diálogo entre ciencia y teología permitirá un mutuo enriquecimiento entre ambas disciplinas del saber.

Bibliografía

ABBOTT, Benjamin P. *et al.*, «GW151226. Observation of Gravitational Waves from a 22-Solar-Mass Binary Black Hole Coalescence»: *Physical Review Letters* 116/24 (June 15, 2016), 241103/1–241103/14.

———, «GW170104. Observation of a 50-Solar-Mass Binary Black Hole Coalescence at Redshift 0.2»: *Physical Review Letters* 118/22 (June 1, 2017), 221101/1–221101/17.

———, «GW170608. Observation of a 19 Solar-Mass Binary Black Hole Coalescence»: *Astrophysical Journal Letters* 851/2 (December 18, 2017), L35/1–L35/11.

———, «GW170814. A Three-Detector Observation of Gravitational Waves from a Binary Black Hole Coalescence»: *Physical Review Letters* 119/14 (October 6, 2017), 141101/1–141101/16.

———, «GW170817. Observation of Gravitational Waves from a Binary Neutron Star Inspiral»: *Physical Review Letters* 119/16 (October 16, 2017), 161101/1–161101/18.

———, «Improved Analysis of GW150914 Using a Fully Spin-Precessing Waveform Model»: *Physical Review X* 6/4 (October 21, 2016), 041014/1–041014/19.

———, «Observation of Gravitational Waves from a Binary Black Hole Merger»: *Physical Review Letters* 116/6 (February 11, 2016), 061102/1–061102/16.

ADE, Peter, *et al.*, «Planck 2013 Results. XVI. Cosmological Parameters»: *Astronomy & Astrophysics* 571, A16 (November 2014), 1-66.

AERTSEN, Jan, *Nature and Creature. Thomas Aquinas's Way of Thought*, translated by Herbert D. Morton, Brill, Leiden, Netherlands 1988.

[AGHANIM, Nabila, *et al.*, «Planck 2018 Results. VI. Cosmological parameters»: *Astronomy & Astrophysics* 641, A6 (September 2020), 1-67].

ANASTOPOULOS, Charis, *Particle or Wave. The Evolution of the Concept of Matter in Modern Physics*, Princeton University Press, Princeton, NJ 2008.

ANDERSON, Edward, «The Problem of Time in Quantum Gravity», en *Classical and Quantum Gravity. Theory, Analysis, and Applications*, edited by Vincent R. Frignanni, Nova Science, Hauppauge, NY 2011, 213-256.

ANDERSON, Rupert W., *The Cosmic Compendium. The Big Bang and the Early Universe*, Lulu, Morrisville, NC 2015.

AQUINAS, Thomas, *Aquinas on Creation. Writings on the «Sentences» of Peter Lombard, Book 2, Distinction 1, Question 1*, translated by Steven E. Baldner, William E. Carroll, Mediaeval Sources in Translation 35, Pontifical Institute of Mediaeval Studies, Toronto 1997.

[AQUINO, Tomás de, *Comentario a las sentencias de Pedro Lombardo. La creación. Ángeles, seres corpóreos, hombre*, editado por Juan Cruz Cruz, vol, II/1, Colección de pensamiento medieval y renacentista 37, EUNSA, Pamplona 2005].

―――, *Commentary on Aristotle's Physics*, translated by Richard J. Blackwell, *et al.*, Aristotelian Commentary Series 1, Dumb Ox, Notre Dame, IN 1999.

[AQUINO, Tomás de, *Comentario a la física de Aristóteles*, traducido por Celina A. Lértora Mendoza, Colección de pensamiento medieval y renacentista 21, EUNSA, Pamplona 2011²].

―――, *The Division and Methods of the Sciences. Questions V and VI of His Commentary on the De Trinitate of Boethius*, translated by Armand Augustine Maurer, Mediaeval Sources in Translation 3, Pontifical Institute of Mediaeval Studies, Toronto 1986⁴.

[AQUINO, Tomás de, *Exposición del «De Trinitate» de Boecio*, traducido por Alfonso García Marqués y José Antonio Fernández, Biblioteca de teología 17, EUNSA, Pamplona 1986].

―――, *An Exposition of the «On the Hebdomads» of Boethius*, translated by Janice L. Schultz, Edward A. Synan, Catholic University of America Press, Washington, DC 2001.

[AQUINO, Tomás de, *Opúsculos filosóficos genuinos*, editado por Antonino Tomás y Ballús, traducido por Pierre Félix Mandonnet, Poblet, Buenos Aires 1947].

―――, *On Being and Essence*, translated by Armand Maurer, Mediaeval Sources in Translation 1, Pontifical Institute of Mediaeval Studies, Toronto 1968².

[AQUINO, Tomás de, *El ente y la esencia*, editado por Eudaldo Forment Giralt, Colección de pensamiento medieval y renacentista 25, EUNSA, Pamplona 2011³].

―――, «On the Eternity of the World», en *Aquinas on Creation. Writings on the «Sentences» of Peter Lombard, Book 2, Distinction 1, Question 1*, translated by Steven E. Baldner and William E. Carroll, Mediaeval Sources in Translation 35. Pontifical Institute of Mediaeval Studies, Toronto 1997, 114-122.

[AQUINO, Tomás de. *Comentario a las sentencias de Pedro Lombardo. La Creación. Ángeles, seres corpóreos, hombre*, editado por Juan Cruz Cruz, vol.

II/1, Colección de pensamiento medieval y renacentista 37, EUNSA, Pamplona 2005].

—————, *On the Power of God*, translated by the English Dominican Fathers, Newman, Westminster, MD 1952.

[AQUINO, Tomás de, *De potentia Dei, cuestiones 1 y 2. La potencia de Dios considerada en sí misma. La potencia generativa de la divinidad*, traducido por Luis Ballesteros y Enrique Moros, Cuadernos de Anuario filosófico, EUNSA, Pamplona 2001].

[AQUINO, Tomás de, *De potentia Dei, cuestión 3. La creación*, traducido por Ángel Luis González y Enrique Moros, Cuadernos de Anuario filosófico 128, EUNSA, Pamplona 2001].

[AQUINO, Tomás de, *De Potentia Dei, 5. La conservación*, traducido por Nicolás Prieto, Cuadernos de Anuario filosófico 184, EUNSA, Pamplona 2005].

—————, *Quodlibetal Questions 1 and 2*, translated by Sandra Edwards, Mediaeval Sources in Translation 27, Pontifical Institute of Mediaeval Studies, Toronto 1983.

—————, *Summa Contra Gentiles*, translated by Anton C. Pegis, *et al.*, University of Notre Dame Press, Notre Dame, IN 1975.

[AQUINO, Tomás de, *Suma contra los gentiles. I, libros 1.º y 2.º*, traducido por Jesús M. Pla Castellano, Biblioteca de Autores Cristianos 94, BAC, Madrid 1952].

[AQUINO, Tomás de, *Suma contra los gentiles. II, libros 3.º y 4.º*, Traducido por Jesús M. Pla Castellano, Biblioteca de Autores Cristianos 102, BAC, Madrid 1953].

—————, *Summa Theologica*, translated by Fathers of the English Dominican Province, 5 vols, Christian Classics, Westminster, MD 1981.

[AQUINO, Tomás de, *Suma de teología*, traducido por Regentes de Estudios de las Provincias Dominicanas en España, 5 vols, Maior, BAC, Madrid 2010-2022].

—————, *Truth*, translated by James V. McGlynn, vol. 2, 3 vols., Library of Living Catholic Thought, Wipf and Stock, Eugene, OR 2008.

[AQUINO, Tomás de, *Cuestiones disputadas sobre la verdad*, traducido por Ángel Luis González, Joan Fernando Sellés y María Idoya Zorroza. vol. 1. 2 vols., Pensamiento medieval y renacentista 160, EUNSA, Pamplona: 2016].

AUGUSTINE, *The City of God*, translated by Marcus Dods, Hendrickson, Peabody, MA 2013.

—————, *The City of God Against the Pagans*, translated by Robert W. Dyson, Cambridge University Press, Cambridge 1998.

[AGUSTÍN, *La ciudad de Dios. Libros VIII-XV*, traducido por Rosa María Marina Sáez, Biblioteca clásica Gredos 405, Gredos, Madrid 2012].

ARISTOTLE, *The Basic Works of Aristotle*, edited by Richard P. McKeon, translated by Ella M. Egdhill, *et al.*, Modern Library, New York 2001.

[ARISTÓTELES, *Obras completas de Aristóteles*, traducido por Patricio de Azcárate, Anaconda, Buenos Aires 1947].

AULETTA, Gennaro; William R. STOEGER, «Highlights of the Pontifical Gregorian University's International Conference on Biological Evolution»: *Theology and Science* 8/1 (2010), 7-15.

AYRES, Lewis, *Augustine and the Trinity*, Cambridge University Press, Cambridge 2010.

BACON, Francis, *The New Organon*, edited by Lisa Jardine, Michael Silverthorne, Cambridge University Press, Cambridge 2000.

[BACON, Francis, *La gran restauración (Novum organum)*, traducido por Miguel Ángel Granada, Clásicos del pensamiento, Tercer milenio 93, Tecnos, Madrid 2011].

BAGGOTT, Jim E, *Farewell to Reality. How Modern Physics Has Betrayed the Search for Scientific Truth*, Pegasus, New York 2013.

———, *Origins. The Scientific Story of Creation*, Oxford University Press, New York 2015.

BALDNER, Steven E.; William E. CARROLL, «An Analysis of Aquinas' Writings on the "Sentences" of Peter Lombard, Book 2, Distinction 1, Question 1», en Aquinas, Thomas, *Aquinas on Creation. Writings on the «Sentences» of Peter Lombard, Book 2, Distinction 1, Question 1*, translated by Steven E. Baldner, William E. Carroll, Mediaeval Sources in Translation 35, Pontifical Institute of Mediaeval Studies, Toronto 1997, 35-62.

BALTHASAR, Hans Urs von, *Cosmic Liturgy. The Universe according to Maximus the Confessor*, translated by Brian E. Daley, Ignatius, San Francisco 2003.

———, *Epilogue*, translated by Edward T. Oakes, Ignatius, San Francisco 2004.

[BALTHASAR, Hans Urs von, *Epílogo*, traducido por Ildefonso Murillo, Encuentro, Madrid 1998].

———, *The Glory of the Lord IV. The Realm of Metaphysics in Antiquity*, translated by Oliver Davies y Rowan Williams, Ignatius, San Francisco 1989.

[BALTHASAR, Hans Urs von, *Gloria. Una estética teológica, vol. 4: Metafísica. Edad Antigua*, traducido por Gonzalo Gironés, Encuentro, Madrid 1987].

———, *The Glory of the Lord V. The Realm of Metaphysics in the Modern Age*, edited by Brian McNeil, John Riches, translated by Oliver Davies, *et al.*, Ignatius, San Francisco 1991.

[BALTHASAR, Hans Urs von, *Gloria. Una estética teológica, vol. 5: Metafísica. Edad Moderna*, traducido por Vicente Martín Pindado y Felipe Rodríguez Hernández, Encuentro, Madrid 1992].

———, *Homo Creatus Est*, Einsiedeln, Johannes, Switzerland 1986.

———, *Love Alone Is Credible*, translated by David C. Schindler, Ignatius, San Francisco 2004.

[BALTHASAR, Hans Urs von, *Solo el amor es digno de fe*, traducido por Angel Cordovilla Pérez, Sígueme, Salamanca 2018²].

————, *My Work: In Retrospect*, translated by Brian McNeil, *et al.*, Ignatius, San Francisco 1993.

————, *Science, Religion and Christianity*, translated by Hilda Graef, Newman, Westminster, MD 1958.

[BALTHASAR, Hans Urs von, *El problema de Dios en el hombre actual*, traducido por José María Valverde, Cristianismo y hombre actual 2, Guadarrama, Madrid 1960].

————, *Theo-Drama II. The Dramatis Personae. Man in God*, translated by Graham Harrison, Ignatius, San Francisco 1990.

[BALTHASAR, Hans Urs von, *Teodramática, vol. 2. Las personas del drama. El hombre en Dios*, traducido por Eloy Bueno de la Fuente y Jesús Camarero, Encuentro, Madrid 1992].

————, *Theo-Drama V. The Last Act*, translated by Graham Harrison, Ignatius, San Francisco 1998.

[BALTHASAR, Hans Urs von, *Teodramática, vol. 5. El último acto*, traducido por Abelardo Martínez de Lapera, Encuentro, Madrid 1997].

————, *Theo-Logic I. Truth of the World*, translated by Adrian J. Walker, Ignatius, San Francisco 2000.

[BALTHASAR, Hans Urs von, *Teológica, vol. 1. Verdad del mundo*, traducido por Lucía Piossek, Encuentro, Madrid 1997].

————, *Theo-Logic II. Truth of God*, translated by Adrian J. Walker, Ignatius, San Francisco 2004.

[BALTHASAR, Hans Urs von, *Teológica, vol. 2. Verdad de Dios*, traducido por José Pedro Tosaus Abadía, Encuentro, Madrid 1997].

BARBOUR, Ian G., *Issues in Science and Religion*, Prentice-Hall, Englewood Cliffs, NJ 1966.

[BARBOUR, Ian G., *Problemas sobre religión y ciencia*, traducido por Bernardo Bravo, Sal Terrae, Santander 1971].

BARR, Stephen M., «Anthropic Coincidences»: *First Things* 114 (June 1, 2001), 17-23.

BARROW, John D.; Frank J. TIPLER, *The Anthropic Cosmological Principle*, Oxford University Press, Oxford 1986.

BENEDICT XVI, «The Regensburg Address», en ROWLAND, Tracey, *Ratzinger's Faith. The Theology of Pope Benedict XVI*, 166-174, Oxford University Press, Oxford 2008.

[BENEDICTO XVI, «El discurso de Ratisbona», en ROWLAND, Tracey, *La fe de Ratzinger. La teología del papa Benedicto XVI*, traducido por Sebastián Montiel Gómez, 291-304, Nuevo Inicio, Granada 2009].

BETZ, Frederick, *Managing Science. Methodology and Organization of Research*, Springer, New York 2011.

BIELER, Martin, «*Analogia Entis* as an Expression of Love According to Ferdinand Ulrich», en *The Analogy of Being. Invention of the Antichrist or the Wisdom of God?*, edited by Thomas J. White, Eerdmans, Grand Rapids, MI 2011, 314-337.

BOHM, David, *Causality and Chance in Modern Physics*, Routledge and Kegan Paul, London 1957.

[BOHM, David, *Causalidad y cambio en la física moderna*, traducido por Daisy Learn, Problemas científicos y filosóficos 14, Universidad Nacional Autónoma de México, México, D.F. 1959].

————, «The Implicate Order. A New Approach to the Nature of Reality», en *Beyond Mechanism. The Universe in Recent Physics and Catholic Thought*, edited by David L. Schindler, University Press of America, Lanham, MD 1986, 13-37.

————, *Wholeness and the Implicate Order*, Routledge, London 2002.

[BOHM, David, *La totalidad y el orden implicado*, traducido por Joseph M. Apfelbäume. Kairós, Barcelona 2014[7]].

BORDE, Arvind, *et al.,* «Inflationary Spacetimes Are Incomplete in Past Directions»: *Physical Review Letters* 90/15 (April 15, 2003), 151301/1–151301/4.

BROWN, Montague, «Aquinas and the Individuation of Human Persons Revisited»: *International Philosophical Quarterly* 43/2 (June 2003), 167-185.

BUNGE, Mario, *Causality and Modern Science*, Dover, New York 2012[3].

[BUNGE, Mario, *Causalidad. El principio de causalidad en la ciencia moderna*, Eudeba, Buenos Aires 1978[4]].

BURTT, Edwin A, *The Metaphysical Foundations of Modern Science*, Doubleday, New York 2003.

[BURTT, Edwin A, *Los fundamentos metafísicos de la ciencia moderna. Ensayo histórico y crítico*, traducido por Roberto Rojo, Sudamericana, Buenos Aires 1960].

CAHAN, David, *From Natural Philosophy to the Sciences. Writing the History of Nineteenth-Century Science*, University of Chicago Press, Chicago 2003.

CARROLL, Sean, «Does the Universe Need God?», en *The Blackwell Companion to Science and Christianity*, edited by Jim B. Stump y Alan G. Padgett, Blackwell, Malden, MA 2012, 185-197.

————, «Falsifiability», en *This Idea Must Die. Scientific Theories That Are Blocking Progress*, edited by John Brockman, Edge Question. Harper Perennial, New York 2015, 124-127.

————, «Why (Almost All) Cosmologists Are Atheists»: *Faith and Philosophy* 22/5 (2005), 622-635.

CARROLL, Sean y William L. CRAIG, «God and Cosmology. The Existence of God in Light of Contemporary Cosmology», en *God and Cosmology. William Lane Craig and Sean Carroll in Dialogue*, edited by Robert B. Stewart, Grear-Heard Lectures, Fortress, Minneapolis 2016, 19-106.

CARROLL, William E., «Aquinas and Contemporary Cosmology. Creation and Beginnings»: *Science & Christian Belief* 24/1 (April 2012), 5-18.

———, «Aquinas on Creation and the Metaphysical Foundations of Science»: *Sapientia* 54/205 (1999), 69-91.

———, «Big Bang Cosmology, Quantum Tunneling from Nothing, and Creation»: *Laval Théologique et Philosophique* 44/1 (1988), 59-75.

———, *Creation and Science. Has Science Eliminated God?*, Catholic Truth Society, London 2011.

———, «Two Creators or One? Thomistic Metaphysics and the Theology of Creation», en *God and World. Theology of Creation from Scientific and Ecumenical Standpoints*, edited by Tomasz Trafny, Armand Puig i Tàrrech, STOQ Project Research 11, Libreria Editrice Vaticana, Vatican City 2011, 117-147.

CARTER, Brandon, «Large Number Coincidences and the Anthropic Principle in Cosmology», en *Confrontation of Cosmological Theories with Observational Data*, edited by Malcolm S. Longair, Symposium of the International Astronomical Union 63, Reidel, Dordrecht, Netherlands 1974, 291-298.

CHAPP, Larry S., «*Gaudium et spes* and the Intelligibility of Modern Science»: *Communio* 39/1-2 (Spring-Summer 2012), 269-293.

———, *The God of Covenant and Creation. Scientific Naturalism and Its Challenge to the Christian Faith*, T&T Clark, London 2011.

———, «Review Essay. Alan G. Padgett, *Science and the Study of God. A Mutuality Model for Theology and Science*»: *Pro Ecclesia* 14/3 (June 2005), 364-369.

CLARKE, W. Norris, «Metaphysics as Mediator between Revelation and the Natural Sciences»: *Communio* 28/3 (Fall 2001), 464-488.

CONWAY MORRIS, Simon, «What is Written into Creation?», en *Creation and the God of Abraham*, edited by David B. Burrell, *et al.*, Cambridge University Press, Cambridge 2010, 176-191.

COPAN, Paul y William L. CRAIG, *Creation out of Nothing. A Biblical, Philosophical, and Scientific Exploration*, Baker Academic, Grand Rapids, MI 2004.

[COPAN, Paul, William L. CRAIG, *Ex-nihilo. Creacion de la nada*, traducido por Jorge Ostos, Kerigma, Salem, OR 2019].

COWEN, Ron, «Gravitational Wave Discovery Faces Scrutiny»: *Nature News*. Última modificación, 16 de mayo de 2014. http://www.nature.com/news/gravitational-wave-discovery-faces-scrutiny-1.15248

————, «Gravitational Waves Discovery Now Officially Dead»: *Nature News*. Última modificación 30 de enero de 2015. http://www.nature.com/news/gravitational-waves-discovery-now-officially-dead-1.16830

————, «Telescope Captures View of Gravitational Waves»: *Nature* 507/7492 (March 20, 2014), 281-283.

COYNE, George V., «Evolution and Intelligent Design. What Is Science and What Is Not»: *Revista Portuguesa de Filosofia* 66/4 (2010), 717-720.

CRAIG, William L., «Barrow and Tipler on the Anthropic Principle vs. Divine Design»: *The British Journal for the Philosophy of Science* 39/3 (September 1988), 389-395.

————, «The Cosmological Argument», en *The Rationality of Theism*, edited by Paul Copan, Paul K. Moser, Routledge, London 2003, 112-131.

————, *The Cosmological Argument from Plato to Leibniz*, Barnes & Noble, New York 1980.

————, «Creation and Conservation Once More»: *Religious Studies* 34/2 (May 1998), 177-188.

————, «Divine Simplicity»: *Reasonable Faith. Question & Answer*, n. 111. Última modificación 1 de junio de 2009. https://www.reasonablefaith.org/writings/question-answer/divine-simplicity/

————, «God and the Initial Cosmological Singularity. A Reply to Quentin Smith»: *Faith and Philosophy* 9/2 (April 1992), 238-248.

————, «Graham Oppy on the Kalam Cosmological Argument»: *International Philosophical Quarterly* 51/3 (September 2011), 303-330.

————, «Invasion of the Boltzmann Brains»: *Reasonable Faith. Question & Answer*, n. 285. Última modificación 30 de septiembre de 2012. https://www.reasonablefaith.org/writings/question-answer/invasion-of-the-boltzmann-brains/

————, «Is God a Being in the Same Sense That We Are?»: *Reasonable Faith. Question & Answer*, n. 276. Última modificación 29 de julio de 2012. http://www.reasonablefaith.org/is-god-a-being-in-the-same-sense-that-we-are [La página web ya no está disponible, pero las palabras de Craig pueden encontrarse en http://analyticscholastic.blogspot.com.es/2012/07/william-lane-craig-on-god-and-analogy.html (última modificación 31 de julio de 2012)].

————, «J. Howard Sobel on the Kalam Cosmological Argument»: *Canadian Journal of Philosophy* 36/4 (December 2006), 565-584.

————, *The Kalām Cosmological Argument*, Barnes & Noble, New York 1979.

————, «The Origin and Creation of the Universe. A Reply to Adolf Grünbaum»: *The British Journal for the Philosophy of Science* 43/2 (June 1992), 233-240.

————, «Professor Mackie and the *Kalām* Cosmological Argument»: *Religious Studies* 20/3 (September 1984), 367-375.

————, *Proofs for God, Foreknowledge, and Scientism*, entrevista por Kevin Harris, Reasonable Faith Podcast. Última modificación 23 de octubre de 2012. https://www.reasonablefaith.org/media/reasonable-faith-podcast/proofs-for-god-foreknowlege-and-scientism/

————, *A Rabbi Looks at the Kalam Argument*, entrevista por Kevin Harris, Reasonable Faith Podcast. Última modificación 21 de marzo de 2013. https://www.reasonablefaith.org/media/reasonable-faith-podcast/a-rabbi-looks-at-the-kalam-argument/

————, «The Ultimate Question of Origins. God and the Beginning of the Universe»: *Astrophysics and Space Science* 269-270 (December 1, 1999), 723-740.

————, «Vilenkin's Cosmic Vision. A Review Essay of *Many Worlds in One*»: *Philosophia Christi* 11/1 (Summer 2009), 232-238.

————, «"What Place, then, for a Creator?": Hawking on God and Creation»: *The British Journal for the Philosophy of Science* 41/4 (December 1, 1990), 473-491.

CRAIG, William L. y James D. SINCLAIR, «The *Kalam* Cosmological Argument», en *The Blackwell Companion to Natural Theology*, edited by William L. Craig y James P. Moreland, Wiley-Blackwell, Malden, MA 2012, 101-201.

CRAIG, William L. y Quentin SMITH, *Theism, Atheism, and Big Bang Cosmology*, Clarendon, Oxford 1995.

CRICK, Francis H. C. y Leslie E. ORGEL, «Directed Panspermia»: *Icarus* 19/3 (July 1973), 341-346.

CUNNINGHAM, Conor, *Darwin's Pious Idea. Why the Ultra-Darwinists and Creationists Both Get It Wrong*, Eerdmans, Grand Rapids, MI 2010.

[CUNNIGHAM, Conor, *La piadosa idea de Darwin. ¿Por qué se equivocan igualmente ultradarwinistas y creacionistas?*, traducido por Sebastián Gómez Montiel, Nuevo Inicio, Granada 2015].

DAVIES, Paul C. W., *The Mind of God. The Scientific Basis for a Rational World*, Simon & Schuster, New York 1992.

[DAVIES, Paul C. W., *La mente de Dios. La base científica para un mundo racional*, traducido por Lorenzo Abellanas Rapún, McGraw Hill-Interamericana de España, Madrid 2006].

DAWKINS, Richard, «The God Debate. Join Richard Dawkins, Ruth Gledhill and Hannah Devlin»: *The Times*. Última modificación 2 de septiembre de 2010. http://www.thetimes.co.uk/tto/science/article2711400.ece

————, *The God Delusion*, Houghton Mifflin, Boston 2006.

[DAWKINS, Richard, *El espejismo de Dios*, traducido por Natalia Pérez-Galdós, Booklet, Espasa, Barcelona 2020].

DELTETE, Robert J. y Reed A. GUY, «Emerging from Imaginary Time»: *Synthese* 108/2 (August 1996), 185-203.

DENZINGER, Heinrich (ed.), *The Sources of Catholic Dogma*, translated by Roy J. Deferrari, Herder, St. Louis, MO 1957.

[DENZINGER, Heinrich y Peter HÜNERMANN, *El magisterio de la Iglesia. Enchiridion symbolorum definitionum et declarationum de rebus fidei et morum*, Herder, Barcelona 2017²].

DESCARTES, René, «Meditations on First Philosophy», en *The Philosophical Writings of Descartes*, translated by John Cottingham, *et al.*, Cambridge University Press, Cambridge 1985, 2:1-62.

[DESCARTES, René, *Meditaciones metafísicas con objeciones y respuestas*, traducido por Vidal Peña, Pensamiento 1, KRK, Oviedo 2005].

———, «Principles of Philosophy», en *The Philosophical Writings of Descartes*, translated by John Cottingham, *et al.*, 1:177-292, Cambridge University Press, Cambridge 1985.

[DESCARTES, René, *Los principios de la filosofía*, traducido por Guillermo Quintás, Alianza, Madrid 2008].

DODDS, Michael J., *Unlocking Divine Action. Contemporary Science and Thomas Aquinas*, Catholic University of America Press, Washington, DC 2012.

DODELSON, Scott, *Modern Cosmology*, Academic, Amsterdam 2003.

DOOLAN, Gregory T., *Aquinas on the Divine Ideas as Exemplar Causes*, Catholic University of America Press, Washington, DC 2008.

DOWE, Phil, *Galileo, Darwin, and Hawking. The Interplay of Science, Reason, and Religion*, Eerdmans, Grand Rapids, MI 2005.

DRAPER, Paul, «God, Science, and Naturalism», en *The Oxford Handbook of Philosophy of Religion*, edited by William J. Wainwright, Oxford University Press, Oxford 2004, 270-303.

DUMMETT, Michael, *Thought and Reality*, Oxford University Press, Oxford 2006.

DUPUY, Jean-Pierre, «Do We Shape Technologies or Do They Shape Us?», ftp://ftp.cordis.europa.eu/pub/foresight/docs/ntw_22_dupuy_text.pdf

———, *The Mark of the Sacred*, translated by M. B. DeBevoise, Stanford University Press, Stanford, CA 2013.

DURBIN, Bill y Robert JASTROW, «A Scientist Caught between Two Faiths. Interview with Robert Jastrow»: *Christianity Today* 26/13 (August 6, 1982), 14-18.

DYSON, Freeman J., *A Many-Colored Glass. Reflections on the Place of Life in the Universe*, University of Virginia Press, Charlottesville, VA 2007.

EINSTEIN, Albert, *Ideas and Opinions*, edited by Carl Seelig, translated by Sonja Bargmann, Bonanza, New York 1954.

[EINSTEIN, Albert, *Mis ideas y opiniones*, traducido por José Manuel Alvarez Flórez, Ana Goldar, Antoni Bosch, Barcelona 2011].

ELLIS, George F., «Opposing the Multiverse»: *Astronomy & Geophysics* 49/2 (April 1, 2008), 2.33-2.35.

ELLIS, George F. y Joseph SILK, «Defend the Integrity of Physics»: *Nature* 516/7531 (December 18/25, 2014), 321-323.

EMERY, Gilles, «Trinity and Creation», en *The Theology of Thomas Aquinas*, edited by Rik Van Nieuwenhove y Joseph P. Wawrykow, University of Notre Dame Press, Notre Dame, IN 2005, 58-76.

ESA, PLANCK COLLABORATION, «Planck Reveals an Almost Perfect Universe», Max-Planck-Gesellschaft. Última modificación 21 de marzo de 2013. http://www.mpg.de/7044245/

FRANCIS, *Praise Be to You. Laudato Si'*, Ignatius, San Francisco 2015.

[FRANCISCO, *Laudato si': carta encíclica*, BAC-documentos 54, BAC, Madrid 2015].

FUNKENSTEIN, Amos, *Theology and the Scientific Imagination from the Middle Ages to the Seventeenth Century*, Princeton University Press, Princeton, NJ 1986.

GAINE, Simon F., «God Is an Artificer. A Reply to Professor Edward Feser»: *Nova et Vetera* 14/2 (Spring 2016), 495-501.

GALILEI, Galileo, «The Assayer», en Galilei, Galileo, *et al.*, *The Controversy on the Comets of 1618*, translated by Stillman Drake, Charles D. O'Malley, University of Pennsylvania Press, Philadelphia 1960, 151-336.

[GALILEI, Galileo, *El ensayador*, traducido por José Manuel Revuelta, Grandes pensadores 35, Sarpe, Madrid 1984].

———, *Dialogue Concerning the Two Chief World Systems, Ptolemaic and Copernican*, translated by Stillman Drake, Modern Library, New York 2001.

[GALILEI, Galileo, *Diálogo sobre los dos máximos sistemas del mundo ptolemaico y copernicano*, traducido por Antonio Beltrán Marí, Alianza, Madrid 2011].

———, «Letter to the Grand Duchess Christina», en *Discoveries and Opinions of Galileo*, translated by Stillman Drake, Doubleday, Garden City, NY 1957, 173-216.

[GALILEI, Galileo, *Carta a Cristina de Lorena y otros textos sobre ciencia y religión*, traducido por Moisés González, Ciencia y técnica 2515, Alianza, Madrid 2006].

———, *Le Opere di Galileo Galilei*, A cura di Eugenio Albèri; Celestino Bianchi, vol. 4. 15 vols. Società Editrice Fiorentina, Firenze 1844.

GIBERSON, Karl y Mariano ARTIGAS, *Oracles of Science. Celebrity Scientists versus God and Religion*, Oxford University Press, Oxford 2007.

[GIBERSON, Karl y Mariano ARTIGAS, *Oráculos de la ciencia. Científicos famosos contra Dios y la religión*, traducido por Lázaro Sanz Velázquez, Encuentro, Madrid 2012].

GILSON, Etienne, *The Philosophy of St. Bonaventure*, translated by Illtyd Trethowan, Francis J. Sheed, St. Anthony Guild, Paterson, NJ 1965.

[GILSON, Étienne, *La filosofía de san Buenaventura*, traducido por fray Esteban de Zudaire, Desclée de Brouwer, Buenos Aires 1948].

GLEICK, James, *Chaos. Making a New Science*, Heinemann, London 1988.

GOULD, Stephen J., «Nonoverlapping Magisteria»: *Natural History* 106/2 (March 1997), 16-22; 60-62.

———, *Rocks of Ages. Science and Religion in the Fullness of Life*, Ballantine, New York 1999.

[GOULD, Stephen J., *Ciencia versus religión. Un falso conflicto*, traducido por Joandomènec Ros, Crítica, Barcelona 2012].

GRANT, Edward, *A History of Natural Philosophy. From the Ancient World to the Nineteenth Century*, Cambridge University Press, Cambridge 2007.

GRIBBIN, John, *In Search of the Multiverse. Parallel Worlds, Hidden Dimensions, and the Ultimate Quest for the Frontiers of Reality*, Wiley, Hoboken, NJ 2010.

[GRICE, Paul, «Aristotle on the Multiplicity of Being»: *Pacific Philosophical Quarterly* 69/3 (septiembre de 1988), 175-200].

GUÉNON, René, *The Reign of Quantity and the Signs of the Times*, translated by Lord Northbourne, Luzac, London 1953.

GUTH, Alan H., *The Inflationary Universe. The Quest for a New Theory of Cosmic Origins*, Addison-Wesley, Reading, MA 1997.

[GUTH, Alan H., *El universo inflacionario. La búsqueda de una nueva teoría sobre los orígenes del cosmos*, traducido por Fabián Chueca, Debate Pensamiento, Madrid 1999].

HAHN, Roger, *Pierre Simon Laplace, 1749-1827. A Determined Scientist*, Harvard University Press, Cambridge, MA 2005.

HALVORSON, Hans y Helge KRAGH, «Physical Cosmology», en *The Routledge Companion to Theism*, edited by Charles Taliaferro, *et al.*, Routledge, New York 2013, 241-255.

HANBY, Michael, «Creation without Creationism. Toward a Theological Critique of Darwinism»: *Communio* 30/4 (Winter 2003), 654-694.

———, «Much Ado about Nothing: Metaphysics and the Misleading Debate between Intelligent Design and Neo-Darwininan Biology», artículo presentado en el encuentro *Evolution. Science, Ideology, Reason and Faith*, Union Theological Seminary, New York, 31 de mayo de 2006. Última modificación 5 de enero de 2009. http://www.crossroadsnyc.com/files/EvolutionHanby.pdf

———, *No God, No Science? Theology, Cosmology, Biology*, Wiley-Blackwell, Oxford 2013.

———, «Saving the Appearances. Creation's Gift to the Sciences»: *Anthropotes* 26/1 (2010), 65-96.

———, «Trinity, Creation, and Aesthetic Subalternation», en *Love Alone Is Credible. Hans Urs von Balthasar as Interpreter of the Catholic Tradition*, edited by David L. Schindler, Eerdmans, Grand Rapids, MI 2008, 1:41-74.

HANKINS, Thomas L., *Science and the Enlightenment*, Cambridge University Press, Cambridge 1985.

[HANKINS, Thomas L., *Ciencia e ilustración*, traducido por Alfredo Messa Giró, Siglo XXI, México, D.F. 1988].

HARTLE, James B. y Stephen W. HAWKING, «Wave Function of the Universe»: *Physical Review D* 28/12 (December 15, 1983), 2960-2975.

HAWKING, Stephen W., «The Beginning of the Universe», en *Primordial Nucleosynthesis and Evolution of the Early Universe. Proceedings of the International Conference «Primordial Nucleosynthesis and Evolution of Early Universe» Held in Tokyo, Japan, September 4-8, 1990*, edited by Katsuhiko Sato and Jean Audouze, Astrophysics and Space Science Library 169. Kluwer Academic, Dordrecht, Netherlands 1991, 129-139.

————, *A Brief History of Time. From the Big Bang to Black Holes*, Bantam, New York 1988.

[HAWKING, Stephen W., *Historia del tiempo. Del Big Bang a los agujeros negros*, traducido por Miguel Ortuño Ortín, Crítica, Barcelona 1989[6]].

————, *A Brief History of Time. From Big Bang to Black Holes*, Bantam, New York 1998[2].

[HAWKING, Stephen W., *Historia del tiempo. Del Big Bang a los agujeros negros*, traducido por Miguel Ortuño Ortín, Alianza, Madrid 2011].

————, «Does God Play Dice?». Conferencia de 1999. Accedido el 27 de marzo de 2018. https://www.hawking.org.uk/in-words/lectures/does-god-play-dice

————, «The Edge of Spacetime», en *The New Physics*, edited by Paul C. W. Davies, Cambridge University Press, Cambridge 1988, 61-70.

————, *Entrevista*, 2017, en COLLINS, Sarah, «Taming the Multiverse. Stephen Hawking's Final Theory about the Big Bang», University of Cambridge, Research, News. Última modificación 2 de mayo de 2018. https://www.cam.ac.uk/research/news/taming-the-multiverse-stephen-hawkings-final-theory-about-the-big-bang

————, *The Universe in a Nutshell*, Bantam, New York 2001.

[HAWKING, Stephen W., *El universo en una cáscara de nuez*, traducido por David Jou i Mirabent, Crítica, Barcelona 2015].

HAWKING, Stephen W. y Thomas HERTOG, «A Smooth Exit from Eternal Inflation?»: *Journal of High Energy Physics* 2018/4 (April 2018), 147/0-147/13.

HAWKING, Stephen W. y Leonard MLODINOW, *The Grand Design*, Bantam, New York 2010.

[HAWKING, Stephen W., Leonard MLODINOW, *El gran diseño*, traducido por David Jou i Mirabent, Crítica, Barcelona 2010].

HAWKING, Stephen W. y Roger PENROSE, «The Singularities of Gravitational Collapse and Cosmology»: *Proceedings of the Royal Society of London. A. Mathematical and Physical Sciences* 314/1519 (January 27, 1970), 529-548.

HAWKING, Stephen W. y Renée WEBER, «Interview with Stephen Hawking. If There's an Edge to the Universe, There Must Be a God», en *Dialogues with Scientists and Sages. Search for Unity in Science and Mysticism*, by Renée Weber, Arkana, London 1990, 201-214.

[HAWKING, Stephen W. y Renée Weber, «Si el universo tiene un límite, debe existir un dios», en *Diálogos con científicos y sabios. La búsqueda de la unidad*, por Renée Weber, traducido por Montserrat Castellá y Fernando Pardo, La Liebre de Marzo, Barcelona 1990²].

HAWLEY, John F. y Katherine A. HOLCOMB, *Foundations of Modern Cosmology*, Oxford University Press, New York 1998.

HEALY, Nicholas J., *The Eschatology of Hans Urs von Balthasar. Being as Communion*, Oxford University Press, Oxford 2005.

———, «The World as Gift»: *Communio* 32/3 (Fall 2005), 395-406.

HEEREN, Fred y Robert JASTROW, *Evidence for God? Fred Heeren Interviews Today's Top Space Scientists*. VHS video. Show Me God - Part 1. Day Star Productions, Kansas City, KS 1997. Transcripción tomada de http:// evidenceforchristianity.org/interview-with-robert-jastrow-ph-d/ (última modificación 5 de mayo de 2005).

HEIDEGGER, Martin, «What Is Metaphysics?», en *Pathmarks*, edited by William McNeill, translated by David F. Krell, Cambridge University Press, Cambridge 1998, 82-96.

[HEIDEGGER, Martin, *¿Qué es metafísica?* Traducido por Helena Cortés y Arturo Leyte, Alianza, Madrid 2014].

HELLER, Michael, «Cosmological Singularity and the Creation of the Universe»: *Zygon* 35/3 (September 2000), 665-685.

———, *Creative Tension. Essays on Science and Religion*, Templeton Foundation, Radnor, PA 2003.

HENRY, Michel, *Barbarism*, translated by Scott Davidson, Continuum, London 2012.

[HENRY, Michel, *La barbarie*, traducido por Tomás Domingo Moratalla, Esprit 22, Caparrós, Madrid 1997].

HERSCHEL, William, *The Herschel Chronicle. The Life-Story of William Herschel and His Sister Caroline Herschel*, edited by Constance A. Lubbock, Cambridge University Press, Cambridge 2013.

HOGAN, Craig J., «Quarks, Electrons and Atoms in Closely Related Universes», en *Universe or Multiverse?*, edited by Bernard Carr, Cambridge University Press, Cambridge 2007, 221-230.

HOYLE, Fred, *Astronomy and Cosmology. A Modern Course*, W. H. Freeman, San Francisco 1975.

———, *Evolution from Space (the Omni Lecture) and Other Papers on the Origin of Life*, Enslow, Hillside, NJ 1982.

————, *The Intelligent Universe*, Holt, Rinehart, and Winston, New York 1984. [HOYLE, Fred, *El universo inteligente*, traducido por José Chabás, Grijalbo, Barcelona 1985²].

————, «The Origin of the Universe»: *Quarterly Journal of the Royal Astronomical Society* 14 (1973), 278-287.

————, «The Universe. Past and Present Reflections»: *Annual Review of Astronomy and Astrophysics* 20 (September 1982), 1-35.

HOYLE, Fred, *et al.*, *A Different Approach to Cosmology. From a Static Universe through the Big Bang towards Reality*, Cambridge University Press, Cambridge 2000.

HUMBOLDT, Alexander von, *Cosmos. A Sketch of a Physical Description of the Universe*, translated by Elise C. Otté, vol. 1. 5 vols., Harper & Brothers, New York 1856.

[HUMBOLDT, Alexander von, *Cosmos. Ensayo de una descripción física del mundo*, editado por Sandra Rebok, traducido por Bernardo Giner, José de Fuentes, Norak, Los libros de la catarata, CSIC, Madrid 2011].

HUTCHINSON, Ian, *Monopolizing Knowledge. A Scientist Refutes Religion-Denying, Reason-Destroying Scientism*, Fias, Belmont, MA 2011.

INTERNATIONAL THEOLOGICAL COMMISSION, «Communion and Stewardship. Human Persons Created in the Image of God (2004)», en *Texts and Documents, 1986-2007*, edited by Michael Sharkey, Thomas Weinandy, Ignatius, San Francisco 2009, 2:319-351.

[COMISIÓN TEOLÓGICA INTERNACIONAL, *Comunión y servicio. La persona humana creada a imagen de Dios — En busca de una ética universal. Nueva perspectiva sobre la ley natural*, Documentos 40, BAC, Madrid 2009].

JARDINE, Lisa, «Introduction», en BACON, Francis, *The New Organon*, edited by Lisa Jardine, Michael Silverthorne, Cambridge University Press, Cambridge 2000, vii-xxviii,

JAROSZKIEWICZ, George, «Analysis of the Relationship between Real and Imaginary Time in Physics», en *The Nature of Time. Geometry, Physics, and Perception*, edited by R. Buccheri, *et al.*, NATO Science Series 95, Kluwer Academic, Dordrecht, Netherlands 2003, 153-164.

JASTROW, Robert, «The Astronomer and God», en *The Intellectuals Speak out about God. A Handbook for the Christian Student in a Secular Society*, edited by Roy A. Varghese, Regnery Gateway, Chicago 1984, 15-22.

————, *God and the Astronomers*, Norton, New York 1978.

JENNINGS, Byron K., *In Defense of Scientism. An Insider's View of Science*, Byron Jennings, Vancouver, Canada 2015.

JONAS, Hans, «Philosophical Aspects of Darwinism», en *The Phenomenon of Life. Toward a Philosophical Biology*, Northwestern University Press, Evanston, IL 2001, 38-63.

[JONAS, Hans, «Aspectos filosóficos del darwinismo», en *El principio vida. Hacia una biología filosófica*, traducido por José Mardomingo, Trotta, Madrid 2013, 61-89].

———, «The Practical Uses of Theory», en *The Phenomenon of Life. Toward a Philosophical Biology*, 188-210. Northwestern University Press, Evanston, IL 2001.

[JONAS, Hans. «Acerca del uso práctico de la teoría», en *El principio vida. Hacia una biología filosófica*, traducido por José Mardomingo, Trotta, Madrid 2013, 253-277].

KERR, Fergus, *After Aquinas. Versions of Thomism*, Blackwell, Malden, MA 2002.

KONINCK, Charles de, *The Hollow Universe*, Whidden Lectures 4, Oxford University Press, London 1960.

[KONINCK, Charles de, *El universo vacío*, traducido por Helena Estelles, Libros de bolsillo Rialp 22, Rialp, Madrid 1963].

KOVACH, Francis J., «Divine Art in Saint Thomas Aquinas», en *Arts Libéraux et Philosophie au Môyen Age. Actes du Quatrième Congrès International de Philosophie Médiévale*, Institut d'Études Médiévales, Montreal 1969, 663-671.

KOYRÉ, Alexandre, «Galileo and Plato»: *Journal of the History of Ideas* 4/4 (1943), 400-428.

———, «The Origins of Modern Science. A New Interpretation»: *Diogenes* 16/4 (1956), 1-22.

KUHN, Thomas S., *The Structure of Scientific Revolutions. 50th Anniversary Edition*, University of Chicago Press, Chicago 2012[4].

[KUHN, Thomas S., *La estructura de las revoluciones científicas*, traducido por Carlos Solís Santos, Colección Breviarios 213, Fondo de Cultura Económica, México, D.F. 2013[4]].

LEIBNIZ, Gottfried W., *Leibniz. Selections*, edited by Philip P. Wiener, Charles Scribner's Sons, New York 1951.

[LEIBNIZ, Gottfried W., *Obras de Leibniz*, traducido por Pablo de Azcárate, Casa Editorial de Medina, Madrid 1878].

LEMAÎTRE, Georges, «The Primaeval Atom Hypothesis and the Problem of the Clusters of Galaxies», en *La Structure et l'Évolution de l'Univers. Onzième Conseil de Physique Solvay*, edited by R. Stoops, Stoops, Brussels 1958, 1-32.

LESLIE, John, *Universes*, Routledge, London 1989.

LIDDLE, Andrew R., *An Introduction to Modern Cosmology*, Wiley, Chichester, UK 1999.

LIDDLE, Andrew R. y Jon LOVEDAY, *The Oxford Companion to Cosmology*, Oxford University Press, Oxford 2008.

LINDBERG, David C., *The Beginnings of Western Science. The European Scientific Tradition in Philosophical, Religious, and Institutional Context, Prehistory to A.D. 1450*, University of Chicago Press, Chicago 2008².

[LINDBERG, David C., *Los inicios de la ciencia occidental. La tradición científica europea en el contexto filosófico, religioso e institucional (desde el 600 a.C hasta 1450)*, traducido por Antonio Beltrán, Paidós, Barcelona 2002].

LINDE, Andrei, *The Big Lab Experiment. Was Our Universe Created by Design?*, entrevista por Jim Holt. Última modificación 19 de mayo de 2004. http://www.slate.com/articles/arts/egghead/2004/05/the_big_lab_experiment.single.html

——, «Inflation, Quantum Cosmology and the Anthropic Principle», en *Science and Ultimate Reality. Quantum Theory, Cosmology, and Complexity*, edited by John D. Barrow, *et al.*, Cambridge University Press, Cambridge 2004, 426-458.

——, «Inflationary Theory Versus the Ekpyrotic/Cyclic Scenario», en *The Future of Theoretical Physics and Cosmology. Celebrating Stephen Hawking's Contributions to Physics*, edited by Gary W. Gibbons, *et al.*, Cambridge University Press, Cambridge 2003, 801-838.

——, «The Self-Reproducing Inflationary Universe»: *Scientific American* 271/5 (November 1994), 48-55.

——, «The Universe, Life, and Consciousness», en *Science and the Spiritual Quest. New Essays by Leading Scientists*, edited by W. Mark Richardson, *et al.*, Routledge, London 2002, 188-202.

LOCKE, John, *An Essay Concerning Human Understanding*, Prometheus, Amherst, NY 1995.

[LOCKE, John, *Ensayo sobre el entendimiento humano*, traducido por María Esmeralda García, Biblioteca de la literatura y el pensamiento universales 33, Nacional, Madrid 1980].

LOCKWOOD, Michael, *The Labyrinth of Time. Introducing the Universe*, Oxford University Press, Oxford 2005.

MARION, Jean-Luc, «The Other First Philosophy and the Question of Givenness», translated by Jeffrey L. Kosky; *Critical Inquiry* 25/4 (Summer 1999), 784-800.

[MARTÍN-BENITO, Mercedes, «¿Qué novedades hay en la gravedad cuántica de lazos?»: *El País*, última modificación 9 de junio de 2021, https://elpais.com/ciencia/2021-06-09/que-novedades-hay-en-la-gravedad-cuantica-de-lazos.html].

MASCALL, Eric L., *He Who Is. A Study in Traditional Theism*, Longmans, Green and Company, London 1943.

MAY, Gerhard, *Creatio ex Nihilo. The Doctrine of «Creation out of Nothing» in Early Christian Thought*, translated by A. S. Worrall, T&T Clark, London 2004.

McDermott, Timothy, «Introduction», en Aquinas, Thomas, *Existence and Nature of God (Ia. 2-11)*, translated by Timothy McDermott, St. Thomas Aquinas *Summa Theologiae*, Cambridge University Press, Cambridge 2006, 2: xx-xxvii.

McMullin, Ernan, «Evolutionary Contingency and Cosmic Purpose», en *The Interplay between Scientific and Theological Worldviews (Part I)*, edited by Niels H. Gregersen, *et al.*, Studies in Science and Theology 5, Labor et Fides, Geneva, Switzerland 1999, 91-112.

———, «Natural Science and Belief in a Creator. Historical Notes», en *Physics, Philosophy, and Theology. A Common Quest for Understanding*, edited by Robert J. Russell, *et al.*, Vatican Observatory, Vatican City 1988, 49-79.

[McMullin, Ernan, «La ciencia natural y la creencia en un Creador. Apuntes históricos», en *Física, filosofía y teología. Una búsqueda común*, editado por Robert J. Russell, *et al.*, Edamex, México, D.F. 2002, 62-95].

———, «Plantinga's Defense of Special Creation»: *Christian Scholar's Review* 21/1 (September 1991), 55-79.

Meyerson, Émile, *Explanation in the Sciences*, translated by Mary-Alice Sipfle y David A. Sipfle, Boston Studies in the Philosophy and History of Science 128, Kluwer Academic, Dordrecht, Netherlands 1991.

———, *De l'Explication dans les Sciences*, vol. 1. 2 vols., Payot, Paris 1921.

Mithani, Audrey y Alexander Vilenkin, «Did the Universe Have a Beginning?» En *Gravitation, Astrophysics and Cosmology. Proceedings of the Xth International Conference on Gravitation, Astrophysics and Cosmology (IC-GAC10). Quy Nhon, December 17-22, 2011*, edited by Roland Triay, *et al.*, Gioi, Hanoi 2013, 173-177.

Mooney, Christopher F., «The Anthropic Principle in Cosmology and Theology»: *Horizons* 21/1 (March 1994), 105-129.

Morales, José, *Creation Theology*, translated by Michael Adams, Dudley Cleary, Four Courts, Portland, OR 2001.

[Morales, José, *El misterio de la creación*, Manuales de teología 12, EUNSA, Pamplona 1994].

Moreland, James P. y William L. Craig, *Philosophical Foundations for a Christian Worldview*, InterVarsity, Downers Grove, IL 2003.

[Moreland, James P. y William L. Craig, *Fundamentos filosóficos para una cosmovisión cristiana*, traducido por Jorge Ostos, Kerigma, Salem, OR 2018].

Newton, Isaac, *The Principia. Mathematical Principles of Natural Philosophy*, translated by I. Bernard Cohen, Anne M. Whitman, University of California Press, Berkeley 1999.

[Newton, Isaac, *Principios matemáticos de la filosofía natural*, traducido por Eloy Rada García, Alianza, Madrid 1998].

————, *Unpublished Scientific Papers of Isaac Newton. A Selection from the Portsmouth Collection in the University Library, Cambridge*, edited by A. Rupert Hall y Marie B. Hall, Cambridge University Press, Cambridge 1962.

OLIVER, Simon, *Philosophy, God and Motion*, Routledge, London 2005.

————, «Physics, Creation and the Trinity»: *Anthropotes* 26/1 (2010), 181-205.

————, «Trinity, Motion and Creation *ex Nihilo*», en *Creation and the God of Abraham*, edited by David B. Burrell, *et al.*, Cambridge University Press, Cambridge 2010, 133-151.

ORR, H. Allen, «Gould on God. Can Religion and Science Be Happily Reconciled?»: *Boston Review* 24/5 (November 1999), 33-38.

OWENS, Joseph, «Thomas Aquinas», en *Individuation in Scholasticism. The Later Middle Ages and the Counter-Reformation (1150-1650)*, edited by Jorge J. E. Gracia, State University of New York Press, Albany, NY 1994, 173-194.

PADGETT, Alan G., *Science and the Study of God. A Mutuality Model for Theology and Science*, Eerdmans, Grand Rapids, MI 2003.

PALEY, William, *Natural Theology, Or, Evidences of the Existence and Attributes of the Deity, Collected from the Appearances of Nature*, Cambridge University Press, Cambridge 2009.

[PALEY, William, *Teología natural o demostración de la existencia y de los atributos de la divinidad fundada en los fenómenos de la naturaleza*, traducido por Joaquín Lorenzo Villanueva, Londres 1825].

PANNENBERG, Wolfhart, «Theological Questions to Scientists»: *Zygon* 16/1 (March 1981), 65-77.

————, *Toward a Theology of Nature. Essays on Science and Faith*, edited by Ted Peters, Westminster John Knox, Louisville, KY 1993.

PIEPER, Josef, *The Silence of St. Thomas. Three Essays*, translated by John Murray, Daniel O'Connor, St. Augustine's, South Bend, IN 1999.

PIGLIUCCI, Massimo, «Personal Gods, Deism, and the Limits of Skepticism»: *Skeptic* 8/2 (June 2000), 38-45.

PLANTINGA, Alvin, «Methodological Naturalism?», en *Intelligent Design Creationism and Its Critics. Philosophical, Theological, and Scientific Perspectives*, edited by Robert T. Pennock, Massachusetts Institute of Technology Press, Cambridge, MA 2001, 339-362.

POLANYI, Michael, *Personal Knowledge. Towards a Post-Critical Philosophy*, University of Chicago Press, Chicago 1974[2].

POLKINGHORNE, John C, *Faith, Science and Understanding*, Yale University Press, New Haven, CT 2001.

————, *From Physicist to Priest. An Autobiography*, SPCK, London 2007.

————, *One World. The Interaction of Science and Theology*, Templeton, Philadelphia 2007[2].

————, «Physics and Metaphysics in a Trinitarian Perspective»: *Theology and Science* 1/1 (June 2003), 33-49.

————, *Theology in the Context of Science*, Yale University Press, New Haven, CT 2009.

PONTIFICAL COUNCIL OF JUSTICE AND PEACE, *Compendium of the Social Doctrine of the Church*, Libreria Editrice Vaticana, Vatican City 2004.

[PONTIFICIO CONSEJO JUSTICIA Y PAZ, *Compendio de la doctrina social de la Iglesia*, Libreria Editrice Vaticana, Città del Vaticano 2005].

POPPER, Karl R., *The Logic of Scientific Discovery*, Routledge, London 2002².

[POPPER, Karl R, *La lógica de la investigación científica*, traducido por Víctor Sánchez de Savala, Tecnos, Madrid 2011²].

RATZINGER, Joseph, *Dogma and Preaching. Applying Christian Doctrine to Daily Life*, edited by Michael J. Miller, translated by Michael J. Miller and Matthew J. O'Connell. Ignatius, San Francisco 2011².

[RATZINGER, Joseph, *Palabra en la Iglesia*, traducido por Ernesto Martín Peris, Verdad e imagen 43, Sígueme, Salamanca 1976].

————, *«In the Beginning . . .». A Catholic Understanding of the Story of Creation and the Fall*, translated by Boniface Ramsey, Helen A. Saward, Eerdmans, Grand Rapids, MI 2005.

[RATZINGER, Joseph, *En el principio creó Dios. Consecuencias de la fe en la creación. Cuatro sermones de cuaresma sobre la creación y el pecado*, traducido por Salvador Castellote, Pastoral 49, EDICEP, Valencia: 2008²].

————, *Introduction to Christianity*, translated by J. R. Foster and Michael J. Miller, Ignatius, San Francisco 2004.

[RATZINGER, Joseph, *Introducción al cristianismo*, traducido por José L. Domínguez Villar, Biblioteca cristiana 11, Planeta-De Agostini, Barcelona 1996].

RATZSCH, Delvin L., *Science and Its Limits. The Natural Sciences in Christian Perspective*, InterVarsity, Downers Grove, IL 2000².

RAVASI, Gianfranco, «Foreword», en *God and World. Theology of Creation from Scientific and Ecumenical Standpoints*, edited by Tomasz Trafny, Armand Puig i Tàrrech, STOQ Project Research 11, Libreria Editrice Vaticana, Vatican City 2011, 11-19.

REY, Olivier, *Itinéraire de l'Égarement. Du Rôle de la Science dans l'Absurdité Contemporaine*, Seuil, Paris 2003.

————, «Science in the Twenty-First Century»: *Queen's Quarterly* 117/1 (Spring 2010), 41-54.

ROSHEGER, John P., «Augustine and Divine Simplicity»: *New Blackfriars* 77/901 (February 1996), 72-83.

ROTHMAN, Tony, «A "What You See Is What You Beget" Theory»: *Discover* 8/5 (May 1987), 90-99.

RUSSELL, Robert J., «Does Creation Have a Beginning?»: *Dialog. A Journal of Theology* 36/3 (Summer 1997), 180-189.

SACHS, Joe, *Aristotle's Physics. A Guided Study*, Rutgers University Press, New Brunswick, NJ 1995.

SAGAN, Carl, *The Backbone of the Night*, VHS video, *Cosmos* TV Series, KCET, Los Angeles 1980.

[SAGAN, Carl, *El espinazo de la noche*, vídeo VHS, *Cosmos* Serie TV, Midas Home Vídeo, Barcelona 1990].

————, *Cosmos*, Random House, New York 2002.

[SAGAN, Carl, *Cosmos*, traducido por Miguel Muntaner Pascual y María del Mar Moya Tasis, Planeta, Barcelona 2014²⁹].

————, *The Demon-Haunted World. Science as a Candle in the Dark*, Ballantine, New York 1997.

[SAGAN, Carl, *El mundo y sus demonios. La ciencia como una luz en la oscuridad*, traducido por Dolors Udina, Planeta, Barcelona 2006].

SCHINDLER, D. C., *Hans Urs von Balthasar and the Dramatic Structure of Truth. A Philosophical Investigation*, Perspectives in Continental Philosophy 34, Fordham University Press, New York 2004.

————, «Historical Intelligibility. On Creation and Causality»: *Anthropotes* 26/1 (2010), 15-44.

————, «Truth and the Christian Imagination. The Reformation of Causality and the Iconoclasm of the Spirit»: *Communio* 33/4 (Winter 2006), 521-539.

————, «What's the Difference? On the Metaphysics of Participation in a Christian Context»: *The Saint Anselm Journal* 3/1 (Fall 2005), 1-27.

SCHINDLER, David L., «Beyond Mechanism. Physics and Catholic Theology»: *Communio* 11/2 (Summer 1984), 186-192.

————, «The Given as Gift. Creation and Disciplinary Abstraction in Science»: *Communio* 38/1 (Spring 2011), 52-102.

————, «The Person. Philosophy, Theology, and Receptivity»: *Communio* 21/1 (Spring 1994), 172-190.

————, «Time in Eternity, Eternity in Time. On the Contemplative-Active Life», en *Heart of the World, Center of the Church. Communio Ecclesiology, Liberalism and Liberation*, Eerdmans, Grand Rapids, MI 2001, 221-236.

————, «Trinity, Creation, and the Order of Intelligence in the Modern Academy»: *Communio* 28/3 (Fall 2001), 406-428.

SCHMEMANN, Alexander, *For the Life of the World. Sacraments and Orthodoxy*, St. Vladimir's Seminary, Crestwood, NY 2005.

[SCHMEMANN, Alexander, *Para la vida del mundo. Liturgia, sacramentos, misión*, traducido por Francisco Javier Molina de la Torre, Verdad e imagen 213. Sígueme, Salamanca 2019].

SCHMITZ, Kenneth L., *The Gift. Creation*, The Aquinas Lecture 46, Marquette University Press, Milwaukee, WI 1982.

———, *The Texture of Being. Essays in First Philosophy*, edited by Paul O'Herron, Studies in Philosophy and the History of Philosophy 46, Catholic University of America Press, Washington, DC 2007.

SCOTT, Eugenie C., «Darwin Prosecuted. Review of Johnson's Darwin on Trial»: *Creation/Evolution* 13/2 (Winter 1993), 36-47.

SENOR, Thomas D. «Divine Temporality and Creation *ex Nihilo*»: *Faith and Philosophy* 10/1 (January 1993), 86-91.

SHANLEY, Brian J., «Divine Causation and Human Freedom in Aquinas»: *American Catholic Philosophical Quarterly* 72/1 (1998), 99-122.

SMEDES, Taede A., «Beyond Barbour or Back to Basics? The Future of Science-and-Religion and the Quest for Unity»: *Zygon* 43/1 (March 2008), 235-258.

———, *Chaos, Complexity, and God. Divine Action and Scientism*, Peeters, Leuven 2004.

———, «Religion and Science. Finding the Right Questions»: *Zygon* 42/3 (2007), 595-598.

———, «Streams of Wisdom or Signs of Confusion? A Philosophical and Theological Exploration of "Conflict" and "Independence" in Religion and Science», en *Streams of Wisdom? Science, Theology and Cultural Dynamics*, edited by Hubert Meisinger, *et al.*, Studies in Science and Theology 10, Lund University, Lund 2005, 87-103.

SMOLIN, Lee, *The Trouble with Physics. The Rise of String Theory, the Fall of a Science, and What Comes Next*, Houghton Mifflin, Boston 2006.

[SMOLIN, Lee, *Las dudas de la física en el siglo XXI ¿Es la teoría de cuerdas un callejón sin salida?*, traducido por Rosa M. Salleras Puig, Crítica, Barcelona 2016].

SPEYR, Adrienne von, *The Gates of Eternal Life*, translated by Corona Sharp, Ignatius, San Francisco 1983.

———, *The Word Becomes Flesh. Meditations on John 1-5*, translated by Lucia Wiedenhöver y Alexander Dru, Ignatius, San Francisco 1994.

[SPEYR, Adrienne von, *La Palabra se hace carne. Meditaciones sobre el evangelio según san Juan, capítulos 1-5*, traducido por Juan M. Sara, Fundación San Juan, Madrid 2004].

SPITZER, Robert J., «Cosmology»: *Magis God Wiki*. Última modificación, 26 de julio de 2011. http://magisgodwiki.org/index.php?title=Cosmology

———, *New Proofs for the Existence of God: Contributions of Contemporary Physics and Philosophy*, Eerdmans, Grand Rapids, MI 2010.

STEINHARDT, Paul J., «Big Bang Blunder Bursts the Multiverse Bubble»: *Nature* 510/7503 (June 5, 2014), 9.

STEINHARDT, Paul J. y Neil TUROK, «The Cyclic Model Simplified»: *New Astronomy Reviews* 49/2-6 (May 2005), 43-57.

———, *Endless Universe. Beyond the Big Bang*, Doubleday, New York 2007.

STENGER, Victor J., «Anthropic Design»: *The Skeptical Inquirer* 23/4 (August 1999), 40-43.

———, «Is the Universe Fine-Tuned for Us?», en *Why Intelligent Design Fails. A Scientific Critique of the New Creationism*, edited by Matt Young, Taner Edis, Rutgers University Press, New Brunswick, NJ 2004, 172-184.

STENMARK, Mikael, *How to Relate Science and Religion. A Multidimensional Model*, Eerdmans, Grand Rapids, MI 2004.

———, *Scientism. Science, Ethics and Religion*, Ashgate, Burlington, VT 2001.

STODOLNA, Aneta S., *et al.*, «Hydrogen Atoms under Magnification. Direct Observation of the Nodal Structure of Stark States»: *Physical Review Letters* 110/21 (May 20, 2013), 213001/1–213001/5.

STOEGER, William R., «Are Anthropic Arguments, Involving Multiverses and Beyond, Legitimate?», en *Universe or Multiverse?*, edited by Bernard Carr, Cambridge University Press, Cambridge 2007, 445-457.

———, «The Big Bang, Quantum Cosmology and *Creatio ex Nihilo*», en *Creation and the God of Abraham*, edited by David B. Burrell, *et al.*, Cambridge University Press, Cambridge 2010, 152-175.

———, «The Origin of the Universe in Science and Religion», en *Cosmos, Bios, Theos. Scientists Reflect on Science, God, and the Origins of the Universe, Life, and Homo Sapiens*, edited by Henry Margenau, Roy A. Varghese, Open Court, La Salle, IL 1992, 254-269.

———, «Reductionism and Emergence. Implications for the Interaction of Theology with the Natural Sciences», en *Evolution and Emergence. Systems, Organisms, Persons*, edited by Nancey Murphy, William R. Stoeger, Oxford University Press, Oxford 2007, 229-247.

———, «Responses to Questions on Science and Religion», en *Can Science Dispense With Religion?*, edited by Mehdi Golshani, Institute for Humanites and Cultural Studies, Tehran 1998, 201-205.

TEGMARK, Max, *Our Mathematical Universe. My Quest for the Ultimate Nature of Reality*, Alfred A. Knopf, New York 2014.

[TEGMARK, Max, *Nuestro universo matemático. En busca de la naturaleza última de la realidad*, traducido por Dulcinea Otero-Piñeiro, Antoni Bosch, Barcelona 2014].

———, «Parallel Universes», en *Science and Ultimate Reality. Quantum Theory, Cosmology, and Complexity*, edited by John D. Barrow, *et al.*, Cambridge University Press, Cambridge 2004, 459-491.

———, «Parallel Universes»: *Scientific American* 288/5 (May 2003), 40-51.

THOMAS, Jesse J., «Transcendence and Sentience in Science and Religion»: *Journal of Interdisciplinary Studies* 24/1-2 (2012), 159-176.

TIMMONS, Todd, *Makers of Western Science. The Works and Words of 24 Visionaries from Copernicus to Watson and Crick*, McFarland, Jefferson, NC 2012.

TRYON, Edward P., «Is the Universe a Vacuum Fluctuation?»: *Nature* 246 (December 1, 1973), 396-397.

TUROK, Neil, *Physicist Neil Turok. Big Bang Wasn't the Beginning*, entrevista por Brandon Keim. Última modificación, 19 de febrero de 2008. http://archive. wired.com/science/discoveries/news/2008/02/qa_turok

VEATCH, Henry B., *Two Logics. The Conflict Between Classical and Neo-Analytic Philosophy*, Northwestern University Press, Evanston, IL 1969.

VELDE, Rudi A. te, *Aquinas on God. The «Divine Science» of the Summa Theologiae*, Ashgate, Farnham 2006.

————, *Participation and Substantiality in Thomas Aquinas*, Brill, Leiden 1995.

VILENKIN, Alexander, *In the Beginning Was the Beginning*, entrevista por Jacqueline Mitchell. Última modificación, 29 de mayo de 2012. http://now.tufts. edu/articles/beginning-was-beginning

————, *Many Worlds in One. The Search for Other Universes*, Hill and Wang, New York 2007.

[VILENKIN, Alexander, *Muchos mundos en uno. La búsqueda de otros universos*, traducido por Amado Diéguez, Alba trayectos 111, Alba, Barcelona 2009].

————, «The Principle of Mediocrity»: *Astronomy & Geophysics* 52/5 (October 1, 2011), 5.33-5.36.

————, «Quantum Cosmology and Eternal Inflation», en *The Future of Theoretical Physics and Cosmology. Celebrating Stephen Hawking's Contributions to Physics*, edited by Gary W. Gibbons, *et al.*, Cambridge University Press, Cambridge 2003, 649-666.

VILLEMAIRE, Diane E. D., *E.A. Burtt, Historian and Philosopher. A Study of the Author of The Metaphysical Foundations of Modern Physical Science*, Boston Studies in the Philosophy of Science 226, Kluwer Academic, Dordrecht 2002.

WALDROP, M. Mitchell, «Religion. Faith in Science»: *Nature* 470/7334 (February 17, 2011), 323-325.

WALKER, Adrian J., «Personal Singularity and the *Communio Personarum*. A Creative Development of Thomas Aquinas' Doctrine of *Esse Commune*»: *Communio* 31/3 (Fall 2004), 457-480.

————, «*Wo Aber Gefahr Ist, Wächst Das Rettende Auch*. Four Sets of Theses on Scientism», texto no publicado basado en la conferencia dada por el autor en el encuentro «The Nature of Experience. Issues in Science, Culture, and Theology», Pontifical John Paul II Institute for Studies on Marriage and Family at The Catholic University of America, diciembre de 2009.

WALLS, Laura D., *The Passage to Cosmos. Alexander von Humboldt and the Shaping of America*, University of Chicago Press, Chicago 2009.

WEINBERG, Stephen, *Dreams of a Final Theory. The Scientist's Search for the Ultimate Laws of Nature*, Vintage, New York 1994.

[WEINBERG, Steven, *El sueño de una teoría final. La búsqueda de las leyes fundamentales de la naturaleza*, traducido por José Javier García Sanz, Crítica, Barcelona 1994].

WILHELMSEN, Frederick D., «Creation as a Relation in Saint Thomas Aquinas»: *Modern Schoolman* 56 (January 1979), 107-133.

——, *The Paradoxical Structure of Existence*, University of Dallas Press, Irving, TX 1970.

WIPPEL, John F., *The Metaphysical Thought of Thomas Aquinas. From Finite Being to Uncreated Being*, Catholic University of America Press, Washington, DC 2000.

WOIT, Peter, *Not Even Wrong. The Failure of String Theory and the Search for Unity in Physical Law*, Basic, New York 2006.

ŻYCIŃSKI, Joseph M., «Metaphysics and Epistemology in Stephen Hawking's Theory of the Creation of the Universe»: *Zygon* 31/2 (June 1, 1996), 269-284.

——, «The Weak Anthropic Principle and the Design Argument»: *Zygon* 31/1 (March 1, 1996), 115-130.

Índice onomástico y analítico

Abbott, Benjamin P., 157n243
actus essendi. *Véase* ser: acto de
actus purus. *Véase* Dios: como acto puro
Ade, Peter, 133n134, 157n243
Agencia Espacial Europea, 136n149
[Aghanim, Nabila, 133n134]
Agustín, 64, 65, 65n48, 66n56, 70, 70n82, 97, 141
ajuste fino. *Véase* universo: finamente ajustado
analogatum princeps, 84
analogía del ser. *Véase* ser: analogía del
Anastopoulos, Charis, 23nn61-62
Anderson, Edward, 142n179
Anderson, Rupert W., 146n197, 158n249
antrópicas, coincidencias. *Véase* coincidencias antrópicas
antrópico, principio. *Véase* principio antrópico
Aquino, Tomás de, 6-7, 19n41, 53, 58, 58n3, 59-63, 65, 67-68, 68nn68-70, 69, 69n71, 70, 72-73, 74n103, 79-82, 81n148, 83, 85n172, 86-87, 87n181, 88-89, 94, 94n224, 96-97, 107, 107nn18-20, 108n21, 114, 114n50, 115, 115n51, 116-117, 122, 127, 144, 160, 169

argumento cosmológico:
  (en) general, 110
  kalam, 110-130, 135, 145, 147
  leibniziano, 110, 110n30
  tomista, 110, 114-117
Aristóteles, 11nn4-5, 12, 12n8, 13, 13nn11-12, 14, 14n17, 15, 19n41, 24-25, 25n75, 26n79, 53, 82n150, 99, 99n247, 110n30, 114n50, 119-120
artificio. *Véase* naturaleza: como artefacto
Artigas, Mariano, 11n4, 143-144, 144nn185-186, 145n190
atea, cosmología. *Véase* cosmología: atea
ateísmo, 2, 4n10, 28, 28n90, 42n165, 43n167, 159n250, 160, 162nn261-262
ateísmo de los huecos, 159-160, 162, 174. *Véase también* diablo de los huecos
ateos, cosmólogos. *Véase* cosmólogos ateos
Auletta, Gennaro, 41n163
autonomía:
  (de la) ciencia, 37, 50n195
  (de las) criaturas, 38, 81, 85
Ayres, Lewis, 70n81

mundo creado eterno, 115, 144

mundo-brana, 155

naturaleza:
    (como) artefacto, 21, 24, 24n65, 32, 48, 108, 170-171, 172n311, 181-182
    comprensión mecanicista de la, 4, 6, 10, 27, 33n123, 34, 48, 55, 74, 105, 123, 130, 154, 162, 171
    indiferente a Dios, 42, 48, 55
    (e) inteligibilidad, 42, 48, 162
    (e) interioridad, 10, 34, 55, 78n126, 162, 170, 182
    necesidad matemática de la, 28
    reducción de la, 10, 22-23, 28, 34, 40, 55, 79, 171
    (como) reloj, 48
    (y) unidad, 10, 34, 48, 55, 162

naturalismo:
    metodológico, 40-41, 41n160, 42, 42n165, 43, 43n167, 55
    ontológico, 41-43, 43n167

Newton, Isaac, 3n5, 11n6, 17, 18n35, 30-32, 32n119, 33, 35-36, 36n140, 78, 119, 148

nihil, 62-64, 98, 125n100, 127, 153-154. *Véase también* mecánica cuántica: nada cuántica

Non Overlapping MAgisteria (NOMA), 47-49, 49n192, 50

novedad:
    (y) causalidad, 75
    (y) ser, 133n137

ocasionalismo, 121

Oliver, Simon, 32n122, 33nn126-127, 36, 36n140, 63n40, 63n42, 97, 125n100

ondas gravitatorias cósmicas, 156, 156n242, 157n243

ontología mecanicista, 6, 14, 21, 56, 120, 172. *Véanse también* materia: comprensión mecanicista de la; naturaleza: comprensión mecanicista de la; tiempo: comprensión mecanicista del; universo: comprensión mecanicista del

Orgel, Leslie E., 181n351

origen:
    ontológico vs. temporal, 73, 84n160, 94, 104, 115, 123n90, 135
    relativo vs. absoluto, 124

Orr, H. Allen, 48n183, 49n188

oscura, energía. *Véase* energía oscura

oscura, materia. *Véase* materia oscura

Owens, Joseph, 74n103

Padgett, Alan G., 43n167

Paley, William, 55, 171-172, 174, 180n351

Pannenberg, Wolfhart, 4n10, 6n12, 43n167, 84n162

Penrose, Roger, 137, 147

Pieper, Josef, 22n52, 79n129

Pigliucci, Massimo, 49

Planck:
    colaboración, 133n134, 136n149
    distancia de, 146n197, 149n213, 158n249
    era (o época) de, 139-141, 146n197, 158n249
    satélite, 133n134, 146n197, 158n249
    tiempo de, 98, 98n242, 139, 139n168, 146n197, 158, 158n249

Plantinga, Alvin, 41n160, 42n166

Polanyi, Michael, 1, 45, 46n174

Polkinghorne, John C., 51, 51n197, 52, 52nn199-200, 52n203, 53-54, 53nn204-205,

Pontificio Consejo Justicia y Paz, 84n158

Valoraciones positivas de la edición original en lengua inglesa

«Persiste la suposición de que la ciencia moderna está libre de presupuestos metafísicos y teológicos y, por lo tanto, es neutral respecto a ellos. Apelando a la imagen de Dios y de la naturaleza que se encuentra en la doctrina cristiana de la creación, el P. David Alcalde, formado tanto como teólogo como astrofísico, examina esta suposición desde ambos "lados" y expone claramente su carácter problemático».

David L. Schindler (†), Pontificio Instituto Juan Pablo II (Washington, DC)

«Para cualquier persona interesada en la relación entre ciencia y teología, esta obra es indispensable. En un lenguaje que está misericordiosamente libre de jerga académica y tecnicismos científicos, el autor revela la no neutralidad de la ciencia moderna. Como persona de humanidades cuya educación científica no pasó de la escuela secundaria, encontré la argumentación de esta obra fácil de seguir. Será de gran valor para científicos, teólogos y cristianos reflexivos en general».

Tracey Rowland, Universidad de Notre Dame (Australia)
Premio Ratzinger 2020

«El libro de David Alcalde se sitúa entre un creciente número de escritos que comienzan no con los fascinantes descubrimientos de la ciencia, sino con los presupuestos teológicos y metafísicos fundacionales de la ciencia. Alcalde es un científico, teólogo y filósofo que reclama una ciencia mejor, construida sobre bases metafísicas y teológicas más firmes».

Simon Oliver, Universidad de Durham

«Una de las razones por las que los teólogos y los científicos dialogan frecuentemente sin entenderse mutuamente es que los científicos tienden a no ser conscientes de los significativos presupuestos teológicos y metafísicos incorporados a su pensamiento y a su práctica, y los teólogos tienden a ser demasiado poco "expertos" en ciencia como para poder mostrarles cómo y por qué lo hacen. El P. Alcalde es la rara persona que supera ambas deficiencias y su libro promete, por tanto, ayudar a que este debate dé por fin frutos auténticos».

D. C. Schindler, Pontificio Instituto Juan Pablo II (Washington, DC)